二级注册消防工程师资格考试培训教材

# 消防安全技术综合能力

二级注册消防工程师资格考试用书编写委员会　组织编写

中国建材工业出版社

**图书在版编目（CIP）数据**

消防安全技术综合能力/二级注册消防工程师资格考试用书编写委员会组织编写. --北京：中国建材工业出版社，2021.3

二级注册消防工程师资格考试培训教材

ISBN 978-7-5160-3143-8

Ⅰ.①消… Ⅱ.①二… Ⅲ.①消防—安全技术—资格考试—教材 Ⅳ.①TU998.1

中国版本图书馆 CIP 数据核字（2020）第 263673 号

**消防安全技术综合能力**

Xiaofang Anquan Jishu Zonghe Nengli

二级注册消防工程师资格考试用书编写委员会　**组织编写**

出版发行：中国建材工业出版社

地　　址：北京市海淀区三里河路 1 号

邮　　编：100044

经　　销：全国各地新华书店

印　　刷：北京鑫正大印刷有限公司

开　　本：787mm×1092mm　1/16

印　　张：18

字　　数：450 千字

版　　次：2021 年 3 月第 1 版

印　　次：2021 年 3 月第 1 次

**定　　价：82.00 元**

---

**本社网址：www.jccbs.com，微信公众号：zgjcgycbs**

# 本书编委会

# 前　言

为响应二级注册消防工程师资格考试的号召，方便应试人员复习备考，根据《注册消防工程师资格考试实施办法》和《注册消防工程师资格考试大纲》，二级注册消防工程师资格考试用书编写委员会组织相关专家编写了“二级注册消防工程师资格考试培训教材”，分别为《消防安全技术综合能力》和《消防安全案例分析》及配套辅导书。

《消防安全技术综合能力》是以考查消防专业技术人员在开展消防安全技术工作过程中，掌握和运用有关消防法律法规和消防技术标准规范基础理论，组织开展建筑防火检查和火灾隐患整治，分析和处理消防设施安装、检测与维护管理，以及消防安全管理、消防安全评估等消防安全技术问题的能力为主要目的编写的，共分六篇三十七章。第一篇为消防燃烧学，共有三章，主要介绍燃烧的基础知识、火灾的基础知识和爆炸的基础知识。第二篇为法律法规、消防安全管理与职业道德，共有九章，主要介绍消防法及相关法律法规，社会单位消防安全管理，大型商业综合体消防安全管理，社会单位消防宣传、教育与培训，应急预案编制与演练，消防设施质量控制和消防控制室管理，施工现场的消防安全管理，大型群众性活动消防安全管理和二级注册消防工程师职业道德。第三篇为建筑防火，共有八章，主要介绍建筑分类检查、耐火等级检查、总平面布局检查、平面布置和防火分隔检查、防火防烟分区检查、安全疏散检查、建筑装修和保温系统检查和建筑电气防爆检查。第四篇为建筑消防水灭火系统，共有六章，主要介绍消防给水系统、消火栓系统、自动喷水灭火系统、水喷雾灭火系统、细水雾灭火系统、泡沫灭火系统。第五篇为建筑消防其他设施，共有八章，主要介绍气体灭火系统、干粉灭火系统、防烟排烟系统、消防应急照明和疏散指示系统、消防设备的供配电与防火防爆、火灾自动报警系统、建筑灭火器和城市消防远程监控系统。第六篇为消防安全评估，共有三章，主要介绍区域和建筑的消防安全评估方法与技术、建筑性能化设计方法与技术和人员密集场所消防安全评估方法与技术。

本培训教材参照和引用了已经颁布实施的国家消防技术标准规范。读者在应试和执业过程中，应以有效的现行国家消防技术标准规范为依据。

本书在编写过程中得到了各省消防主管部门、消防协会、北京科技大学、沈阳理工大学、华北水利水电大学、沈阳航空航天大学、龙岩学院、中国人民警察大学、南京工业大学、重庆大学、沈阳航空航天大学、安徽理工大学、合肥职业技术学院、义乌工商职业学院等单位的大力支持，对上述单位及编委会成员一并表示感谢。

由于时间紧促，编者水平有限，书中难免有不尽如人意之处，恳请广大读者对疏漏之处给予批评和指正。

**二级注册消防工程师资格考试辅导教材编写委员会**

# 目　录

## 第一篇　消防燃烧学

第一章　燃烧的基础知识 …… 1
　第一节　燃烧的本质与条件 …… 1
　第二节　燃烧类型及其特点 …… 2
第二章　火灾的基础知识 …… 5
　第一节　火灾的定义、分类与危害 …… 5
　第二节　建筑火灾发展及蔓延的机理 …… 5
　第三节　灭火的基本原理与方法 …… 9
第三章　爆炸的基础知识 …… 10
　第一节　爆炸的概念 …… 10
　第二节　爆炸的分类 …… 10

## 第二篇　法律法规、消防安全管理与职业道德

第一章　消防法及相关法律法规 …… 12
　第一节　法律责任的规定 …… 12
　第二节　刑法等相关法律 …… 15
　第三节　其他规章 …… 18
第二章　社会单位消防安全管理 …… 23
　第一节　消防安全管理概述 …… 23
　第二节　消防安全重点单位的界定标准和程序 …… 24
　第三节　消防安全重点部位的确定和管理 …… 25
　第四节　消防监督检查规定、火灾隐患、重大火灾隐患的判定 …… 26
第三章　大型商业综合体消防安全管理 …… 35
　第一节　大型商业综合体概述 …… 35
　第二节　大型商业综合体消防安全责任及消防安全组织 …… 35
　第三节　大型商业综合体消防安全管理内容和方法 …… 38
第四章　社会单位消防宣传、教育与培训 …… 41
　第一节　消防安全宣传方向 …… 41
　第二节　消防安全教育培训的主要内容和形式 …… 41
第五章　应急预案编制与演练 …… 42
　第一节　应急预案的编制 …… 42

第二节　应急演练 …… 44
第六章　消防设施质量控制和消防控制室管理 …… 46
第一节　消防设施质量控制 …… 46
第二节　消防设施维护管理 …… 48
第三节　消防控制室管理 …… 50
第七章　施工现场的消防安全管理 …… 52
第一节　施工现场总平面布局 …… 52
第二节　施工现场内建筑的防火要求 …… 53
第三节　施工现场临时消防设施 …… 53
第四节　施工现场的消防安全管理要求 …… 55
第八章　大型群众性活动消防安全管理 …… 57
第一节　大型群众活动 …… 57
第二节　大型群众性活动消防安全管理 …… 57
第九章　二级注册消防工程师职业道德 …… 59

## 第三篇　建筑防火

第一章　建筑分类检查 …… 60
第一节　工业建筑的分类 …… 60
第二节　民用建筑的分类 …… 63
第三节　建筑高度和层数的计算方法 …… 64
第二章　耐火等级检查 …… 66
第一节　工业建筑耐火等级检查 …… 66
第二节　民用建筑耐火等级检查 …… 68
第三章　总平面布局检查 …… 70
第一节　易燃易爆等危险场所总平面布局 …… 70
第二节　建筑之间的防火间距 …… 72
第三节　消防车道和登高操作场地 …… 76
第四章　平面布置和防火分隔检查 …… 79
第一节　民用建筑的平面布置检查 …… 79
第二节　工业建筑的附属用房布置检查 …… 84
第三节　消防电梯、直升机停机坪、消防救援口的检查 …… 85
第四节　防火分隔检查 …… 88
第五章　防火防烟分区检查 …… 96
第一节　防火分区的检查 …… 96
第二节　防烟分区检查 …… 104
第六章　安全疏散检查 …… 107
第一节　安全出口与疏散门 …… 107
第二节　疏散走道和疏散楼梯间 …… 115

第三节　避难走道和避难疏散设施……………………………………………………… 119
第七章　建筑装修和保温系统检查………………………………………………………… 123
第一节　建筑内部装修和外墙装饰……………………………………………………… 123
第二节　建筑保温系统…………………………………………………………………… 127
第八章　建筑电气防爆检查………………………………………………………………… 130
第一节　建筑防爆………………………………………………………………………… 130
第二节　电气防爆和设施防爆…………………………………………………………… 132

# 第四篇　建筑消防水灭火系统

第一章　消防给水系统……………………………………………………………………… 137
第一节　消防给水系统分类、组件进场检验…………………………………………… 137
第二节　消防给水系统安装调试和检测验收…………………………………………… 140
第三节　消防给水系统的维护管理……………………………………………………… 150
第二章　消火栓系统………………………………………………………………………… 152
第一节　消火栓系统安装前检查………………………………………………………… 152
第二节　消火栓系统的安装调试与检测验收…………………………………………… 156
第三节　消火栓系统的维护管理………………………………………………………… 158
第三章　自动喷水灭火系统………………………………………………………………… 159
第一节　系统工作原理与分类…………………………………………………………… 159
第二节　系统组件安装前检查…………………………………………………………… 162
第三节　系统组件安装调试与检测验收………………………………………………… 166
第四节　系统维护管理…………………………………………………………………… 174
第四章　水喷雾灭火系统…………………………………………………………………… 178
第一节　系统构成………………………………………………………………………… 178
第二节　系统组件安装前检查…………………………………………………………… 178
第三节　系统安装调试与检测验收……………………………………………………… 179
第四节　系统维护管理…………………………………………………………………… 180
第五章　细水雾灭火系统…………………………………………………………………… 182
第一节　系统构成………………………………………………………………………… 182
第二节　系统组件（设备）安装前检查………………………………………………… 184
第三节　系统安装调试与验收…………………………………………………………… 185
第四节　系统维护管理…………………………………………………………………… 187
第六章　泡沫灭火系统……………………………………………………………………… 189
第一节　系统分类………………………………………………………………………… 189
第二节　泡沫液和系统组件（设备）现场检查………………………………………… 190
第三节　系统组件安装调试与检测验收………………………………………………… 191
第四节　系统维护管理…………………………………………………………………… 193

## 第五篇　建筑消防其他设施


第一章　气体灭火系统……195
　第一节　系统构成和组件、管件、设备安装前的检查……195
　第二节　系统的检测调试、验收和维护管理……204
第二章　干粉灭火系统……210
　第一节　系统构成……210
　第二节　系统组件（设备）安装前检查……210
　第三节　安装调试与检查验收……210
　第四节　系统维护管理……211
第三章　防烟排烟系统……212
　第一节　系统分类与构成……212
　第二节　系统组件（设备）安装前检查……216
　第三节　系统安装检测与调试……216
　第四节　系统验收与维护管理……220
第四章　消防应急照明和疏散指示系统……222
　第一节　系统分类与构成……222
　第二节　系统安装与调试……224
　第三节　系统检测验收与运行维护……226
第五章　消防设备的供配电与防火防爆……228
　第一节　消防用电设备供配电系统……228
　第二节　电气防火防爆要求及技术措施……229
第六章　火灾自动报警系统……232
　第一节　系统组成、安装和布线……232
　第二节　系统的调试、验收……240
第七章　建筑灭火器……256
　第一节　安装设置和竣工验收……256
　第二节　维护管理……259
第八章　城市消防远程监控系统……263
　第一节　系统构成……263
　第二节　系统调试……263
　第三节　系统检测……263


## 第六篇　消防安全评估


第一章　区域和建筑的消防安全评估方法与技术……264
　第一节　评估方法的要求……264
　第二节　评估流程……265

第二章　建筑性能化设计方法与技术…………………………………………………… 267
第一节　建筑性能化防火设计和评估方法的适用范围的要求………………… 267
第二节　建筑消防性能化设计的基本程序…………………………………………… 267
第三节　资料收集与安全目标设定…………………………………………………… 268
第四节　疏散模拟和软件选择………………………………………………………… 269
第五节　火灾场景和疏散场景设定…………………………………………………… 269
第三章　人员密集场所消防安全评估方法与技术……………………………………… 271
第一节　人员密集场所评估程序和步骤……………………………………………… 271
第二节　人员密集场所评定的判断标准……………………………………………… 272

# 第一篇　消防燃烧学

## 第一章　燃烧的基础知识

**学习要求**

通过本章的学习，熟悉燃烧的类型及其特点，掌握燃烧的概念和燃烧条件。

### 第一节　燃烧的本质与条件

燃烧是指可燃物与氧化剂作用发生的放热反应，通常伴有火焰、发光和（或）烟气的现象。

火焰指的是发光的气相燃烧区，它是燃烧过程中最为明显的标志。燃烧产物中产生的一些小颗粒物质，是由于燃烧不完全等原因导致的，这些小颗粒聚集在一起就形成了烟。

燃烧可分为两类，分别为无焰燃烧和有焰燃烧。无焰燃烧是指物质处于固体状态而没有火焰的燃烧，有焰燃烧是指气相燃烧，并伴有发光现象。

#### 一、燃烧条件

燃烧的发生和发展，必须具备三个必要条件，分别为助燃物、引火源和可燃物。

**（一）可燃物**

能与氧化剂（一般指空气中的氧气）发生氧化-还原反应，并形成燃烧的物质，称为可燃物。

**（二）助燃物**

能与可燃物结合导致燃烧并能支持燃烧的氧化剂，称为助燃物。

**（三）引火源**

使物质开始燃烧的外部热源（能源）称为引火源。

燃烧发生时，上述三个条件必须同时具备。

#### 二、燃烧的链式反应理论

自由基也称为游离基，指的是一种高度活泼的化学基团，该化学基团容易与其他物质的分子反应或自由结合，从而使燃烧按链式反应的形式进行下去。

对多数有焰燃烧而言，其燃烧过程中存在未受抑制的自由基作中间体。自由基的链式反应是燃烧反应的实质，发热和发光是燃烧过程中的物理现象。

有焰燃烧的四个条件包括助燃物、引火源、可燃物和链式反应自由基。

## 第二节　燃烧类型及其特点

### 一、按燃烧发生瞬间的特点分类

可把燃烧分为着火和爆炸。

#### （一）着火

可燃物和助燃剂在一定的温度下，发生连续的化学反应，伴随有发光、火焰、发热或发烟。日常生活中着火是最常见的燃烧现象。可燃物的着火方式可分为下面的两类：

（1）点燃（或称强迫着火）：外部热源使可燃物和氧化剂发生化学反应，持续燃烧的方式称为点燃。

（2）自燃：自燃又可分为下列两种自燃方式。

1）化学自燃。此种着火现象一般情况下不需要外界引火源的加热，而是在常温下由于自身发生的化学反应产生的热量引起燃烧。例如煤炭因堆积过高而自燃，炸药受撞击而爆炸，火柴受摩擦而着火，金属钠在空气中自燃等。

2）热自燃。它是指可燃物和助燃剂混合后均匀加热，当加热持续进行，温度到达一定值时可燃物就自动燃烧。

#### （二）爆炸

爆炸指爆炸物质在瞬时发生剧烈的化学反应，并瞬间产生巨大能量。最重要的一个特征是爆炸点周围发生剧烈的压力突变，这种压力的突变迅速向四周扩散并对周围物体施加很大的破坏力。

### 二、按燃烧物形态分类

可燃物在被加热后，自身的状态可能发生变化。按照燃烧物质的形态，我们把燃烧分为气体燃烧、液体燃烧和固体燃烧。

#### （一）气体燃烧

可燃气体一般情况下比可燃固体、可燃液体更容易燃烧，燃烧的速度也相对更快。爆炸下限为可燃气体或蒸气在空气中的最低爆炸浓度。

可燃气体的燃烧分为以下两种方式：

1. 气体的扩散燃烧

气体的扩散燃烧即氧化剂与可燃气体互相扩散，一边混合一边燃烧，如平时家用煤气灶的燃烧。

在气体扩散燃烧的过程中，空气或氧气与可燃气体的混合是靠气体的扩散运动作用来完成的，燃烧反应过程要比扩散混合过程快得多，燃烧过程稳定地处于扩散混合的范围之内，扩散混合的速度决定了燃烧的速度。

2. 气体的预混燃烧

气体的预混燃烧指的是空气或氧气同可燃气体预先已经混合好，当遇到点火源时能迅速被点燃，产生带有一定冲击力的燃烧，如常见的焊工工作中使用的氧-乙炔焊。气体的预混燃烧一般发生在混合气体向周围扩散的速度远小于混合气体燃烧速度的敞开体系中或相对封闭体系中，燃烧放热造成产物体积迅速膨胀，压力升高，燃烧带有一定的冲击力，要比扩散燃烧更快。

预混气体从管口喷出并发生带有冲击力的燃烧，若燃烧速度小于混合气体从管口喷出的速度，则可以在管口形成稳定的燃烧火焰，这时燃烧比较充分，燃烧速度也比较快，燃烧区的火焰呈高温白炽状，如喷汽灯的燃烧；若燃烧速度大于可燃混合气体在管口的流速，则会发生"回火"，严重时可能造成容器爆炸。

**（二）液体燃烧**

闪点是在规定的试验条件下，可燃性液体或固体表面产生的蒸气在试验火焰作用下发生闪燃的最低温度。

1. 液体燃烧过程

在液体燃烧的过程中，燃烧火焰根部并没有与液面相连接。由此表明在液体燃烧之前，液体可燃物首先蒸发，在液面上部形成可燃蒸气，可燃蒸气进而发生扩散，然后与空气（空气中的氧气）混合后形成可燃的混合气，点燃后在空间某处形成比较稳定的火焰。

2. 液体燃烧的特殊现象

（1）闪燃

闪燃是指可燃性液体挥发的蒸气与空气混合达到一定浓度或者可燃性固体加热到一定温度后，遇明火发生一闪即灭的燃烧。闪燃是引起火灾事故的先兆之一。

（2）沸溢

沸溢性液体是指当罐内储存介质温度升高时，热传递作用使罐底水层急速汽化，而会发生沸溢现象的黏性烃类混合物，常见沸溢性液体主要指原油、渣油、重油等。

形成沸溢必须具备三个条件：

① 具有形成热波的特性，即沸程宽，密度相差较大。

② 含有乳化水，水遇热波变成蒸气。

③ 黏度较大，水蒸气不容易从下向上穿过油层。

（3）喷溅

对原油进行不断加热，随着温度逐渐上升，原油首先发生沸溢，继续加热沸溢加剧，由于原油黏度大，最后原油中的水垫层的水蒸气体积迅速膨胀，以至于把水垫上面的油抛向空中。

**（三）固体燃烧**

固体燃烧的形式相对于气体燃烧和液体燃烧来说较复杂，具体分为蒸发燃烧、表面燃烧、分解燃烧和阴燃四种形式。固体燃烧的类型、特点及举例见表 1-1-1。

**表 1-1-1　固体燃烧的类型、特点及举例**

| 类型 | 特点 | 举例 |
| --- | --- | --- |
| 蒸发燃烧 | 先熔融蒸发，随后蒸气与氧气发生燃烧反应 | 硫、磷、钾、钠、蜡烛、松香、樟脑、萘 |
| 表面燃烧 | 在其表面由氧气和可燃物直接作用而发生无火焰的燃烧，又称异相燃烧 | 木炭、焦炭、铁、铜 |
| 分解燃烧 | 先发生热解、汽化反应，随后分解出的可燃性气体与氧发生反应，形成气相火焰 | 木材、煤、塑料、橡胶 |
| 阴燃 | 空气不流通、加热温度较低、分解出的可燃挥发分较少或逸散较快、含水分较多等条件下，发生只冒烟而无火焰的燃烧 | 纸张、锯末、纤维织物、胶乳橡胶 |

注：这里需要指出的是，上述各种固体燃烧形式的划分不是绝对的，有些可燃固体的燃烧往往包含两种或两种以上的形式。例如，在适当的外界条件下，棉、麻、纸张、木材等的燃烧会明显地同时存在表面燃烧、分解燃烧、阴燃等形式。

燃点是在规定的试验条件下，物质在外部引火源作用下表面起火并持续燃烧一定时间所需的最低温度。

# 第二章　火灾的基础知识

**学习要求**

通过本章的学习，了解火灾的定义和分类，熟悉建筑火灾发展及蔓延的机理，掌握防火和灭火的基本原理与方法。

## 第一节　火灾的定义、分类与危害

### 一、火灾的定义

火灾是指在时间或空间上失去控制的燃烧。

### 二、火灾的分类

火灾按照燃烧对象的性质分类见表 1-2-1。

**表 1-2-1　火灾按照燃烧对象的性质分类**

| 类别 | 物质 | 举例 |
|---|---|---|
| A类 | 固体物质火灾 | 木材、棉、毛、麻、纸张等 |
| B类 | 液体或可熔化固体 | 汽油、煤油、原油、甲醇、乙醇、沥青、石蜡等 |
| C类 | 气体火灾 | 煤气、天然气、甲烷、乙烷、氢气、乙炔等 |
| D类 | 金属火灾 | 钾、钠、镁、钛、锆、锂等 |
| E类 | 带电火灾 | 变压器等带电燃烧的火灾 |
| F类 | 烹饪器具内的烹饪物火灾 | 动物油脂或植物油脂 |

## 第二节　建筑火灾发展及蔓延的机理

### 一、建筑火灾蔓延的传热基础

热量传递有三种基本方式，即热传导、热对流和热辐射。

#### (一) 热传导

热传导又称导热，属于接触传热，是指在连续介质中就地传递热量而又没有各部分之间相对的宏观位移的一种传热方式。在固体内部，只能依靠导热的方式传热；在液体中，虽然也有导热现象发生，但通常被对流运动所掩盖。

### （二）热对流

热对流又称对流换热，是指流体各部分之间发生宏观上的相对位移，冷热流体相互掺混引起热量相互传递的方式。

通常情况下，建筑物在发生火灾的过程中，孔洞面积越大通风效果越好，从而使热对流的速度变得越快；通风孔洞所处位置越高，高处的空气流动越大，对流速度就越快。热对流对初起火灾的发展起到关键的作用。

### （三）热辐射

辐射是物体通过电磁波来传递能量的一种传热方式。与热对流和热传导不同的是，热辐射在传递能量时不需要物质的互相接触就能完成。生活中常见的例子如冬天用电暖器取暖。热量传递的方式如图 1-2-1 所示。

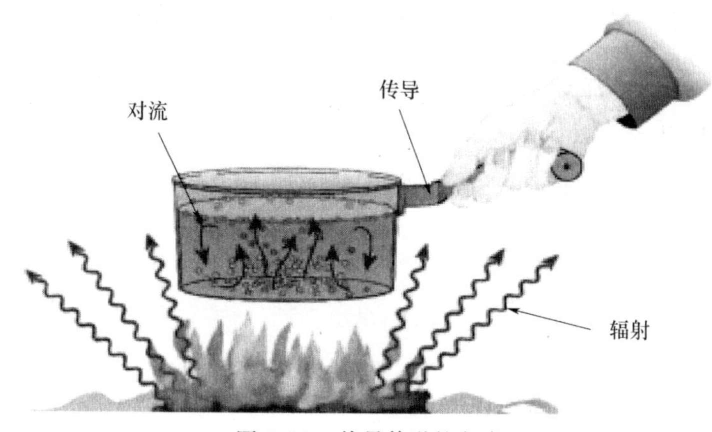


图 1-2-1　热量传递的方式

## 二、建筑火灾烟气的流动过程

建筑发生火灾时，烟气流动的方向通常是火势蔓延的一个主要方向。当热烟的温度达到 500℃及以上时热烟所蔓延到的地方，大多数可燃物都能被高温的热烟引燃，导致火灾蔓延。

当建筑内发生火灾时，烟气扩散蔓延的方向主要为垂直流动和水平流动两个方向。在建筑物的内部，烟气流动扩散通常情况下有三条路线：第一条为着火房间→室外；第二条为着火房间→相邻上层房间→室外；第三条也是最常见最主要的一条为着火房间→走廊→楼梯间→上部各楼层→室外。

### （一）着火房间内的烟气流动

描述室内烟气流动特点和规律涉及几个重要的概念，包括烟气羽流、顶棚射流、烟气层沉降。

1. 烟气羽流

燃烧中，火源上方的火焰及燃烧生成的流动烟气通常称为火羽流。火焰区上方为燃烧产物即烟气的羽流区，其流动完全由浮力效应控制，一般称其为烟气羽流或浮力羽流。由于浮力作用，烟气流会形成一个热烟气团，在浮力的作用下向上运动，在上升过程中卷吸周围新鲜空气，与原有的烟气掺混在一起。

2. 顶棚射流

当烟气羽流撞击到房间的顶棚后，沿顶棚向两边水平运动，形成一个较薄的顶棚射流层，称为顶棚射流。在顶棚射流作用下，安装在顶棚上的感烟探测器、感温探测器和洒水喷头产生响应，实现自动报警和喷淋灭火。

3. 烟气层沉降

随着火灾的进行，烟气不能被有效地排出，聚集在顶棚，越来越厚，到最后淹没火源。这种现象称为烟气层沉降。

#### （二）走廊的烟气流动

随着火灾的进行，有些烟气通过门窗洞口流向走廊，通过连通的走廊继续流动扩散并聚集在走廊上部。

#### （三）竖井中的烟气流动

走廊中的烟气除了向其他房间蔓延外，还要向楼梯间、电梯间、竖井、通风管道等部位扩散，并迅速向上层流动。

对开口截面面积较大的建筑，相对于浮力所引起的压差而言，气体在竖井内流动的摩擦阻力可以忽略不计，由此可认为竖井内气体流动的驱动力仅为浮力。

### 三、烟气流动的驱动力

#### （一）烟囱效应

当建筑物内外的温度不同时，室内外空气的密度随之出现差异，这将引发浮力驱动的流动。竖井是发生这种现象的主要场合，在竖井中，由于浮力作用产生的气体运动十分显著，通常称这种现象为烟囱效应。在火灾过程中，烟囱效应是造成烟气向上蔓延的主要因素。

#### （二）火风压

火风压是指建筑物内发生火灾时，在起火房间内，由于温度上升，气体迅速膨胀，对楼板和四壁形成的压力。

火风压的影响主要在起火房间，如果火风压大于进风口的压力，则大量的烟火将通过外墙窗口，由室外向上蔓延。若火风压等于或小于进风口的压力，则烟火便全部从内部蔓延，当它进入楼梯间、电梯井、管道井、电缆井等竖向孔道以后，会大大加强烟囱效应。

烟囱效应和火风压不同，它能影响全楼。

#### （三）建筑室内火灾发展的阶段

1. 初期增长阶段

初期增长阶段从室内出现肉眼可见的火苗算起。该阶段过火面积较小、火势也较小，只局限于着火点附近的可燃物在燃烧，仅着火部位的温度较高，室内各处的温度相差比较大，但是平均温度还是较低的，此阶段燃烧的状况与敞开环境中的燃烧状况几乎无差别（相当于氧气充足）。

该阶段由于着火的范围比较小，室内可供燃烧的氧气相对比较充足，燃烧的速率主要取决于可燃物的燃烧特性，而与通风等其他条件无关，因此，此阶段的火灾属于燃料控制型火灾。

随着燃烧的持续，该阶段可能进一步发展形成更大规模的火灾，也可能中途自行熄灭，或因灭火设施动作或人为的干预而被熄灭。初期阶段持续时间的长短不能确定。

2. 充分发展阶段

室内燃烧持续一定时间后，如果燃料充足、通风良好，燃烧会继续发展，燃烧范围不断扩大，室内温度不断上升，当未燃的可燃物表面达到其热解温度后，开始分解释放出可燃气体。

当室内温度继续上升到一定程度时，会出现燃烧面积和燃烧速率瞬间迅速增大、室内温度突增的现象，即轰燃，标志着室内火灾由初期增长阶段转变为充分发展阶段。

3. 衰减阶段

在火灾全面发展阶段的后期，随着室内可燃物数量的减少，火灾燃烧速度减慢，燃烧强度减弱，温度逐渐下降，一般认为，当室内平均温度下降到其峰值的 80%时，火灾进入衰减阶段。

最后，由于燃料基本耗尽，有焰燃烧逐渐无法维持，室内只剩一堆赤热焦化后的炭持续无焰燃烧，其燃烧速度已变得相当缓慢，直至燃烧完全停止。

上述后两个阶段是可燃物数量充足、通风良好情况下，室内火灾的自然发展过程。建筑室内火灾温度-时间曲线如图 1-2-2 所示。

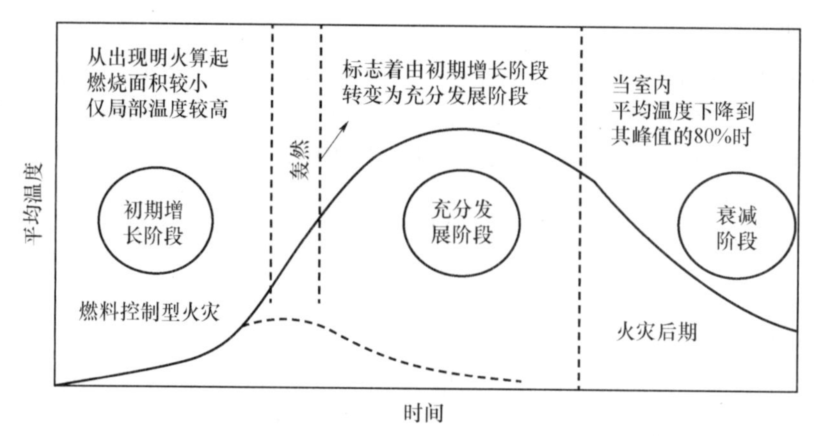


图 1-2-2　建筑室内火灾温度-时间曲线

## 四、建筑室内火灾的特殊现象

### （一）轰燃

轰燃是指某一空间内，所有可燃物的表面全部卷入燃烧的瞬变过程。轰燃一般标志着火灾已经失控。

### （二）回燃

回燃是指当室内通风不良、燃烧处于缺氧状态时，由于氧气的引入导致热烟气发生的爆炸性或快速的燃烧现象。回燃通常发生在通风不良的室内火灾门窗打开或者被破坏的时候。回燃具有很大的危险性，消防员在火灾救援时，一定要注意避免回燃的发生。

## 第三节　灭火的基本原理与方法

灭火的基本原理与方法有四种，分别为冷却灭火、隔离灭火、窒息灭火和化学抑制灭火。

### 一、冷却灭火

对可燃固体，将其冷却在燃点以下；对可燃液体，将其冷却在闪点以下，燃烧反应就可能会中止。用水扑灭一般固体物质引起的火灾，主要是通过冷却作用来实现的，水具有较大的比热容和很高的汽化热，冷却性能很好。水喷雾效果更为明显。

### 二、隔离灭火

自动喷水-泡沫联用系统在喷水的同时喷出泡沫，泡沫覆盖于燃烧液体或固体的表面，在发挥冷却作用的同时，将可燃物与空气隔开，从而灭火。

在扑灭可燃液体或可燃气体火灾时，迅速关闭输送可燃液体或可燃气体的管道的阀门，切断流向着火区的可燃液体或可燃气体的输送，同时打开可燃液体或可燃气体通向安全区域的阀门，使已经燃烧、即将燃烧或受到火势威胁的容器中的可燃液体、可燃气体转移。

### 三、窒息灭火

可燃物的燃烧离不开氧化作用，需要在最低氧浓度以上才能进行，低于最低氧浓度，燃烧不能进行，火灾即被扑灭。一般氧浓度低于15%时，就不能维持燃烧。在着火场所内，可以通过灌注非助燃气体，如二氧化碳、氮气、蒸汽（水喷雾）等，来降低空间的氧浓度，从而达到窒息灭火。

### 四、化学抑制灭火

由于有焰燃烧是通过链式反应进行的，如果能有效地抑制自由基的产生或降低火焰中的自由基浓度，即可使燃烧中止。常见的化学抑制灭火的灭火剂有干粉和七氟丙烷。化学抑制灭火速度快，使用得当可有效地扑灭初起火灾，减少人员伤亡和财产损失。该方法对有焰燃烧火灾效果好，由于渗透性较差，对深位火灾的灭火效果不理想。

# 第三章　爆炸的基础知识

**学习要求**

通过本章的学习，了解爆炸的定义和分类，掌握爆炸的概念。

## 第一节　爆炸的概念

### 一、爆炸的定义

爆炸即在周围介质中瞬间形成高压的化学反应或状态变化，通常伴有强烈的放热、发光和声响。

### 二、爆炸极限

爆炸极限是指可燃物质（可燃气体、蒸气和粉尘）与空气（或氧气）在一定的浓度范围内均匀混合，形成预混气，遇到火源才会发生爆炸。这个浓度范围称为爆炸极限或爆炸浓度极限。

可燃性混合物的爆炸极限有下限和上限之分，分别称为爆炸下限和爆炸上限。

爆炸下限（LEL）是指可燃气体、蒸气或薄雾在空气中形成爆炸性气体混合物的最低浓度。空气中的可燃性气体或蒸气的浓度低于该浓度，则气体环境就不能形成爆炸。

爆炸上限（UEL）是指可燃气体、蒸气或薄雾在空气中形成爆炸性气体混合物的最高浓度。空气中的可燃性气体或蒸气的浓度高于该浓度，则气体环境就不能形成爆炸。

## 第二节　爆炸的分类

通常将爆炸分为物理爆炸、化学爆炸和核爆炸三种。其中物理爆炸和化学爆炸最为常见，下面主要介绍这两种爆炸。

### 一、物理爆炸

物质不发生化学反应，只发生剧烈形变的爆炸是物理爆炸。例如：汽车轮胎超压爆炸，气球的超压爆炸，蒸汽锅炉因水快速汽化、容器压力急剧增加、压力超过设备所能承受的强度而发生的爆炸，压缩气或液化气钢瓶、油桶受热爆炸等。物理爆炸本身虽没有进行燃烧反应，但它产生的冲击力可直接或间接地造成火灾。

## 二、化学爆炸

1. 炸药爆炸

大多数运用于军事武器装备上，破坏力巨大。

2. 可燃气体爆炸

（1）混合气体爆炸。

（2）气体单分解爆炸。

3. 可燃粉尘爆炸

可燃粉尘爆炸一般应具备三个条件：

（1）粉尘本身是可燃的，但并非所有的可燃粉尘都能发生爆炸；

（2）粉尘必须悬浮在空气中，并且其浓度处于一定的范围；

（3）有足以引起粉尘爆炸的引火源。

# 第二篇　法律法规、消防安全管理与职业道德

## 第一章　消防法及相关法律法规

**学习要求**

通过本章的学习，了解与消防工作密切相关的消防法及相关法律法规和规章的基本要求，掌握重点法律、法规及规章条例的处罚内容。

### 第一节　法律责任的规定

#### 一、《中华人民共和国消防法》中的行政处罚

《中华人民共和国消防法》设有六类行政处罚：责令停产停业（停止施工、停止使用）、没收违法所得、责令停止执业（吊销相应资质、资格）、警告、罚款、拘留。

（1）违反《中华人民共和国消防法》规定，有下列行为之一的，由住房城乡建设主管部门、消防救援机构按照各自职权责令停止施工、停止使用或者停产停业，并处三万元以上三十万元以下罚款：

① 依法应当进行消防设计审查的建设工程，未经依法审查或者审查不合格，擅自施工的；

② 依法应当进行消防验收的建设工程，未经消防验收或者消防验收不合格，擅自投入使用的；

③《中华人民共和国消防法》第十三条规定的其他建设工程验收后经依法抽查不合格，不停止使用的；

④ 公众聚集场所未经消防安全检查或者经检查不符合消防安全要求，擅自投入使用、营业的。

（2）违反《中华人民共和国消防法》规定，有下列行为之一的，由住房城乡建设主管部门责令改正或者停止施工，并处一万元以上十万元以下罚款：

① 建设单位要求建筑设计单位或者建筑施工企业降低消防技术标准设计、施工的；

② 建筑设计单位不按照消防技术标准强制性要求进行消防设计的；

③ 建筑施工企业不按照消防设计文件和消防技术标准施工，降低消防施工质量的；

④ 工程监理单位与建设单位或者建筑施工企业串通，弄虚作假，降低消防施工质量的。

(3) 单位违反《中华人民共和国消防法》规定，有下列行为之一的，责令改正，处五千元以上五万元以下罚款：

① 消防设施、器材或者消防安全标志的配置、设置不符合国家标准、行业标准，或者未保持完好有效的；

② 损坏、挪用或者擅自拆除、停用消防设施、器材的；

③ 占用、堵塞、封闭疏散通道、安全出口或者有其他妨碍安全疏散行为的；

④ 埋压、圈占、遮挡消火栓或者占用防火间距的；

⑤ 占用、堵塞、封闭消防车通道，妨碍消防车通行的；

⑥ 人员密集场所在门窗上设置影响逃生和灭火救援的障碍物的；

⑦ 对火灾隐患经消防救援机构通知后不及时采取措施消除的。

个人有前款②、③、④、⑤行为之一的，处警告或者五百元以下罚款。有第一款③～⑥行为，经责令改正拒不改正的，强制执行，所需费用由违法行为人承担。

(4) 生产、储存、经营易燃易爆危险品的场所与居住场所设置在同一建筑物内，或者未与居住场所保持安全距离的，责令停产停业，并处五千元以上五万元以下罚款。生产、储存、经营其他物品的场所与居住场所设置在同一建筑物内，不符合消防技术标准的，依照前款规定处罚。

(5) 违反《中华人民共和国消防法》规定，有下列行为之一的，处警告或者五百元以下罚款；情节严重的，处五日以下拘留：

① 违反消防安全规定进入生产、储存易燃易爆危险品场所的；

② 违反规定使用明火作业或者在具有火灾、爆炸危险的场所吸烟、使用明火的。

(6) 有下列行为之一的，依照《中华人民共和国治安管理处罚法》的规定处罚：

① 违反有关消防技术标准和管理规定生产、储存、运输、销售、使用、销毁易燃易爆危险品的；

② 非法携带易燃易爆危险品进入公共场所或者乘坐公共交通工具的；

③ 谎报火警的；

④ 阻碍消防车、消防艇执行任务的；

⑤ 阻碍消防救援机构的工作人员依法执行职务的。

(7) 违反《中华人民共和国消防法》规定，有下列行为之一，尚不构成犯罪的，处十日以上十五日以下拘留，可以并处五百元以下罚款；情节较轻的，处警告或者五百元以下罚款。

① 指使或者强令他人违反消防安全规定，冒险作业的；

② 过失引起火灾的；

③ 在火灾发生后阻拦报警，或者负有报告职责的人员不及时报警的；

④ 扰乱火灾现场秩序，或者拒不执行火灾现场指挥员指挥，影响灭火救援的；

⑤ 故意破坏或者伪造火灾现场的；

⑥ 擅自拆封或者使用被消防救援机构查封的场所、部位的。

（8）违反《中华人民共和国消防法》规定，生产、销售不合格的消防产品或者国家明令淘汰的消防产品的，由产品质量监督部门或者工商行政管理部门依照《中华人民共和国产品质量法》的规定从重处罚。

① 人员密集场所使用不合格的消防产品或者国家明令淘汰的消防产品的，责令限期改正；逾期不改正的，处五千元以上五万元以下罚款，并对其直接负责的主管人员和其他直接责任人员处五百元以上二千元以下罚款；情节严重的，责令停产停业。

② 消防救援机构对第①条规定的情形，除依法对使用者予以处罚外，应当将发现不合格的消防产品和国家明令淘汰的消防产品的情况通报产品质量监督部门、工商行政管理部门。产品质量监督部门、工商行政管理部门应当对生产者、销售者依法及时查处。

（9）电器产品、燃气用具的安装、使用及其线路、管路的设计、敷设、维护保养、检测不符合消防技术标准和管理规定的，责令限期改正；逾期不改正的，责令停止使用，可以并处一千元以上五千元以下罚款。

（10）人员密集场所发生火灾，该场所的现场工作人员不履行组织、引导在场人员疏散的义务，情节严重，尚不构成犯罪的，处五日以上十日以下拘留。

（11）消防产品质量认证、消防设施检测等消防技术服务机构出具虚假文件的，责令改正，处五万元以上十万元以下罚款，并对直接负责的主管人员和其他直接责任人员处一万元以上五万元以下罚款；有违法所得的，并处没收违法所得；给他人造成损失的，依法承担赔偿责任；情节严重的，由原许可机关依法责令停止执业或者吊销相应资质、资格。

（12）《中华人民共和国消防法》规定的行政处罚，除应当由公安机关依照《中华人民共和国治安管理处罚法》的有关规定决定的外，由住房和城乡建设主管部门、消防救援机构按照各自职权决定。

被责令停止施工、停止使用、停产停业的，应当在整改后向作出决定的部门或者机构报告，经检查合格，方可恢复施工、使用、生产、经营。当事人逾期不执行停产停业、停止使用、停止施工决定的，由作出决定的部门或者机构强制执行。责令停产停业，对经济和社会生活影响较大的，由住房和城乡建设主管部门或者应急管理部门报请本级人民政府依法决定。

## 二、《中华人民共和国消防法》用语的含义

（1）公众聚集场所：指集贸市场、客运车站候车室、客运码头候船厅、民用机场航站楼、体育场馆、宾馆、饭店、商场、会堂，以及公共娱乐场所等人员流动性大且人员众多的公共场所。

（2）人员密集场所：指公众聚集场所，公共图书馆的阅览室，公共展览馆、博物馆的展示厅，学校的教学楼、图书馆、食堂和集体宿舍，养老院，福利院，托儿所，幼儿园，医院的门诊楼、病房楼，劳动密集型企业的生产加工车间和员工集体宿舍，旅游、宗教活动场所等。

## 三、《中华人民共和国消防法》安全管理规定

（1）《中华人民共和国消防法》第十六条规定，机关、团体、企业、事业等单位应当履行下列消防安全职责：

① 落实消防安全责任制，制定本单位的消防安全制度、消防安全操作规程，制订灭火和应急疏散预案；

② 按照国家标准、行业标准配置消防设施、器材，设置消防安全标志，并定期组织检验、维修，确保完好有效；

③ 对建筑消防设施每年至少进行一次全面检测，确保完好有效，检测记录应当完整准确，存档备查；

④ 保障疏散通道、安全出口、消防车通道畅通，保证防火防烟分区、防火间距符合消防技术标准；

⑤ 组织防火检查，及时消除火灾隐患；

⑥ 组织进行有针对性的消防演练；

⑦ 法律、法规规定的其他消防安全职责。

(2) 消防安全重点单位除应当履行《中华人民共和国消防法》第十四条规定的职责外，还应当履行下列消防安全职责：

① 确定消防安全管理人，组织实施本单位的消防安全管理工作；

② 建立消防档案，确定消防安全重点部位，设置防火标志，实行严格管理；

③ 实行每日防火巡查，并建立巡查记录；

④ 对职工进行岗前消防安全培训，定期组织消防安全培训和消防演练。

(3) 同一建筑物由两个以上单位管理或者使用的，应当明确各方的消防安全责任，并确定责任人对共用的疏散通道、安全出口、建筑消防设施和消防车通道进行统一管理。住宅区的物业服务企业应当对管理区域内的共用消防设施进行维护管理，提供消防安全防范服务。

(4) 生产、储存、经营易燃易爆危险品的场所不得与居住场所设置在同一建筑物内，并应当与居住场所保持安全距离。生产、储存、经营其他物品的场所与居住场所设置在同一建筑物内的，应当符合国家工程建设消防技术标准。

(5) 举办大型群众性活动，承办人应当依法向公安机关申请安全许可，制订灭火和应急疏散预案并组织演练，明确消防安全责任分工，确定消防安全管理人员，保持消防设施和消防器材配置齐全、完好有效，保证疏散通道、安全出口、疏散指示标志、应急照明和消防车通道符合消防技术标准和管理规定。

(6) 禁止在具有火灾、爆炸危险的场所吸烟、使用明火。因施工等特殊情况需要使用明火作业的，应当按照规定事先办理审批手续，采取相应的消防安全措施；作业人员应当遵守消防安全规定。进行电焊、气焊等具有火灾危险作业的人员和自动消防系统的操作人员，必须持证上岗，并遵守消防安全操作规程。

## 第二节　刑法等相关法律

### 一、《中华人民共和国行政处罚法》

#### (一) 简易程序

第三十三条　违法事实确凿并有法定依据，对公民处以五十元以下、对法人或者其他组织处以一千元以下罚款或者警告的行政处罚的，可以当场作出行政处罚决定。

第三十四条　执法人员当场作出行政处罚决定的，应当向当事人出示执法身份证件，填写预定格式、编有号码的行政处罚决定书。行政处罚决定书应当当场交付当事人。前款规定的行政处罚决定书应当载明当事人的违法行为、行政处罚依据、罚款数额、时间、地点及行政机关名称，并由执法人员签名或者盖章。执法人员当场作出的行政处罚决定，必须报所属行政机关备案。

第三十五条　当事人对当场作出的行政处罚决定不服的，可以依法申请行政复议或者提起行政诉讼。

**（二）一般程序**

一般程序为受案、取证、告知、听证、决定。其中，听证只适用于责令停产停业、吊销许可证或执照、较大数额罚款。

第三十六条　除本法第三十三条规定的可以当场作出的行政处罚外，行政机关发现公民、法人或者其他组织有依法应当给予行政处罚的行为的，必须全面、客观、公正地调查，收集有关证据；必要时，依照法律、法规的规定，可以进行检查。

第三十七条　行政机关在调查或者进行检查时，执法人员不得少于两人，并应当向当事人或者有关人员出示证件。当事人或者有关人员应当如实回答询问，并协助调查或者检查，不得阻挠。询问或者检查应当制作笔录。行政机关在收集证据时，可以采取抽样取证的方法；在证据可能灭失或者以后难以取得的情况下，经行政机关负责人批准，可以先行登记保存，并应当在七日内及时作出处理决定，在此期间，当事人或者有关人员不得销毁或者转移证据。执法人员与当事人有直接利害关系的，应当回避。

第三十八条　调查终结，行政机关负责人应当对调查结果进行审查，根据不同情况，分别作出如下决定：

（1）确有应受行政处罚的违法行为的，根据情节轻重及具体情况，作出行政处罚决定；

（2）违法行为轻微，依法可以不予行政处罚的，不予行政处罚；

（3）违法事实不能成立的，不得给予行政处罚；

（4）违法行为已构成犯罪的，移送司法机关。对情节复杂或者重大违法行为给予较重的行政处罚，行政机关的负责人应当集体讨论决定。

第三十九条　行政机关依照本法第三十八条的规定给予行政处罚，应当制作行政处罚决定书。行政处罚决定书应当载明下列事项：

（1）当事人的姓名或者名称、地址；

（2）违反法律、法规或者规章的事实和证据；

（3）行政处罚的种类和依据；

（4）行政处罚的履行方式和期限；

（5）不服行政处罚决定，申请行政复议或者提起行政诉讼的途径和期限；

（6）作出行政处罚决定的行政机关名称和作出决定的日期。行政处罚决定书必须盖有作出行政处罚决定的行政机关的印章。

第四十条　行政处罚决定书应当在宣告后当场交付当事人；当事人不在场的，行政机关应当在七日内依照民事诉讼法的有关规定，将行政处罚决定书送达当事人。

第四十一条　行政机关及其执法人员在作出行政处罚决定之前，不依照本法第三十一条、第三十二条的规定向当事人告知给予行政处罚的事实、理由和依据，或者拒绝听取当事人的陈述、申辩，行政处罚决定不能成立；当事人放弃陈述或者申辩权利的除外。

## 二、《中华人民共和国刑法》

### （一）《中华人民共和国刑法》的罪名及行为（表 2-1-1）

表 2-1-1　罪名

| 罪名 | 行为 |
| --- | --- |
| 失火罪 | 过失引起火灾，造成严重后果，危害公共安全的行为 |
| 消防责任事故罪 | 违反消防管理法规，消防监督机构通知改正拒绝执行，造成严重后果，危害公共安全的行为 |
| 重大责任事故罪 | 在生产、作业中违反有关安全管理规定，因而发生重大伤亡事故或者造成其他严重后果的行为 |
| 强令违章冒险作业罪 | 强令他人违章冒险作业，因而发生重大伤亡事故或者造成其他严重后果的行为 |
| 重大劳动安全事故罪 | 安全生产设施或者安全生产条件不符合国家规定，因而发生重大伤亡事故或者造成其他严重后果的行为 |
| 大型群众性活动重大安全事故罪 | 举办大型群众性活动违反安全管理规定，因而发生重大伤亡事故或者造成其他严重后果的行为 |
| 工程重大安全事故罪 | 单位违反国家规定，降低工程质量标准，造成重大安全事故的行为 |

### （二）《中华人民共和国刑法》立案和刑罚标准

1. 失火罪

立案标准（“以上”包括本数，“或”的关系）：死亡 1 人以上，或者重伤 3 人以上；造成直接经济损失 50 万元以上；造成 10 户以上房屋烧毁，森林火灾，过火有林地 2 公顷以上，或者过火疏林地、灌木林地、未成林地、苗圃地 4 公顷以上。

刑罚：3 年以上 7 年以下有期徒刑；情节较轻，3 年以下有期徒刑或拘役。

2. 其他六项罪

其他六项罪的立案标准和刑罚见表 2-1-2。

表 2-1-2　其他六项罪的立案标准和刑罚

<table>
<tr><th>罪名</th><th>立案标准（“以上”包括本数，“或”的关系）</th><th>刑罚</th></tr>
<tr><td>工程重大安全事故罪</td><td rowspan="6">死亡 1 人以上，或者重伤 3 人以上；造成直接经济损失 100 万元以上；其他造成严重后果或者重大安全事故的行为</td><td>5 年以下有期徒刑或拘役，并处罚金；特别严重，5 年以上 10 年以下有期徒刑，并处罚金</td></tr>
<tr><td>强令违章冒险作业罪</td><td>5 年以下有期徒刑或拘役；情节特别恶劣，5 年以上有期徒刑</td></tr>
<tr><td>消防责任事故罪</td><td rowspan="4">3 年以下有期徒刑或拘役；情节特别恶劣（消防责任事故罪：后果特别严重），3 年以上 7 年以下有期徒刑</td></tr>
<tr><td>重大责任事故罪</td></tr>
<tr><td>重大劳动安全事故罪</td></tr>
<tr><td>大型群众性活动重大安全事故罪</td></tr>
</table>

## 第三节 其他规章

### 一、《公共娱乐场所消防安全管理规定》

#### （一）公共娱乐场所

《公共娱乐场所消防安全管理规定》所称公共娱乐场所，是指向公众开放的下列室内场所：

（1）影剧院、录像厅、礼堂等演出、放映场所；

（2）舞厅、卡拉OK厅等歌舞娱乐场所；

（3）具有娱乐功能的夜总会、音乐茶座和餐饮场所；

（4）游艺、游乐场所；

（5）保龄球馆、旱冰场、桑拿浴室等营业性健身、休闲场所。

公共娱乐场所应当在法定代表人或者主要负责人中确定一名本单位的消防安全责任人。在消防安全责任人确定或者变更时，应当向当地公安消防机构备案。

#### （二）人员消防安全职责

消防安全责任人应当依照《中华人民共和国消防法》第十四条和第十六条规定履行消防安全职责，负责检查和落实本单位防火措施、灭火预案的制定和演练，以及建筑消防设施、消防通道、电源和火源管理等。

第十四条　建设工程消防设计审查、消防验收、备案和抽查的具体办法，由国务院住房城乡建设主管部门规定。

第十六条　机关、团体、企业、事业等单位应当履行下列消防安全职责：

（1）落实消防安全责任制，制定本单位的消防安全制度、消防安全操作规程，制定灭火和应急疏散预案；

（2）按照国家标准、行业标准配置消防设施、器材，设置消防安全标志，并定期组织检验、维修，确保完好有效；

（3）对建筑消防设施每年至少进行一次全面检测，确保完好有效，检测记录应当完整准确，存档备查；

（4）保障疏散通道、安全出口、消防车通道畅通，保证防火防烟分区、防火间距符合消防技术标准；

（5）组织防火检查，及时消除火灾隐患；

（6）组织进行有针对性的消防演练；

（7）法律、法规规定的其他消防安全职责。

单位的主要负责人是本单位的消防安全责任人。公共娱乐场所的房产所有者在与其他单位、个人发生租赁、承包等关系后，公共娱乐场所的消防安全由经营者负责。

#### （三）场所消防安全管理规定

第四条　新建、改建、扩建公共娱乐场所或者变更公共娱乐场所内部装修的，其消防设计应当符合国家有关建筑消防技术标准的规定。

第五条　新建、改建、扩建公共娱乐场所或者变更公共娱乐场所内部装修的，建设或者经营单位应当依法将消防设计图纸报送当地公安消防机构审核，经审核同意方可施工；工程竣工时，必须经公安消防机构进行消防验收；未经验收或者经验收不合格的，不得投入使用。

第六条　公众聚集的娱乐场所在使用或者开业前，必须具备消防安全条件，依法向当地公安消防机构申报检查，经消防安全检查合格后，发给《消防安全检查意见书》，方可使用或者开业。

第七条　公共娱乐场所宜设置在耐火等级不低于二级的建筑物内；已经核准设置在三级耐火等级建筑内的公共娱乐场所，应当符合特定的防火安全要求。

公共娱乐场所不得设置在文物古建筑和博物馆、图书馆建筑内，不得毗连重要仓库或者危险物品仓库；不得在居民住宅楼内改建公共娱乐场所。

公共娱乐场所与其他建筑相毗连或者附设在其他建筑物内时，应当按照独立的防火分区设置；商住楼内的公共娱乐场所与居民住宅的安全出口应当分开设置。

第八条　公共娱乐场所的内部装修设计和施工，应当符合《建筑内部装修设计防火规范》和有关建筑内部装饰装修防火管理的规定。

第九条　公共娱乐场所在营业时必须确保安全出口和疏散通道畅通无阻，严禁将安全出口上锁、阻塞。

第十条　设在走道上的指示标志的间距不得大于 20 米。

第十一条　公共娱乐场所内应当设置火灾事故应急照明灯，照明供电时间不得少于 20 分钟。

第十二条　公共娱乐场所必须加强电气防火安全管理，及时消除火灾隐患。不得超负荷用电，不得擅自拉接临时电线。

第十三条　在地下建筑内设置公共娱乐场所严禁使用液化石油气。

第十四条　公共娱乐场所内严禁带入和存放易燃易爆物品。

第十五条　严禁在公共娱乐场所营业时进行设备检修、电气焊、油漆粉刷等施工、维修作业。

第十六条　演出、放映场所的观众厅内禁止吸烟和明火照明。

第十九条　公共娱乐场所应当制定防火安全管理制度，制定紧急安全疏散方案。

第二十条　公共娱乐场所应当建立全员防火安全责任制度，全体员工都应当熟知必要的消防安全知识，会报火警，会使用灭火器材，会组织人员疏散。

## 二、《机关、团体、企业、事业单位消防安全管理规定》（公安部 61 号令）

第六条　单位的消防安全责任人应当履行下列消防安全职责：

（1）贯彻执行消防法规，保障单位消防安全符合规定，掌握本单位的消防安全情况；

（2）将消防工作与本单位的生产、科研、经营、管理等活动统筹安排，批准实施年度消防工作计划；

（3）为本单位的消防安全提供必要的经费和组织保障；

（4）确定逐级消防安全责任，批准实施消防安全制度和保障消防安全的操作规程；

（5）组织防火检查，督促落实火灾隐患整改，及时处理涉及消防安全的重大问题；

（6）根据消防法规的规定建立专职消防队、义务消防队；

（7）组织制定符合本单位实际的灭火和应急疏散预案，并实施演练。

第七条 单位可以根据需要确定本单位的消防安全管理人。消防安全管理人对单位的消防安全责任人负责，实施和组织落实下列消防安全管理工作：

（1）拟订年度消防工作计划，组织实施日常消防安全管理工作；

（2）组织制订消防安全制度和保障消防安全的操作规程并检查督促其落实；

（3）拟订消防安全工作的资金投入和组织保障方案；

（4）组织实施防火检查和火灾隐患整改工作；

（5）组织实施对本单位消防设施、灭火器材和消防安全标志的维护保养，确保其完好有效，确保疏散通道和安全出口畅通；

（6）组织管理专职消防队和义务消防队；

（7）在员工中组织开展消防知识、技能的宣传教育和培训，组织灭火和应急疏散预案的实施和演练；

（8）单位消防安全责任人委托的其他消防安全管理工作。

责任人和管理人的职责见表2-1-3。

**表2-1-3 责任人和管理人的职责**

| 消防安全责任人的职责 | 消防安全管理人的职责 |
| --- | --- |
| 1. 批准实施年度消防工作计划 | 1. 拟订年度消防工作计划 |
| 2. 批准实施消防安全制度和操作规程 | 2. 组织制订消防安全制度和保障消防安全的操作规程 |
| 3. 提供必要的经费和组织保障 | 3. 拟订资金投入和组织保障方案 |
| 4. 督促落实火灾隐患整改，及时处理消防安全重大问题 | 4. 组织实施防火检查和火灾隐患整改工作 |
| 5. 建立专职消防队、义务消防队 | 5. 组织管理专职消防队和义务消防队 |
| 6. 组织制订灭火和应急疏散预案，并实施演练 | 6. 开展教育和培训，组织灭火和应急疏散预案的实施和演练 |
| 7. 贯彻执行消防法规，保证合规，掌握情况 | 7. 对设施、灭火器材和消防安全标志维护保养，确保疏散通道和安全出口畅通 |

第二十五条 消防安全重点单位应当进行每日防火巡查，并确定巡查的人员、内容、部位和频次。其他单位可以根据需要组织防火巡查。巡查的内容应当包括：

（1）用火、用电有无违章情况；

（2）安全出口、疏散通道是否畅通，安全疏散指示标志、应急照明是否完好；

（3）消防设施、器材和消防安全标志是否在位、完整；

（4）常闭式防火门是否处于关闭状态，防火卷帘下是否堆放物品影响使用；

（5）消防安全重点部位的人员在岗情况；

（6）其他消防安全情况。

公众聚集场所在营业期间的防火巡查应当至少每2小时一次；营业结束时应当对营业现场进行检查，消除遗留火种。医院、养老院、寄宿制的学校、托儿所、幼儿园应当加强夜间防火巡查，其他消防安全重点单位可以结合实际组织夜间防火巡查。

第二十六条 机关、团体、事业单位应当至少每季度进行一次防火检查，其他单位应当至少每月进行一次防火检查。检查的内容应当包括：

（1）火灾隐患的整改情况以及防范措施的落实情况；

（2）安全疏散通道、疏散指示标志、应急照明和安全出口情况；

（3）消防车通道、消防水源情况；

（4）灭火器材配置及有效情况；

（5）用火、用电有无违章情况；

（6）重点工种人员以及其他员工消防知识的掌握情况；

（7）消防安全重点部位的管理情况；

（8）易燃易爆危险物品和场所防火防爆措施的落实情况以及其他重要物资的防火安全情况；

（9）消防（控制室）值班情况和设施运行、记录情况；

（10）防火巡查情况；

（11）消防安全标志的设置情况和完好、有效情况；

（12）其他需要检查的内容。

防火检查应当填写检查记录。检查人员和被检查部门负责人应当在检查记录上签名。加强防火检查，落实火灾隐患整改。

第三十六条 单位应当通过多种形式开展经常性的消防安全宣传教育。消防安全重点单位对每名员工应当至少每年进行一次消防安全培训。公众聚集场所对员工的消防安全培训应当至少每半年进行一次，培训的内容还应当包括组织、引导在场群众疏散的知识和技能。

单位应当组织新上岗和进入新岗位的员工进行上岗前的消防安全培训。

第四十条 消防安全重点单位应当按照灭火和应急疏散预案，至少每半年进行一次演练，并结合实际，不断完善预案。其他单位应当结合本单位实际，参照制定相应的应急方案，至少每年组织一次演练。

消防演练时，应当设置明显标识并事先告知演练范围内的人员。

### 三、《注册消防工程师管理规定》（公安部令第143号）

第二十九条 注册消防工程师的执业范围应当与其聘用单位业务范围和本人注册级别相符合，本人的执业范围不得超越其聘用单位的业务范围。

受聘于消防技术服务机构的注册消防工程师，每个注册有效期应当至少参与完成3个消防技术服务项目；受聘于消防安全重点单位的注册消防工程师，一个年度内应当至少签署1个消防安全技术文件。

第三十三条 注册消防工程师不得有下列行为：

（1）同时在两个以上消防技术服务机构或者消防安全重点单位执业；

（2）以个人名义承接执业业务、开展执业活动；

（3）在聘用单位出具的虚假、失实消防安全技术文件上签名、加盖执业印章；

（4）变造、倒卖、出租、出借或者以其他形式转让资格证书、注册证或者执业印章；

（5）超出本人执业范围或者聘用单位业务范围开展执业活动；

（6）不按照国家标准、行业标准开展执业活动，减少执业活动项目内容、数量，或者降低执业活动质量；

（7）违反法律、法规规定的其他行为。

第五十三条　注册消防工程师聘用单位出具的消防安全技术文件，未经注册消防工程师签名或者加盖执业印章的，责令改正，处一千元以上一万元以下罚款。

第五十四条　注册消防工程师未按照国家标准、行业标准开展执业活动，减少执业活动项目内容、数量，或者执业活动质量不符合国家标准、行业标准的，责令改正，处一千元以上一万元以下罚款。

第五十五条　注册消防工程师有下列行为之一的，责令改正，处一万元以上二万元以下罚款：

（1）以个人名义承接执业业务、开展执业活动的；

（2）变造、倒卖、出租、出借或者以其他形式转让资格证书、注册证、执业印章的；

（3）超出本人执业范围或者聘用单位业务范围开展执业活动的。

# 第二章　社会单位消防安全管理

**学习要求**

通过本章的学习，了解消防安全的主体、性质及原则，掌握消防安全重点单位的界定标准和程序，能够确定和管理消防安全重点部位，同时应掌握重大火灾隐患的判定原则。

## 第一节　消防安全管理概述

### 一、消防安全管理的性质和特性

性质：社会属性、自然属性。

特征：全员性、全过程性、全天候性、全方位性、强制性。

### 二、消防安全管理的主体

（1）个人、单位、部门和政府这四者都是消防工作的主体，是消防安全管理活动的主体。

（2）管理的对象：人、财、物、信息、时间、事务。

（3）社会的基本单元是单位。

（4）公民个人是消防工作的基础。

### 三、消防安全管理的原则和技术方法

1. 原则

（1）谁主管谁负责的原则。

（2）依靠群众的原则。

（3）依法管理的原则。

（4）科学管理的原则。

（5）综合治理的原则。

2. 技术方法

技术方法主要包括因果分析方法、事故树分析方法、安全检查表分析方法及消防安全状况评估方法等。

其最佳目标就是在一定的条件下，通过消防安全管理活动将火灾发生的危险性和火灾造成的危害性降到最低限度。

# 第二节　消防安全重点单位的界定标准和程序

## 一、消防安全重点单位的界定标准

消防安全重点单位的界定标准见表 2-2-1 的规定。

表 2-2-1　消防安全重点单位界定标准

| 类别 | 界定标准 |
| --- | --- |
| 1. 公众聚集场所 | 经营可燃商品的商场、商店、市场（建筑面积在 1000m² 及以上）<br>旅馆、饭店（客房数在 50 间以上）<br>公共的体育场（馆）、会堂<br>公共娱乐场所（建筑面积在 200m² 以上）（人密/公众聚集/公娱/歌） |
| 2. 医院、养老院和寄宿制的学校、托儿所、幼儿园 | 医院（住院床位在 50 张以上）<br>养老院（老人住宿床位在 50 张以上）<br>学校（学生住宿床位在 100 张以上）<br>托儿所、幼儿园（幼儿住宿床位在 50 张以上） |
| 3. 国家机关 | 县级以上的党委、人大、政府、政协<br>人民检察院、人民法院<br>中央和国务院各部委<br>共青团中央、全国总工会、全国妇联的办事机关 |
| 4. 广播、电视和邮政、通信枢纽 | 广播电台、电视台<br>城镇的邮政和通信枢纽单位 |
| 5. 客运车站、码头、民用机场 | 候车厅、候船厅的建筑面积在 500m² 以上的客运车站和客运码头<br>民用机场 |
| 6. 公共图书馆、展览馆、博物馆、档案馆及具有火灾危险性的文物保护单位 | 公共图书馆、展览馆（建筑面积在 2000m² 以上）<br>公共博物馆、档案馆<br>具有火灾危险性的县级以上文物保护单位 |
| 7. 发电厂（站）和电网经营企业 | |
| 8. 易燃易爆化学物品的生产、充装、储存、供应、销售单位 | 生产易燃易爆化学物品的工厂<br>易燃易爆气体和液体的灌装站、调压站<br>储存易燃易爆化学物品的专用仓库（堆场、储罐场所）<br>易燃易爆化学物品的专业运输单位<br>营业性汽车加油站、加气站，液化石油气供应站（换瓶站）<br>经营易燃易爆化学物品的化工商店（其界定标准、其他需要界定的易燃易爆化学物品性质的单位及其标准，由省级消防救援机构根据实际情况确定） |
| 9. 劳动密集型生产、加工企业 | 生产车间员工在 100 人以上的服装、鞋帽、玩具等劳动密集型企业 |
| 10. 重要的科研单位 | 界定标准由省级消防救援机构根据实际情况确定 |
| 11. 高层公共建筑、地下铁道、地下观光隧道，粮、棉、木材、百货等物资仓库和堆场，重点工程的施工现场 | 高层公共建筑的办公楼（写字楼）、公寓楼等<br>城市地下铁道、地下观光隧道等地下公共建筑和城市重要的交通隧道<br>国家储备粮库、总储备量在 10000t 以上的其他粮库<br>总储量在 500t 以上的棉库<br>总储量在 10000m³ 以上的木材堆场<br>总储存价值在 1000 万元以上的可燃物品仓库、堆场<br>国家和省级等重点工程的施工现场 |
| 12. 其他发生火灾可能性较大，以及一旦发生火灾可能造成人身重大伤亡或者财产重大损失的单位界定标准由省级消防救援机构根据实际情况确定 | |

## 二、消防安全重点单位的界定程序

消防安全重点单位的界定程序见表 2-2-2 的规定。

**表 2-2-2　消防安全重点单位的界定程序**

| | |
|---|---|
| 申报 | 1. 个体工商户如符合企业登记标准，应当向当地消防救援机构备案。<br>2. 重点工程的施工现场，由施工单位负责申报备案。<br>3. 同一栋建筑物中各自独立的产权单位或者使用单位，由各个单位分别独立申报备案；本身符合的，产权单位也要独立申报备案。<br>4. 符合消防安全重点单位的界定标准，不在同一县级行政区域且有隶属关系的单位，法人单位要向所在地消防救援机构申报备案；同一县级行政区域且有隶属关系的单位，下属单位具备法人资格的，各单位都需要向所在地消防救援机构申报备案 |
| 核定 | 接到申报后消防救援机构要核实审定，对确定的消防安全重点单位进行登记造册 |
| 告知 | 《消防安全重点单位告知书》 |
| 公告 | 消防救援机构于每年第一季度对本辖区消防安全重点单位进行核查调整 |

# 第三节　消防安全重点部位的确定和管理

消防安全重点部位是指容易发生火灾，一旦发生火灾可能严重危及人身和财产安全，以及对消防安全有重大影响的部位。

## 一、消防安全重点部位的确定

（1）容易发生火灾的部位。如储罐、液化石油气瓶或储罐、氧气站、乙炔站、氢气站、易燃的建筑群；化工生产车间、油漆、烘烤、熬炼、木工、电焊气割操作间、化验室；汽车库、化学危险品仓库、易燃、可燃液体储罐，以及可燃、助燃气体钢瓶仓库等。

（2）发生火灾后对消防安全有重大影响的部位，如与火灾扑救密切相关的消防水泵房、消防控制室、变配电站（室）等。

（3）性质重要、发生事故影响全局的部位，如通信设备机房，生产总控制室，电子计算机房，锅炉房，发电站，变配电站（室），档案室，资料、贵重物品和重要历史文献收藏室等。

（4）财产集中的部位，如储存大量原料、成品的仓库、货场，使用或存放先进技术设备的仓库、车间、实验室等。

（5）人员集中的部位，如医院病房、托儿所、幼儿园、学生或者职工集体宿舍、单位内部的礼堂（俱乐部）等。

消防安全重点部位管理措施包括应急管理、日常管理、档案管理、教育管理、标识化管理、制度管理。

## 二、消防安全重点部位的管理

消防安全重点部位的档案管理要做到“四个一”，指的是：

一计划：消防安全重点部位灭火施救计划。

一图：消防安全重点部位基本情况照片成册图。

一表：消防安全重点部位工作人员登记表。

一制度：消防安全重点部位防火安全制度。

## 第四节　消防监督检查规定、火灾隐患、重大火灾隐患的判定

### 一、《消防监督检查规定》（公安部第 120 号令）

1. 消防监督检查的形式如下：

（1）对公众聚集场所在投入使用、营业前的消防安全检查；

（2）对单位履行法定消防安全职责情况的监督抽查；

（3）对举报投诉的消防安全违法行为的核查；

（4）对大型群众性活动举办前的消防安全检查；

（5）根据需要进行的其他消防监督检查。

公安机关消防机构根据本地区火灾规律、特点等消防安全需要组织监督抽查；在火灾多发季节，重大节日、重大活动前或者其间，应当组织监督抽查。

消防安全重点单位应当作为监督抽查的重点，非消防安全重点单位必须在监督抽查的单位数量中占有一定比重。对属于人员密集场所的消防安全重点单位每年至少监督检查一次。

2. 公众聚集场所在投入使用、营业前，建设单位或者使用单位应当向场所所在地的县级以上人民政府公安机关消防机构申请消防安全检查，并提交下列材料：

（1）消防安全检查申报表；

（2）营业执照复印件或者工商行政管理机关出具的企业名称预先核准通知书；

（3）依法取得的建设工程消防验收或者进行竣工验收消防备案的法律文件复印件；

（4）消防安全制度、灭火和应急疏散预案、场所平面布置图；

（5）员工岗前消防安全教育培训记录和自动消防系统操作人员取得的消防行业特有工种职业资格证书复印件；

（6）法律、行政法规规定的其他材料。

依照《建设工程消防监督管理规定》，不需要进行竣工验收消防备案的公众聚集场所申请消防安全检查的，还应当提交场所室内装修消防设计施工图、消防产品质量合格证明文件，以及装修材料防火性能符合消防技术标准的证明文件、出厂合格证。

公安机关消防机构对消防安全检查的申请，应当按照行政许可有关规定受理。

3. 对公众聚集场所投入使用、营业前进行消防安全检查，应当检查下列内容：

（1）建筑物或者场所是否依法通过消防验收合格或者进行竣工验收消防备案抽查合格；依法进行竣工验收消防备案但没有进行备案抽查的建筑物或者场所是否符合消防技术标准。

（2）消防安全制度、灭火和应急疏散预案是否制订。

（3）自动消防系统操作人员是否持证上岗，员工是否经过岗前消防安全培训。

（4）消防设施、器材是否符合消防技术标准并完好有效。

（5）疏散通道、安全出口和消防车通道是否畅通。

（6）室内装修材料是否符合消防技术标准。

（7）外墙门窗上是否设置影响逃生和灭火救援的障碍物。

4. 对单位履行法定消防安全职责情况的监督抽查，应当根据单位的实际情况检查下列内容：

（1）建筑物或者场所是否依法通过消防验收或者进行竣工验收消防备案，公众聚集场所是否通过投入使用、营业前的消防安全检查；

（2）建筑物或者场所的使用情况是否与消防验收或者进行竣工验收消防备案时确定的使用性质相符；

（3）消防安全制度、灭火和应急疏散预案是否制订；

（4）消防设施、器材和消防安全标志是否定期组织维修保养，是否完好有效；

（5）电器线路、燃气管路是否定期维护保养、检测；

（6）疏散通道、安全出口、消防车通道是否畅通，防火分区是否改变，防火间距是否被占用；

（7）是否组织防火检查、消防演练和员工消防安全教育培训，自动消防系统操作人员是否持证上岗；

（8）生产、储存、经营易燃易爆危险品的场所是否与居住场所设置在同一建筑物内；

（9）生产、储存、经营其他物品的场所与居住场所设置在同一建筑物内的，是否符合消防技术标准；

（10）其他依法需要检查的内容。

对人员密集场所还应当抽查室内装修材料是否符合消防技术标准、外墙门窗上是否设置影响逃生和灭火救援的障碍物。

5. 对消防安全重点单位履行法定消防安全职责情况的监督抽查，除检查本规定第十条规定的内容外，还应当检查下列内容：

（1）是否确定消防安全管理人；

（2）是否开展每日防火巡查并建立巡查记录；

（3）是否定期组织消防安全培训和消防演练；

（4）是否建立消防档案、确定消防安全重点部位。

对属于人员密集场所的消防安全重点单位，还应当检查单位灭火和应急疏散预案中承担灭火和组织疏散任务的人员是否确定。

6. 在大型群众性活动举办前对活动现场进行消防安全检查，应当重点检查下列内容：

（1）室内活动使用的建筑物（场所）是否依法通过消防验收或者进行竣工验收消防备案，公众聚集场所是否通过使用、营业前的消防安全检查；

（2）临时搭建的建筑物是否符合消防安全要求；

（3）是否制订灭火和应急疏散预案并组织演练；

(4) 是否明确消防安全责任分工并确定消防安全管理人员；

(5) 活动现场消防设施、器材是否配备齐全并完好有效；

(6) 活动现场的疏散通道、安全出口和消防车通道是否畅通；

(7) 活动现场的疏散指示标志和应急照明是否符合消防技术标准并完好有效。

7. 对大型的人员密集场所和其他特殊建设工程的施工现场进行消防监督检查，应当重点检查施工单位履行下列消防安全职责的情况：

(1) 是否明确施工现场消防安全管理人员，是否制定施工现场消防安全制度、灭火和应急疏散预案；

(2) 在建工程内是否设置人员住宿、可燃材料及易燃易爆危险品储存等场所；

(3) 是否设置临时消防给水系统、临时消防应急照明，是否配备消防器材，并确保完好有效；

(4) 是否设有消防车通道并畅通；

(5) 是否组织员工消防安全教育培训和消防演练；

(6) 施工现场人员宿舍、办公用房的建筑构件燃烧性能、安全疏散是否符合消防技术标准。

在消防监督检查中，发现城乡消防安全布局、公共消防设施不符合消防安全要求，或者发现本地区存在影响公共安全的重大火灾隐患的，公安机关消防机构应当组织集体研究确定，自检查之日起七个工作日内提出处理意见，由所属公安机关书面报告本级人民政府解决；对影响公共安全的重大火灾隐患，还应当在确定之日起三个工作日内制作、送达重大火灾隐患整改通知书。

重大火灾隐患判定涉及复杂或者疑难技术问题的，公安机关消防机构应当在确定前组织专家论证。组织专家论证的，前款规定的期限可以延长十个工作日。

8. 公安机关消防机构在消防监督检查中发现火灾隐患，应当通知有关单位或者个人立即采取措施消除；对具有下列情形之一，不及时消除可能严重威胁公共安全的，应当对危险部位或者场所予以临时查封：

(1) 疏散通道、安全出口数量不足或者严重堵塞，已不具备安全疏散条件的；

(2) 建筑消防设施严重损坏，不再具备防火灭火功能的；

(3) 人员密集场所违反消防安全规定，使用、储存易燃易爆危险品的；

(4) 公众聚集场所违反消防技术标准，采用易燃、可燃材料装修，可能导致重大人员伤亡的；

(5) 其他可能严重威胁公共安全的火灾隐患。

临时查封期限不得超过三十日。临时查封期限届满后，当事人仍未消除火灾隐患的，公安机关消防机构可以再次依法予以临时查封。

临时查封应当由公安机关消防机构负责人组织集体研究决定。决定临时查封的，应当研究确定查封危险部位或者场所的范围、期限和实施方法，并自检查之日起三个工作日内制作、送达临时查封决定书。

情况紧急、不当场查封可能严重威胁公共安全的，消防监督检查人员可以在口头报请公安机关消防机构负责人同意后当场对危险部位或者场所实施临时查封，并在临时查封后24小时内由公安机关消防机构负责人组织集体研究，制作、送达临时查封决定书。

经集体研究认为不应当采取临时查封措施的，应当立即解除。

临时查封由公安机关消防机构负责人组织实施。需要公安机关其他部门或者公安派出所配合的，公安机关消防机构应当报请所属公安机关组织实施。

9. 实施临时查封应当遵守下列规定：

（1）实施临时查封时，通知当事人到场，当场告知当事人采取临时查封的理由、依据，以及当事人依法享有的权利、救济途径，听取当事人的陈述和申辩；

（2）当事人不到场的，邀请见证人到场，由见证人和消防监督检查人员在现场笔录上签名或者盖章；

（3）在危险部位或者场所及其有关设施、设备上加贴封条或者采取其他措施，使危险部位或者场所停止生产、经营或者使用；

（4）对实施临时查封情况制作现场笔录，必要时，可以进行现场照相或者录音录像。

实施临时查封后，当事人请求进入被查封的危险部位或者场所整改火灾隐患的，应当允许，但不得在被查封的危险部位或者场所生产、经营或者使用。

火灾隐患消除后，当事人应当向作出临时查封决定的公安机关消防机构申请解除临时查封。公安机关消防机构应当自收到申请之日起三个工作日内进行检查，自检查之日起三个工作日内作出是否同意解除临时查封的决定，并送达当事人。

对检查确认火灾隐患已消除的，应当作出解除临时查封的决定。

对当事人有《中华人民共和国消防法》第六十条第一款第三项、第四项、第五项、第六项规定的消防安全违法行为，经责令改正拒不改正的，公安机关消防机构应当按照《中华人民共和国行政强制法》第五十一条、第五十二条的规定组织强制清除或者拆除相关障碍物、妨碍物，所需费用由违法行为人承担。

当事人不执行公安机关消防机构作出的停产停业、停止使用、停止施工决定的，作出决定的公安机关消防机构应当自履行期限届满之日起三个工作日内催告当事人履行义务。当事人收到催告书后有权进行陈述和申辩。公安机关消防机构应当充分听取当事人的意见，记录、复核当事人提出的事实、理由和证据。当事人提出的事实、理由或者证据成立的，应当采纳。

经催告，当事人逾期仍不履行义务且无正当理由的，公安机关消防机构负责人应当组织集体研究强制执行方案，确定执行的方式和时间。强制执行决定书应当自决定之日起三个工作日内制作、送达当事人。

强制执行由作出决定的公安机关消防机构负责人组织实施。需要公安机关其他部门或者公安派出所配合的，公安机关消防机构应当报请所属公安机关组织实施；需要其他行政部门配合的，公安机关消防机构应当提出意见，并由所属公安机关报请本级人民政府组织实施。

10. 实施强制执行应当遵守下列规定：

（1）实施强制执行时，通知当事人到场，当场向当事人宣读强制执行决定，听取当事人的陈述和申辩；

（2）当事人不到场的，邀请见证人到场，由见证人和消防监督检查人员在现场笔录上签名或者盖章；

(3) 对实施强制执行过程制作现场笔录，必要时，可以进行现场照相或者录音录像；

(4) 除情况紧急外，不得在夜间或者法定节假日实施强制执行；

(5) 不得对居民生活采取停止供水、供电、供热、供燃气等方式迫使当事人履行义务。

有《中华人民共和国行政强制法》第三十九条、第四十条规定的情形之一的，中止执行或者终结执行。

对被责令停止施工、停止使用、停产停业处罚的当事人申请恢复施工、使用、生产、经营的，公安机关消防机构应当自收到书面申请之日起三个工作日内进行检查，自检查之日起对当事人已改正消防安全违法行为、具备消防安全条件的，公安机关消防机构应当同意恢复施工、使用、生产、经营；对违法行为尚未改正、不具备消防安全条件的，应当不同意恢复施工、使用、生产、经营，并说明理由。

11. 公安派出所民警在日常消防监督检查时，发现被检查单位有下列行为之一的，应当责令依法改正：

(1) 未制定消防安全制度、未组织防火检查和消防安全教育培训、消防演练的；

(2) 占用、堵塞、封闭疏散通道、安全出口的；

(3) 占用、堵塞、封闭消防车通道，妨碍消防车通行的；

(4) 埋压、圈占、遮挡消火栓或者占用防火间距的；

(5) 室内消火栓、灭火器、疏散指示标志和应急照明未保持完好有效的；

(6) 人员密集场所在外墙门窗上设置影响逃生和灭火救援的障碍物的；

(7) 违反消防安全规定进入生产、储存易燃易爆危险品场所的；

(8) 违反规定使用明火作业或者在具有火灾、爆炸危险的场所吸烟、使用明火的；

(9) 生产、储存和经营易燃易爆危险品的场所与居住场所设置在同一建筑物内的；

(10) 未对建筑消防设施定期组织维修保养的。

公安派出所发现被检查单位的建筑物未依法通过消防验收，或者进行竣工验收消防备案，擅自投入使用的；公众聚集场所未依法通过使用、营业前的消防安全检查，擅自使用、营业的，应当在检查之日起五个工作日内书面移交公安机关消防机构处理。

公安派出所民警进行日常消防监督检查，应当填写检查记录，记录发现的消防安全违法行为、责令改正的情况。

12. 具有下列情形之一的，确定为火灾隐患：

(1) 影响人员安全疏散或者灭火救援行动，不能立即改正的。

(2) 消防设施未保持完好有效，影响防火灭火功能的。

(3) 擅自改变防火分区，容易导致火势蔓延、扩大的。

(4) 在人员密集场所违反消防安全规定，使用、储存易燃易爆危险品，不能立即改正的。

(5) 不符合城市消防安全布局要求，影响公共安全的。

## 二、重大火灾隐患的判定

依据《重大火灾隐患判定方法》(GB 35181—2017)，将火灾隐患判定分为可以直接判定的重大火灾隐患和需要综合判定的重大火灾隐患。

**（一）可不判定为重大火灾隐患的情况**

下列任一种情况可不判定为重大火灾隐患：

（1）依法进行了消防设计专家评审，并已采取相应技术措施的；

（2）单位、场所已停产停业或停止使用的；

（3）不足以导致重大、特别重大火灾事故或严重社会影响的。

**（二）重大火灾隐患直接判定**

符合下列情况之一的，可以直接判定为重大火灾隐患：

1. 生产、储存和装卸易燃易爆危险品的工厂、仓库和专用车站、码头、储罐区，未设置在城市的边缘或相对独立的安全地带。

2. 生产、储存、经营易燃易爆危险品的场所与人员密集场所、居住场所设置在同一建筑物内，或与人员密集场所、居住场所的防火间距小于国家工程建设消防技术标准规定值的75%。

3. 城市建成区内的加油站、天然气或液化石油气加气站、加油加气合建站的储量达到或超过现行《汽车加油加气站设计与施工规范》（GB 50156）对一级站的规定。

4. 甲、乙类生产场所和仓库设置在建筑的地下室或半地下室。

5. 公共娱乐场所、商店、地下人员密集场所的安全出口数量不足或其总净宽度小于国家工程建设消防技术标准规定值的80%。

6. 旅馆、公共娱乐场所、商店、地下人员密集场所未按国家工程建设消防技术标准的规定设置自动喷水灭火系统或火灾自动报警系统。

7. 易燃可燃液体、可燃气体储罐（区）未按国家工程建设消防技术标准的规定设置固定灭火、冷却、可燃气体浓度报警、火灾报警设施。

8. 在人员密集场所违反消防安全规定使用、储存或销售易燃易爆危险品。

9. 托儿所、幼儿园的儿童用房及老年人活动场所，所在楼层位置不符合国家工程建设消防技术标准的规定。

10. 人员密集场所的居住场所采用彩钢夹芯板搭建，且彩钢夹芯板芯材的燃烧性能等级低于现行《建筑材料及制品燃烧性能分级》（GB 8624）规定的A级。

重大火灾隐患的判定对涉及复杂疑难的技术问题，判定重大火灾隐患有困难的可以组织专家进行技术论证，专家组人数不得少于7人，结论性判定意见至少应有2/3以上的专家同意。

**（三）重大火灾隐患综合判定**

符合下列条件应综合判定为重大火灾隐患：

人员密集场所存在下文3.（1）～3.（9）和5和9.（3）规定的综合判定要素3条以上（含本数，下同）；

易燃、易爆危险品场所存在下文1.（1）～1.（3）和4.（5）和4.（6）规定的综合判定要素3条以上；

人员密集场所、易燃易爆危险品场所、重要场所存在重大火灾隐患直接判定的任意综合判定要素4条以上；

其他场所存在重大火灾隐患直接判定的任意综合判定要素 6 条以上。

具体判定条件如下：

1. 总平面布置

（1）未按国家工程建设消防技术标准的规定或城市消防规划的要求设置消防车道或消防车道被堵塞、占用。

（2）建筑之间的既有防火间距被占用或小于国家工程建设消防技术标准的规定值的 80%，明火和散发火花地点与易燃易爆生产厂房、装置设备之间的防火间距小于国家工程建设消防技术标准的规定值。

（3）在厂房、库房、商场中设置员工宿舍，或在居住等民用建筑中从事生产、储存、经营等活动，且不符合《住宿与生产储存经营合用场所消防安全技术要求》的相关规定。

（4）地下车站的站厅乘客疏散区、站台及疏散通道内设置商业经营活动场所。

2. 防火分隔

（1）原有防火分区被改变并导致实际防火分区的建筑面积大于国家工程建设消防技术标准规定值的 50%。

（2）防火门、防火卷帘等防火分隔设施损坏的数量大于该防火分区相应防火分隔设施总数的 50%。

（3）丙、丁、戊类厂房内有火灾或爆炸危险的部位未采取防火分隔等防火防爆技术措施。

3. 安全疏散及灭火救援

（1）建筑内的避难走道、避难间、避难层的设置不符合国家工程建设消防技术标准的规定，或避难走道、避难间、避难层被占用。

（2）人员密集场所内疏散楼梯间的设置形式不符合国家工程建设消防技术标准的规定。

（3）除公共娱乐场所、商店、地下人员密集场所外的其他场所或建筑物的安全出口数量或宽度不符合国家工程建设消防技术标准的规定，或既有安全出口被封堵。

（4）按国家工程建设消防技术标准的规定，建筑物应设置独立的安全出口或疏散楼梯而未设置。

（5）商店营业厅内的疏散距离大于国家工程建设消防技术标准规定值的 125%。

（6）高层建筑和地下建筑未按国家工程建设消防技术标准的规定设置疏散指示标志、应急照明，或所设置设施的损坏率大于标准规定要求设置数量的 30%；其他建筑未按国家工程建设消防技术标准的规定设置疏散指示标志、应急照明，或所设置设施的损坏率大于标准规定要求设置数量的 50%。

（7）设有人员密集场所的高层建筑的封闭楼梯间或防烟楼梯间的门的损坏率超过其设置总数的 20%，其他建筑的封闭楼梯间或防烟楼梯间的门的损坏率大于其设置总数的 50%。

（8）人员密集场所内疏散走道、疏散楼梯间、前室的室内装修材料的燃烧性能不符合《建筑内部装修设计防火规范》（GB 50222—2017）的相关规定。

（9）人员密集场所的疏散走道、楼梯间、疏散门或安全出口设置栅栏、卷帘门。

（10）人员密集场所的外窗被封堵或被广告牌等遮挡。

（11）高层建筑的消防车道、救援场地设置不符合要求或被占用，影响火灾扑救。

（12）消防电梯无法正常运行。

4. 消防给水及灭火设施

（1）未按国家工程建设消防技术标准的规定设置消防水源、储存泡沫液等灭火剂。

（2）未按国家工程建设消防技术标准的规定设置室外消防给水系统，或已设置但不符合标准的规定或不能正常使用。

（3）未按国家工程建设消防技术标准的规定设置室内消火栓系统，或已设置但不符合标准的规定或不能正常使用。

（4）除旅馆、公共娱乐场所、商店、地下人员密集场所外，其他场所未按国家工程建设消防技术标准的规定设置自动喷水灭火系统。

（5）未按国家工程建设消防技术标准的规定设置除自动喷水灭火系统外的其他固定灭火设施。

（6）已设置的自动喷水灭火系统或其他固定灭火设施不能正常使用或运行。

5. 防烟排烟设施

人员密集场所、高层建筑和地下建筑未按国家工程建设消防技术标准的规定设置防烟、排烟设施，或已设置但不能正常使用或运行。

6. 消防供电

（1）消防用电设备的供电负荷级别不符合国家工程建设消防技术标准的规定。

（2）消防用电设备未按国家工程建设消防技术标准的规定采用专用的供电回路。

（3）未按国家工程建设消防技术标准的规定设置消防用电设备末端自动切换装置，或已设置但不符合标准的规定或不能正常自动切换。

7. 火灾自动报警系统

（1）除旅馆、公共娱乐场所、商店、其他地下人员密集场所以外的其他场所未按国家工程建设消防技术标准的规定设置火灾自动报警系统。

（2）火灾自动报警系统不能正常运行。

（3）防烟排烟系统、消防水泵及其他自动消防设施不能正常联动控制。

8. 消防安全管理

（1）社会单位未按消防法律法规要求设置专职消防队。

（2）消防控制室操作人员未按《消防控制室通用技术要求》的规定持证上岗。

9. 其他

（1）生产、储存场所的建筑耐火等级与其生产、储存物品的火灾危险性类别不相匹配，违反国家工程建设消防技术标准的规定。

（2）生产、储存、装卸和经营易燃易爆危险品的场所或有粉尘爆炸危险场所未按规定设置防爆电气设备和泄压设施，或防爆电气设备和泄压设施失效。

（3）违反国家工程建设消防技术标准的规定使用燃油、燃气设备，或燃油、燃气管道敷设和紧急切断装置不符合标准规定。

（4）违反国家工程建设消防技术标准的规定在可燃材料或可燃构件上直接敷设电气线路或安装电气设备，或采用不符合标准规定的消防配电线缆和其他供配电线缆。

（5）违反国家工程建设消防技术标准的规定在人员密集场所使用易燃、可燃材料装修、装饰。

## 三、火灾隐患整改

单位对存在的火灾隐患应当及时予以消除。对不能当场改正的火灾隐患，应当根据本单位的管理分工，及时将存在的火灾隐患向单位的消防安全管理人或者消防安全责任人报告，提出整改方案。消防安全管理人或者消防安全责任人应当确定整改的措施、期限，以及负责整改的部门、人员，并落实整改资金。在火灾隐患未消除之前，单位应当落实防范措施，保障消防安全。不能确保消防安全，随时可能引发火灾或者一旦发生火灾将严重危及人身安全的，应当将危险部位停产停业整改。

火灾隐患整改完毕，负责整改的部门或者人员应当将整改情况记录报送消防安全责任人或者消防安全管理人，签字确认后存档备查。对涉及城市规划布局而不能自身解决的重大大灾隐患，以及机关、团体、事业单位确无能力解决的重大火灾隐患，单位应当提出解决方案并及时向其上级主管部门或者当地人民政府报告。对当地消防救援机构责令限期改正的火灾隐患，单位要在规定的期限内改正，并写出火灾隐患整改复函，报送消防救援机构。

## 四、消防档案的建立及要求

《机关、团体、企业、事业单位消防安全管理规定》对消防档案的建立、保存提出相应的要求如下：

1．消防安全重点单位应当建立健全消防档案。消防档案应当包括消防安全基本情况和消防安全管理情况。消防档案应当翔实，全面反映单位消防工作的基本情况，并附有必要的图表，根据情况变化及时更新。

单位应当对消防档案统一保管、备查。

2．消防安全基本情况应当包括以下内容：

（1）单位基本概况和消防安全重点部位情况；

（2）建筑物或者场所施工、使用或者开业前的消防设计审核、消防验收，以及消防安全检查的文件、资料；

（3）消防管理组织机构和各级消防安全责任人；

（4）消防安全制度；

（5）消防设施、灭火器材情况；

（6）专职消防队、义务消防队人员及其消防装备配备情况；

（7）与消防安全有关的重点工种人员情况；

（8）新增消防产品、防火材料的合格证明材料；

（9）灭火和应急疏散预案。

# 第三章　大型商业综合体消防安全管理

**学习要求**

通过本章的学习，了解大型商业综合体的特点及火灾风险，掌握大型商业综合体消防安全责任及消防安全组织，熟悉大型商业综合体消防安全管理内容和方法。

## 第一节　大型商业综合体概述

商业综合体是指集购物、住宿、餐饮、娱乐、展览、交通枢纽等两种或两种以上功能于一体的单体建筑和通过地下连片车库、地下连片商业空间、下沉式广场、连廊等方式连接的多栋商业建筑组合体。建筑面积不小于5万$m^2$的商业综合体，称为大型商业综合体。

## 第二节　大型商业综合体消防安全责任及消防安全组织

### 一、大型商业综合体消防安全责任

1. 大型商业综合体的产权单位、使用单位是大型商业综合体消防安全责任主体，对大型商业综合体的消防安全工作负责。

大型商业综合体的产权单位、使用单位可以委托物业服务企业等单位（以下简称“委托管理单位”）提供消防安全管理服务，并应当在委托合同中约定具体服务内容。

2. 大型商业综合体以承包、租赁或者委托经营等形式交由承包人、承租人、经营管理人使用的，当事人在订立承包、租赁、委托管理等合同时，应当明确各方消防安全责任。

实行承包、租赁或委托经营管理时，产权单位应当提供符合消防安全要求的建筑物，并督促使用单位加强消防安全管理。承包人、承租人或者受委托经营管理者，在其使用、经营和管理范围内应当履行消防安全职责。

3. 大型商业综合体的产权单位、使用单位应当明确消防安全责任人、消防安全管理人，设立消防安全工作归口管理部门，建立健全消防安全管理制度，逐级细化明确消防安全管理职责和岗位职责。

消防安全责任人应当由产权单位、使用单位的法定代表人或主要负责人担任。消防安全管理人应当由消防安全责任人指定，负责组织实施本单位的消防安全管理工作。

4. 大型商业综合体有两个以上产权单位、使用单位的，各单位对其专有部分的消防安全负责，对共有部分的消防安全共同负责。

5. 大型商业综合体有两个以上产权单位、使用单位的，应当明确一个产权单位、使用单位，或者共同委托一个委托管理单位作为统一管理单位，并明确统一消防安全管理人，对共用的疏散通道、安全出口、建筑消防设施和消防车通道等实施统一管理，同时协调、指导各单位共同做好大型商业综合体的消防安全管理工作。

6. 消防安全责任人应当掌握本单位的消防安全情况，全面负责本单位的消防安全工作，并履行下列消防安全职责：

（1）制定和批准本单位的消防安全管理制度、消防安全操作规程、灭火和应急疏散预案，进行消防工作检查考核，保证各项规章制度落实；

（2）统筹安排本单位经营、维修、改建、扩建等活动中的消防安全管理工作，批准年度消防工作计划；

（3）为消防安全管理提供必要的经费和组织保障；

（4）建立消防安全工作例会制度，定期召开消防安全工作例会，研究本单位消防工作，处理涉及消防经费投入、消防设施和器材购置、火灾隐患整改等重大问题，研究、部署、落实本单位消防安全工作计划和措施；

（5）定期组织防火检查，督促整改火灾隐患；

（6）依法建立专职消防队或志愿消防队，并配备相应的消防设施和器材；

（7）组织制订灭火和应急疏散预案，并定期组织实施演练。

7. 消防安全管理人对消防安全责任人负责，应当具备与其职责相适应的消防安全知识和管理能力，取得注册消防工程师执业资格或者工程类中级以上专业技术职称，并应当履行下列消防安全职责：

（1）拟订年度消防安全工作计划，组织实施日常消防安全管理工作；

（2）组织制定消防安全管理制度和消防安全操作规程，并检查督促落实；

（3）拟订消防安全工作的资金投入和组织保障方案；

（4）建立消防档案，确定本单位的消防安全重点部位，设置消防安全标识；

（5）组织实施防火巡查、检查和火灾隐患排查整改工作；

（6）组织实施对本单位消防设施和器材、消防安全标识的维护保养，确保其完好有效和处于正常运行状态，确保疏散通道、安全出口、消防车道畅通；

（7）组织本单位员工开展消防知识、技能的教育和培训，拟订灭火和应急疏散预案，组织灭火和应急疏散预案的实施和演练；

（8）管理专职消防队或志愿消防队，组织开展日常业务训练和初起火灾扑救；

（9）定期向消防安全责任人报告消防安全状况，及时报告涉及消防安全的重大问题；

（10）完成消防安全责任人委托的其他消防安全管理工作。

8. 大型商业综合体内的经营、服务人员应当履行下列消防安全职责：

（1）确保自身的经营活动不更改或占用经营场所的平面布置、疏散通道和疏散路线，不妨碍疏散设施及其他消防设施的使用；

（2）主动接受消防安全宣传教育培训，遵守消防安全管理制度和操作规程；熟悉本工作场所消防设施、器材及安全出口的位置，参加单位灭火和应急疏散预案演练；

（3）清楚本单位火灾危险性，会报火警、扑救初起火灾、组织疏散逃生和自救；

(4) 每日到岗后及下班前应当检查本岗位工作设施、设备、场地、电源插座、电气设备的使用状态等，发现隐患及时排除并向消防安全工作归口管理部门报告；

(5) 监督顾客遵守消防安全管理制度，制止吸烟、使用大功率电器等不利于消防安全的行为。

9. 大型商业综合体的保安人员应当履行下列消防职责：

(1) 按照本单位的消防安全管理制度进行防火巡查，并做好记录，发现问题应当及时报告；

(2) 发现火灾及时报火警并报告消防安全责任人和消防安全管理人，扑救初起火灾，组织人员疏散，协助开展灭火救援；

(3) 劝阻和制止违反消防法规和消防安全管理制度的行为。

## 二、专兼职消防队伍建设和管理

1. 建筑面积大于 50 万 $m^2$ 的大型商业综合体应当设置单位专职消防队，单位专职消防队的建设要求应当符合现行国家标准的规定。

2. 未建立单位专职消防队的大型商业综合体应当组建志愿消防队，并以“3 分钟到场”扑救初起火灾为目标，依托志愿消防队建立微型消防站。

微型消防站每班（组）灭火处置人员不应少于 6 人，且不得由消防控制室值班人员兼任。

3. 专职消防队和微型消防站应当制定并落实岗位培训、队伍管理、防火巡查、值守联动、考核评价等管理制度，确保值守人员 24 小时在岗在位，做好应急出动准备。

专职消防队和微型消防站应当组织开展日常业务训练，不断提高扑救初起火灾的能力。训练内容包括体能训练、灭火器材和个人防护器材的使用等。微型消防站队员每月技能训练不少于半天，每年轮训不少于 4 天，岗位练兵累计不少于 7 天。

4. 专职消防队和微型消防站的队员应当熟悉建筑基本情况、建筑消防设施设置情况、灭火和应急疏散预案，熟练掌握建筑消防设施、消防器材装备的性能和操作使用方法，落实器材装备维护保养，参加日常防火巡查和消防宣传教育。

接到火警信息后，队员应当按照“3 分钟到场”要求赶赴现场扑救初起火灾，组织人员疏散，同时负责联络当地消防救援队，通报火灾和处置情况，做好到场接应，并协助开展灭火救援。

5. 大型商业综合体微型消防站应当根据本场所火灾危险性特点，配备一定数量的灭火、通信、个人防护等消防（车辆）器材装备，选用合格的消防产品器材装备，合理设置消防（车辆）器材装备存放点。

6. 微型消防站宜设置在建筑内便于操作消防车和便于队员出入部位的专用房间内，可与消防控制室合用。为大型商业综合体建筑整体服务的微型消防站用房应当设置在建筑的首层或地下一层，为特定功能场所服务的微型消防站可根据其服务场所位置进行设置。

微型消防站应当具备与其配置人员和器材相匹配的训练、备勤和器材储存用房及消防车专用车位。

7. 大型商业综合体的建筑面积大于或等于 20 万 $m^2$ 时，应当至少设置 2 个微型消防站。设置多个微型消防站时，应当满足以下要求：

（1）微型消防站应当根据大型商业综合体的建筑特点和便于快速灭火救援的原则分散布置；

（2）从各微型消防站站长中确定一名总站长，负责总体协调指挥。

8. 微型消防站由大型商业综合体产权单位、使用单位和委托管理单位负责日常管理，并宜与周边其他单位微型消防站建立联动联防机制。

### 三、微型消防站的主要职责

微型消防站主要负责大型商业综合体火灾第一时间的处置。具体来说，当接到火警信息后，微型消防站队员应当按照“3分钟到场”要求赶赴现场扑救初起火灾，组织人员疏散，同时负责联络当地消防救援队，通报火灾和处置情况，做好到场接应，并协助开展灭火救援。

微型消防站的建设要求：微型消防站依托志愿消防队建立，志愿消防队员的数量一般不应少于商业综合体从业人员数量的30%。

（1）位置：建筑内便于操作消防车和便于队员出入部位的专用房间内，可与消防控制室合用。

（2）数量：建筑面积≥20万$m^2$时，应当至少设置2个微型消防站。

（3）人员：每班（组）灭火处置人员不应少于6人，且不得由消防控制室值班人员兼任。

## 第三节　大型商业综合体消防安全管理内容和方法

### 一、消防安全重点部位管理

1. 大型商业综合体的消防安全重点部位应当建立岗位消防安全责任制，明确消防安全管理的责任部门和责任人，设置明显的提示标识，落实特殊防范和重点管控措施，纳入防火巡查检查重点对象。

2. 大型商业综合体内餐饮场所的管理应当符合下列要求：

（1）餐饮场所宜集中布置在同一楼层或同一楼层的集中区域。

（2）餐饮场所严禁使用液化石油气及甲、乙类液体燃料。

（3）餐饮场所使用天然气作燃料时，应当采用管道供气。设置在地下且建筑面积大于150$m^2$或座位数大于75座的餐饮场所不得使用燃气。

（4）不得在餐饮场所的用餐区域使用明火加工食品，开放式食品加工区应当采用电加热设施。

（5）厨房区域应当靠外墙布置，并应采用耐火极限不低于2h的隔墙与其他部位分隔。

（6）厨房内应当设置可燃气体探测报警装置，排油烟罩及烹饪部位应当设置能够联动切断燃气输送管道的自动灭火装置，并能够将报警信号反馈至消防控制室。

（7）炉灶、烟道等设施与可燃物之间应当采取隔热或散热等防火措施。

（8）厨房燃气用具的安装使用及其管路敷设、维护保养和检测应当符合消防技术标准及管理规定；厨房的油烟管道应当至少每季度清洗一次。

（9）餐饮场所营业结束时，应当关闭燃气设备的供气阀门。

3．大型商业综合体内其他重点部位的管理应当符合下列要求：

（1）儿童活动场所，包括儿童培训机构和设有儿童活动功能的餐饮场所，不应设置在地下、半地下建筑内或建筑的四层及四层以上楼层。

（2）电影院在电影放映前，应当播放消防宣传片，告知观众防火注意事项、火灾逃生知识和路线。

（3）宾馆的客房内应当配备应急手电筒、防烟面具等逃生器材及使用说明，客房内应当设置醒目、耐久的“请勿卧床吸烟”提示牌，客房内的窗帘和地毯应当采用阻燃制品。

（4）仓储场所不得采用金属夹芯板搭建，内部不得设置员工宿舍，物品入库前应当有专人负责检查，核对物品种类和性质，物品应分类分垛储存，并符合现行行业标准《仓储场所消防安全管理通则》（GA1131）对顶距、灯距、墙距、柱距、堆距的“五距”要求。

（5）展厅内布展时用于搭建和装修展台的材料均应采用不燃和难燃材料，确需使用的少量可燃材料，应当进行阻燃处理。

（6）汽车库不得擅自改变使用性质和增加停车数，汽车坡道上不得停车，汽车出入口设置的电动起降杆，应当具有断电自动开启功能；电动汽车充电桩的设置应当符合现行《电动汽车分散充电设施工程技术标准》（GB/T 51313）的相关规定。

（7）配电室内建筑消防设施设备的配电柜、配电箱应当有区别于其他配电装置的明显标识，配电室工作人员应当能正确区分消防配电和其他民用配电线路，确保火灾情况下消防配电线路正常供电。

（8）锅炉房、柴油发电机房、制冷机房、空调机房、油浸变压器室的防火分隔不得被破坏，其内部设置的防爆型灯具、火灾报警装置、事故排风机、通风系统、自动灭火系统等应当保持完好有效。

（9）燃油锅炉房、柴油发电机房内设置的储油间总储存量不应大于 $1m^3$；燃气锅炉房应当设置可燃气体探测报警装置，并能够联动控制锅炉房燃烧器上的燃气速断阀、供气管道的紧急切断阀和通风换气装置。

（10）柴油发电机房内的柴油发电机应当定期维护保养，每月至少启动试验一次，确保应急情况下正常使用。

## 二、灭火和应急疏散预案编制及演练

1．大型商业综合体的产权单位、使用单位和委托管理单位应当根据人员集中、火灾危险性较大和重点部位的实际情况，制订有针对性的灭火和应急疏散预案，承租承包单位、委托经营单位等使用单位的应急预案应当与大型商业综合体整体应急预案相协调。

总建筑面积大于 10 万 $m^2$ 的大型商业综合体，应当根据需要邀请专家团队对灭火和应急疏散预案进行评估、论证。

2. 灭火和应急疏散预案应当至少包括下列内容：

（1）单位或建筑的基本情况、重点部位及火灾危险分析；

（2）明确火灾现场通信联络、灭火、疏散、救护、保卫等任务的负责人；

（3）火警处置程序；

（4）应急疏散的组织程序和措施；

（5）扑救初起火灾的程序和措施；

（6）通信联络、安全防护和人员救护的组织与调度程序和保障措施；

（7）灭火应急救援的准备。

3. 大型商业综合体的产权单位、使用单位和委托管理单位应当根据灭火和应急疏散预案，至少每半年组织开展一次消防演练。人员集中、火灾危险性较大和重点部位应当作为消防演练的重点，与周边的其他大型场所或建筑，宜组织协同演练。

演练前，应当事先公告演练的内容、时间并通知场所内的从业员工和顾客积极参与；演练时，应当在建筑主要出入口醒目位置设置“正在消防演练”的标志牌，并采取必要的管控与安全措施；演练结束后，应当将消防设施恢复到正常运行状态，并进行总结讲评。

消防演练中应当落实对模拟火源及烟气的安全防护措施，防止造成人员伤害。

4. 大型商业综合体应当通过消防演练达到以下目的：

（1）检验各级消防安全责任人、各职能组和有关人员对灭火和应急疏散预案内容、职责的熟悉程度；

（2）检验人员安全疏散、初起火灾扑救、消防设施使用等情况；

（3）检验本单位在紧急情况下的组织、指挥、通信、救护等方面的能力；

（4）检验灭火应急疏散预案的实用性和可操作性，并及时对预案进行修订和完善。

5. 消防演练方案宜报告当地消防救援机构，接受相应的业务指导。总建筑面积大于 10 万 $m^2$ 的大型商业综合体，应当每年与当地消防救援机构联合开展消防演练。

# 第四章　社会单位消防宣传、教育与培训

**学习要求**

通过本章的学习，了解消防安全宣传的主要内容和形式，熟悉消防安全教育培训的主要内容和形式。

## 第一节　消防安全宣传方向

（1）家庭、社区消防安全宣传。

（2）农村消防安全宣传。

（3）人员密集场所消防安全宣传。

（4）单位消防安全宣传。

（5）学校消防安全宣传。

## 第二节　消防安全教育培训的主要内容和形式

### 一、单位消防安全教育培训

1. 重点培训对象：

（1）新上岗、进入新岗位的职工岗前培训；

（2）在岗职工定期培训；

（3）消防安全管理相关人员专业培训。

2. 职工消防安全教育培训主要内容：本单位的火灾危险性、防火灭火措施、消防设施及灭火器材的操作使用方法、人员疏散逃生知识。

### 二、学校消防安全教育培训

初中和高中阶段应当重点开展消防法律法规、防火灭火基本知识和灭火器材使用等方面的教育培训。

高等学校应当每学年至少举办一次消防安全专题讲座。

### 三、社区居民委员会、村民委员会消防教育培训

在火灾多发季节、农业收获季节、重大节日和乡村民俗活动期间，有针对性地开展防火和灭火技能的消防教育培训。

# 第五章　应急预案编制与演练

**学习要求**

通过本章的学习，了解应急预案的编制依据，熟悉应急预案的编制内容，特别是报警和接警处置程序，掌握应急演练的划分形式及含义。

## 第一节　应急预案的编制

### 一、应急预案的编制依据

1. 法规制度依据，包括消防法律法规规章、涉及消防安全的相关法律规定和本单位消防安全制度。

2. 客观依据，包括单位的基本情况、消防安全重点部位情况等。

3. 主观依据，包括员工的文化程度、消防安全素质和防火灭火技能等。

### 二、应急预案的编制内容

1. 单位的基本情况。

2. 组织机构及其职责。

3. 火情预想。

4. 响应措施。

5. 报警和接警处置程序。

（1）报警：以快捷方便为原则确定发现火灾后的报警方式，如口头报警、有线报警、无线报警等，报警的对象为“119”火警台（“三台合一”的地区为“110”指挥中心）、单位值班领导、消防控制中心等。报警时应说明以下情况：着火单位、着火部位、着火物质及有无人员被困、单位具体位置、报警电话号码、报警人姓名等。

（2）接警：单位领导接警后，启动应急预案，按预案确定内部报警的方式和疏散的范围，组织指挥初起火灾的扑救和人员疏散工作，安排力量做好警戒工作。有消防控制室的场所，值班员接到火情消息后，立即通知有关人员前往核实火情，火情核实确认后，立即报告消防队和值班负责人，通知灭火行动组人员前往着火地点。

6. 初起火灾处置程序和措施。

（1）指挥部、各行动小组和志愿消防队迅速集结，按照职责分工，进入相应位置开展灭火救援行动。

（2）发现火灾时，起火部位现场员工应当于1min内形成灭火第一战斗力量，在第一时间内采取如下措施：灭火器材、设施附近的员工利用现场灭火器、消火栓等器材、设施灭火；电话或火灾报警按钮附近的员工打“119”电话报警，报告消防控制室或单位值班人员；安全出口或通道附近的员工负责引导人员进行疏散。

若火势扩大，单位应当于3min内形成灭火第二战斗力量，及时采取如下措施：通信联络人员按照应急预案要求通知预案涉及的员工赶赴火场，向火场指挥员报告火灾情况，将火场指挥员的指令下达给有关员工；灭火行动组根据火灾情况利用本单位的消防器材、设施扑救火灾；疏散引导组按分工组织引导现场人员进行疏散；安全救护组负责协助抢救、护送受伤人员；现场警戒组阻止无关人员进入火场，维持火场秩序。

（3）相关部位人员负责关闭空调系统和煤气总阀门，及时疏散易燃易爆化学危险物品及其他重要物品。

7. 灭火行动。

8. 应急疏散。

（1）疏散通报

火场指挥部根据火灾的发展情况，决定发出疏散通报。通报的次序是着火层→着火层以上各层→有可能蔓延的着火层以下的楼层。有两种疏散通报方式：语音通报和警铃通报。

语音通报应分别采用普通话和常用外语（英、日、韩等语种）通报，并注意稳定人员的情绪。

（2）疏散引导

一是划定安全区。根据建筑特点和周围情况，事先划定供疏散人员集结的安全区域。二是明确责任人。在疏散通道上分段安排人员指明疏散方向，查看是否有人员滞留在应急疏散的区域内，统计人员数量，稳定人员情绪。三是及时变更修正。由于公众聚集场所的现场工作人员具有一定的流动性，在预案中担负灭火和疏散救援行动的人员变化后，要及时进行调整和补充。四是突出重点。应把疏散引导作为应急预案制订和演练的重点，加强疏散引导组的力量配备。

9. 防护救护和通信联络

（1）建筑外围的安全防护。

（2）建筑首层出入口的安全防护。

（3）起火部位的安全防护。

（4）在安全区及时对受伤人员进行救治，对危重病人，应及时送往医院救治。

（5）利用电话、对讲机等建立有线、无线通信网络，确保火场信息传递畅通。

（6）火场指挥部、各行动组、各消防安全重点部位必须确定专人负责信息传递，保证火场指令得到及时传递、落实。

10. 绘制灭火和应急疏散计划图。

11. 典型场所的预案。

12. 注意事项。

## 第二节 应急演练

### 一、单位基本情况

说明单位名称、地址、使用功能、建筑面积、建筑结构及主要人员等情况，还应包括单位总平面图、分区平面图、立面图、剖面图、疏散示意图等。

### 二、组织机构

预案应明确单位的指挥机构，消防安全责任人任总指挥，消防安全管理人任副总指挥，消防工作归口职能部门负责人参加并具体组织实施。

预案宜建立在单位消防安全责任人或者消防安全管理人不在位的情况下，由当班的单位负责人或第三人替代指挥的梯次指挥体系。

预案应明确通信联络组、灭火行动组、疏散引导组、防护救护组、安全保卫组、后勤保障组等行动机构。

### 三、火情预想

预案应设定和分析可能发生的火灾事故情况，包括常见引火源、可燃物的性质、危及范围、爆炸可能性、泄漏可能性及蔓延可能性等内容，可能影响预案组织实施的因素、客观条件等均应考虑到位。

预案应明确最有可能发生火灾事故的情况列表，表中含有着火地点、火灾事故性质及火灾事故影响人员的状况等。

预案应考虑天气因素，分析在大风、雷电、暴雨、高温、寒冬等恶劣气候下对生产工艺、生产设施设备、消防设施设备、人员疏散造成的影响，并制定针对性措施。

### 四、响应措施

单位制订的各级预案应与辖区消防机构预案密切配合、无缝衔接，可根据现场火情变化及时变更火警等级，响应措施如下：

（1）一级预案应明确由单位值班带班负责人到场指挥，拨打“119”报告一级火警，组织单位志愿消防队和微型消防站值班人员到场处置，采取有效措施控制火灾扩大；

（2）二级预案应明确由消防安全管理人到场指挥，拨打“119”报告二级火警，调集单位志愿消防队、微型消防站和专业消防力量到场处置，组织疏散人员、扑救初起火灾、抢救伤员、保护财产，控制火势扩大蔓延；

（3）三级以上预案应明确由消防安全责任人到场指挥，拨打“119”报告相应等级火警，同时调集单位所有消防力量到场处置，组织疏散人员、扑救初起火灾、抢救伤员、保护财产，有效控制火灾蔓延扩大，请求周边区域联防单位到场支援。

### 五、绘制灭火和应急疏散计划图

计划图有助于火场指挥机构在救援过程中对各小组的指挥和对火灾事故的掌控，应当力求详细准确、图文并茂、标注明确、直观明了。应针对假设部位制定灭火进攻和疏散路线平面图。平面图比例应正确，疏散通道、安全出口、灭火设施和器材等分布位置应标注准确，假设部位及周围场所的名称应与实际相符。在图中应标识明确以下内容：灭火进攻的方向，灭火装备停放位置，消防水源，物资、人员疏散路线，物资放置、人员停留地点及指挥员位置。

## 六、典型场所的预案

对外服务的场所设定火灾事故情况，应将外来人员不熟悉本单位疏散路径的最不利情形考虑在内。

中小学校、幼儿园、托儿所、早教中心、医院、养老院、福利院设定火灾事故情况，应将服务对象人群行动不便的最不利情形考虑在内。

# 第六章　消防设施质量控制和消防控制室管理

**学习要求**

通过本章的学习，了解消防设施现场检查内容，熟悉消防设施的施工安装调试、技术检测与竣工验收的要点，熟悉消防设施维护管理的基本要求和各环节的工作要求，掌握消防控制室对人员、设备的管理要求和值班应急程序。

## 第一节　消防设施质量控制

### 一、消防设施现场检查

各类消防设施到场以后，施工单位组织实施现场检查。

现场检查包括合法性检查、一致性检查及产品质量检查。

#### （一）合法性检查

1. 市场准入文件

（1）纳入强制性产品认证的消防产品，查验其依法获得的强制认证证书。

（2）新研制的尚未制定国家或者行业标准的消防产品，查验其依法获得的技术鉴定证书。

（3）目前尚未纳入强制性产品认证的非新产品类的消防产品，查验其经国家消防产品法定检验机构检验合格的型式检验报告。

（4）非消防产品类的管材管件及其他设备，查验其法定质量保证文件。

2. 产品质量检验文件

（1）查验所有消防产品的型式检验报告、其他相关产品的法定检验报告。

（2）查验所有消防产品、管材管件及其他设备的出厂检验报告或者出厂合格证。

#### （二）一致性检查

为了防止使用假冒伪劣消防产品，查验到场消防产品与消防设计文件、产品型式检验报告等一致性程度。

#### （三）产品质量检查

消防设施的设备及其组件、材料等产品质量检查主要包括外观检查、组件装配及其结构检查、基本功能试验及灭火剂质量检测等内容。

### 二、施工安装调试

#### （一）安装要求

消防设施施工安装以经法定机构批准或者备案的消防设计文件、国家工程建设消防技术标准为依据；经批准或者备案的消防设计文件不得擅自变更，确需变更的，由原设计单位修改，报经原批准机构批准后，方可用于施工安装。

### （二）调试要求

各类消防设施施工结束后，由施工单位或者其委托的具有调试能力的其他单位组织实施消访设施调试，调试工作包括各类消防设施的单机设备、组件调试和系统联动调试等内容。

消防设施调试负责人由专业技术人员担任。调试前，调试单位按照各消防设施的调试需求，编制相应的调试方案，确定调试程序，并按照程序开展调试工作；调试结束后，调试单位提供完整的调试资料和调试报告。

消防设施调试合格后，填写施工过程调试合格记录，并将各消防设施恢复至正常工作状态。

## 三、技术检测与竣工验收

### （一）技术检测

消防设施技术检测是对消防设施的检查、测试等技术服务工作的统称。这里所指的技术检测是指消防设施施工结束后，建设单位委托具备相应从业条件的消防技术服务机构对消防设施施工质量进行的检查测试工作。

按照各类消防设施施工及验收规范、《建筑消防设施检测技术规程》（GA 503）规定的内容，对各类消防设施的设置场所（防护区域）、设备及其组件、材料（管道、管件、支架和吊架、线槽、电线、电缆等）进行设置场所（防护区域）安全性检查、消防设施施工质量检查和功能性试验；对有数据测试要求的项目，采用规定的仪器、仪表、量具等进行测试。

### （二）竣工验收

消防设施施工结束后，由建设单位组织设计、施工、监理等单位进行竣工验收。消防设施竣工验收分为资料检查、施工质量现场检查和质量验收判定三个环节。质量验收判定的要求如下：

消防给水及消火栓系统、自动喷水灭火系统、防烟排烟系统和火灾自动报警系统等工程施工质量缺陷划分为严重缺陷项（$A$）、重缺陷项（$B$）和轻缺陷项（$C$）。

1. 消防给水及消火栓系统、自动喷水灭火系统、防烟排烟系统验收合格判定的条件：$A=0$、$B\leqslant 2$ 且 $B+C\leqslant 6$ 为合格，否则为不合格。

2. 应急照明和疏散指示系统、火灾自动报警系统验收合格判定的条件：$A=0$、$B\leqslant 2$ 且 $B+C\leqslant$ 检查项目的 5%为合格，否则为不合格。

3. 灭火器配置合格判定条件：$A=0$、$B\leqslant 1$ 且 $B+C\leqslant 4$ 为合格，否则为不合格。

4. 泡沫灭火系统按照现行《泡沫灭火系统施工及验收规范》（GB 50281）规定的内容进行竣工验收，当其功能验收不合格时，系统验收判定为不合格。

5. 气体灭火系统按照现行《气体灭火系统施工及验收规范》（GB 50263）的规定进行竣工验收，当其验收项目有一项为不合格时，判定为不合格。

# 第二节　消防设施维护管理

## 一、消防设施维护管理概述

### （一）建筑消防设施维护管理的内容

消防设施维护管理由建筑物的产权单位或者受其委托的建筑物业管理单位（以下简称建筑使用管理单位）依法自行管理或者委托具有相应资质的消防技术服务机构实施管理。消防设施维护管理包括值班、巡查、检测、维修、保养、建档等工作。

### （二）维护管理人员从业资格的要求

维护管理人员从业资格的要求见表 2-6-1。

表 2-6-1　维护管理人员从业资格的要求

| 人员性质 | 从业资格 |
| --- | --- |
| 项目经理、技术人员 | 一级、二级注册消防工程师 |
| 消防设施操作、值班、巡查的人员 | 初级技能（含，下同）以上证书 |
| 消防设施检测、保养人员 | 高级技能以上证书 |
| 消防设施维修人员 | 技师以上证书 |

### （三）维护管理工作要求

1. 同一建筑物有两个以上产权、使用单位的，应明确建筑消防设施的维护管理责任，对建筑消防设施实行统一管理，并以合同方式约定各自的权利义务。委托物业等单位统一管理的，物业等单位应严格按合同约定履行建筑消防设施维护管理职责，建立建筑消防设施值班、巡查、检测、维修、保养、建档等制度，确保管理区域内的建筑消防设施正常运行。

2. 建筑消防设施维护管理单位应与消防设备生产厂家、消防设施施工安装企业等有维修、保养能力的单位签订消防设施维修、保养合同。维护管理单位自身有维修、保养能力的，应明确维修、保养职能部门和人员。

3. 不应擅自关停消防设施。值班、巡查、检测时发现故障，应及时组织修复。因故障维修等原因需要暂时停用消防系统的，应有确保消防安全的有效措施，并经单位消防安全责任人批准。

## 二、消防设施维护管理各环节的工作要求

### （一）值班

1. 消防控制室值班时间和人员应符合以下要求：

（1）实行每日 24h 值班制度，值班人员应通过消防行业特有工种职业技能鉴定，持有初级技能以上等级的职业资格证书。

（2）每班工作时间应不大于 8h，每班人员应不少于 2 人。值班期间每 2h 记录一次消防控制室内消防设备的运行情况，及时记录消防控制室内消防设备的火警或故障情况。

（3）正常工作状态下，不应将自动喷水灭火系统、防烟排烟系统和联动控制的防火卷帘等防火分隔设施设置在手动控制状态，其他消防设施及相关设备如设置在手动状态，应有在火灾情况下迅速将手动控制转换为自动控制的可靠措施。

2. 消防控制室值班人员接到报警信号后，应按下列程序进行处理：

（1）接到火灾报警信息后，应以最快方式确认。

（2）确认属于误报时，查找误报原因并填写“建筑消防设施故障维修记录表”。

（3）火灾确认后，立即将火灾报警联动控制开关转入自动状态（处于自动状态的除外），同时拨打“119”火警电话报警。

（4）立即启动单位内部灭火和应急疏散预案，同时报告单位消防安全责任人，单位消防安全责任人接到报告后应立即赶赴现场。

**（二）巡查**

建筑消防设施巡查频次应满足下列要求：

1. 公共娱乐场所营业时，应结合公共娱乐场所每 2h 巡查一次的要求，视情况将建筑消防设施的巡查部分或全部纳入其中，但全部建筑消防设施应保证每日至少巡查一次；

2. 消防安全重点单位，每日巡查一次；

3. 其他单位，每周至少巡查一次。

**（三）检测**

建筑消防设施应每年至少检测一次，检测对象包括全部设备、组件等。

**（四）维修**

1. 值班、巡查、检测、灭火演练中发现建筑消防设施存在问题和故障的，相关人员应填写“建筑消防设施故障维修记录表”，并向单位消防安全管理人报告。

2. 单位消防安全管理人发现建筑消防设施存在的问题和故障时，应立即通知维修人员进行维修，维修期间应采取确保消防安全的有效措施。故障排除后应进行相应功能试验并经单位消防安全管理人检查确认。

**（五）保养**

1. 建筑消防设施维护保养应制订计划，列明消防设施的名称、维护保养的内容和周期。

2. 凡依法需要计量检定的建筑消防设施所用称重、测压、测流量等计量仪器仪表，以及泄压阀、安全阀等，应按有关规定进行定期校验并提供有效证明文件。

**（六）档案建立与管理**

建筑消防设施档案应包含建筑消防设施基本情况和动态管理情况。消防设施档案管理应符合表 2-6-2 的规定。

表 2-6-2　消防设施档案管理表

| 档案内容 | 资料类型 | 保存期限 |
| --- | --- | --- |
| 消防设施基本情况 | 消防设施的施工安装、竣工验收及验收技术检测和产品、系统使用说明书、系统调试记录、消防设施平面布置图、系统图等原始技术资料 | 长期 |
| 消防设施动态管理情况 | 消防控制室值班记录表<br>建筑消防设施巡查记录表 | 不少于一年 |
|  | 建筑消防设施检测记录表<br>建筑消防设施故障维修记录表<br>建筑消防设施维护保养计划表<br>建筑消防设施维护保养记录表 | 不少于五年 |

## 第三节　消防控制室管理

### 一、消防控制设备的监控要求

1. 大型建筑群设置 2 个及 2 个以上的消防控制室，并确定主消防控制室、分消防控制室，以实现分散与集中相结合的消防安全监控模式。

2. 主消防控制室的消防设备能够对系统内共用消防设备进行控制，显示其状态信息，并能够显示各个分消防控制室内消防设备的状态信息，具备对分消防控制室内消防设备及其所控制的消防系统、设备的控制功能。

3. 各个分消防控制室的消防设备之间，可以互相传输、显示状态信息，不能互相控制消防设备。

### 二、消防控制室的管理要求

#### （一）消防控制室管理

1. 应实行每日 24h 专人值班制度，每班不应少于 2 人，值班人员应持有消防控制室操作职业资格证书。

2. 消防设施日常维护管理应符合现行《建筑消防设施的维护管理》（GB 25201）的要求。

3. 应确保火灾自动报警系统、灭火系统和其他联动控制设备处于正常工作状态，不得将应处于自动状态的设在手动状态。

4. 应确保高位消防水箱、消防水池、气压水罐等消防储水设施水量充足，确保消防泵出水管阀门、自动喷水灭火系统管道上的阀门常开；确保消防水泵、防排烟风机、防火卷帘等消防用电设备的配电柜启动开关处于自动位置（通电状态）。

#### （二）消防控制室的值班应急程序

1. 接到火灾警报后，值班人员应立即以最快方式确认。

2. 火灾确认后，值班人员应立即确认火灾报警联动控制开关处于自动状态，同时拨打“119”报警，报警时应说明着火单位地点、起火部位、着火物种类、火势大小、报警人姓名和联系电话。

3. 值班人员应立即启动单位内部应急疏散和灭火预案，并同时报告单位负责人。

# 第七章　施工现场的消防安全管理

**学习要求**

通过本章的学习，掌握施工现场总平面布局的要求，了解施工现场内建筑的防火要求，重点掌握临时消防设施的设置原则和设置要求，掌握施工现场的消防安全管理的各项要求。

## 第一节　施工现场总平面布局

### 一、防火间距的要求

#### （一）临建用房与在建工程

易燃易爆危险品库房与在建工程的防火间距不应小于 15m，可燃材料堆场及其加工场、固定动火作业场与在建工程的防火间距不应小于 10m，其他临时用房、临时设施与在建工程的防火间距不应小于 6m。

#### （二）临建用房之间

当办公用房、宿舍成组布置时，其防火间距可适当减小，但应符合以下要求：

（1）每组栋数不超过 10 栋，组与组之间不小于 8m。

（2）组内之间不小于 3.5m；建筑构件为 A 级，可减少到 3m。

### 二、临时消防车道的要求

1. 需设临时消防救援场地的施工现场

（1）建筑高度大于 24m 的在建工程。

（2）单体占地面积大于 3000$m^2$ 的在建工程。

（3）超过 10 栋且成组布置的临时用房。

2. 临时消防救援场地的设置要求：应在装饰装修阶段设置。

（1）施工现场内应设置临时消防车道，临时消防车道与在建工程、临时用房、可燃材料堆场及其加工场的距离不宜小于 5m 且不宜大于 40m；

（2）临时消防车道的设置：临时消防车道宜为环形，设置环形车道确有困难时，应在消防车道尽端设置尺寸不小于 12m×12m 的回车场。

3. 临时消防车道的右侧应设置消防车行进路线指示标识。

临时救援场地宽度应满足消防车正常操作要求且不应小于 6m，与在建工程外脚手架的净距不宜小于 2m 且不宜超过 6m。

## 第二节　施工现场内建筑的防火要求

### 一、临时用房的防火要求

宿舍、办公用房的防火要求

（1）建筑构件、芯材，不应低于 A 级。

（2）建筑层数不超过 3 层，每层不大于 $300m^2$。

（3）3 层或每层大于 $200m^2$，不少于 2 部疏散楼梯，疏散门至楼梯不大于 25m。

（4）疏散走道净宽度：单面布房，不小于 1.0m；双面布房，不小于 1.5m。

（5）宿舍房间不大于 $30m^2$，其他房间不大于 $100m^2$。

（6）房间内任一点至最近疏散门不大于 15m，房门净宽度不小于 0.8m。

（7）房间超过 $50m^2$ 时，房门净宽度不小于 1.2m。

### 二、在建工程防火要求

#### （一）扩建、改建施工

施工区和非施工区之间，采用无门窗洞口的耐火极限不低于 3.00h 的不燃烧体隔墙进行分隔。

#### （二）其他

外脚手架、支模架架体宜采用不燃或难燃材料搭设。其中，高层建筑和既有改造工程应采用不燃材料搭设。

## 第三节　施工现场临时消防设施

### 一、临时消防设施设置原则

临时消防设施的设置与在建工程主体结构施工进度的差距不超过 3 层。

### 二、临时消防给水系统设置要求

#### （一）临时室外消防给水系统设置要求

1. 设置条件：临时用房面积之和大于 $1000m^2$ 或在建工程单体体积大于 $10000m^3$。

（1）临时用房的临时室外消防用水量不应小于表 2-7-1 的规定。

**表 2-7-1　临时用房的室外消防用水量**

| 临时用房的建筑面积之和 | 火灾延续时间（h） | 消火栓用水量（L/s） | 每支水枪最小流量（L/s） |
|---|---|---|---|
| $1000m^2$＜面积≤$5000m^2$ | 1 | 10 | 5 |
| 面积＞$5000m^2$ | | 15 | 5 |

（2）在建工程的临时室外消防用水量不应小于表 2-7-2 的规定。

**表 2-7-2 室外消防用水量**

| 在建工程单体体积 | 火灾延续时间（h） | 消火栓用水量（L/s） | 每支消防水枪最小流量（L/s） |
|---|---|---|---|
| $10000m^3$＜体积≤$30000m^3$ | 1 | 15 | 5 |
| 体积＞$30000m^3$ | 2 | 20 | 5 |

2. 设置要求

（1）环状；

（2）最小管径不小于 DN100；

（3）均匀布置，距在建工程等外边线不小于 5m；

（4）室外消火栓间距不大于 120m；

（5）室外消火栓最大保护半径不大于 150m。

**（二）临时室内消防给水系统设置要求**

1. 设置条件：高度大于 24m 或单体体积超过 $30000m^3$ 的在建工程。

2. 消防用水量：在建工程的临时室内消防用水量不小于表 2-7-3 的规定。

**表 2-7-3 室内消防用水量**

| 建筑高度、在建工程单体体积 | 火灾延续时间（h） | 消火栓用水量（L/s） | 每支消防水枪最小流量（L/s） |
|---|---|---|---|
| 24m＜建筑高度≤50m<br>或 $30000m^3$＜体积≤$50000m^3$ | 1 | 10 | 5 |
| 建筑高度＞50m<br>或体积＞$50000m^3$ | 1 | 15 | 5 |

**（三）其他临时灭火系统设置要求**

1. 在建工程及临时用房的下列场所应配置灭火器：

（1）易燃易爆危险品存放及使用场所。

（2）动火作业场所。

（3）可燃材料存放、加工及使用场所。

（4）厨房操作间、锅炉房、发电机房、变配电房、设备用房、办公用房、宿舍等临时用房。

（5）其他具有火灾危险的场所。

2. 施工现场灭火器配置应符合下列规定：

灭火器的最大保护距离应符合表 2-7-4 的规定。

**表 2-7-4 最大保护距离** m

| 灭火器配置场所 | 固体物质火灾 | 液体或可熔化固体物质火灾、气体火灾 |
|---|---|---|
| 易燃易爆危险品存放及使用场所 | 15 | 9 |
| 固定动火作业场 | 15 | 9 |

续表

| 灭火器配置场所 | 固体物质火灾 | 液体或可熔化固体物质火灾、气体火灾 |
| --- | --- | --- |
| 临时动火作业点 | 10 | 6 |
| 可燃材料存放、加工及使用场所 | 20 | 12 |
| 厨房操作间、锅炉房 | 20 | 12 |
| 发电机房、变配电房 | 20 | 12 |
| 办公用房、宿舍等 | 25 | — |

## 第四节　施工现场的消防安全管理要求

### 一、施工现场灭火及应急疏散预案

施工单位应编制施工现场灭火及应急疏散预案。灭火及应急疏散预案应包括下列主要内容：

（1）应急灭火处置机构及各级人员应急处置职责。

（2）报警、接警处置的程序和通信联络的方式。

（3）扑救初起火灾的程序和措施。

（4）应急疏散及救援的程序和措施。

### 二、消防安全管理制度

施工单位应针对施工现场可能导致火灾发生的施工作业及其他活动，制定消防安全管理制度。消防安全管理制度应包括下列主要内容：

（1）消防安全教育与培训制度。

（2）可燃及易燃易爆危险品管理制度。

（3）用火、用电、用气管理制度。

（4）消防安全检查制度。

（5）应急预案演练制度。

### 三、防火技术方案

施工单位应编制施工现场防火技术方案，并应根据现场情况变化及时对其修改、完善。防火技术方案应包括下列主要内容：

（1）施工现场重大火灾危险源辨识。

（2）施工现场防火技术措施。

（3）临时消防设施、临时疏散设施配备。

（4）临时消防设施和消防警示标识布置图。

### 四、消防安全教育和培训

施工人员进场时，施工现场的消防安全管理人员应向施工人员进行消防安全教育和培训。消防安全教育和培训应包括下列内容：

（1）施工现场消防安全管理制度、防火技术方案、灭火及应急疏散预案的主要内容。

（2）施工现场临时消防设施的性能及使用、维护方法。

（3）扑灭初起火灾及自救逃生的知识和技能。

（4）报警、接警的程序和方法。

## 五、施工现场用电

施工现场用电应符合下列规定：

（1）配电屏上每个电气回路应设置漏电保护器、过载保护器，距配电屏 2m 范围内不应堆放可燃物，5m 范围内不应设置可能产生较多易燃、易爆气体、粉尘的作业区（配电屏是用来接收和分配电能并对配电线路进行控制、保护和测量的配电设备）。

（2）普通灯具与易燃物的距离不宜小于 300mm，聚光灯、碘钨灯等高热灯具与易燃物的距离不宜小于 500mm。

# 第八章　大型群众性活动消防安全管理

**学习要求**

通过本章的学习，了解大型群众活动的定义、主要特点和安保原则，熟悉大型群众性活动各方的消防安全责任，掌握大型群众性活动安全注意事项。

## 第一节　大型群众活动

《中华人民共和国消防法》规定，举办大型群众性活动，承办人应当依法向公安机关申请安全许可。

定义：大型群众性活动，即1000人以上的活动。

### 一、主要特点

规模大、临时性、协调难。

### 二、安保工作原则

安保工作原则：预防为主；依法管理；群众参与。

## 第二节　大型群众性活动消防安全管理

### 一、消防安全责任

由承办者及承办者的主要负责人负责。

承办人职责：向公安机关申请安全许可；制订灭火和应急疏散预案并组织演练；明确消防安全责任分工；确定消防安全管理人员；保持消防设施和消防器材配置齐全、完好有效；保证疏散通道、安全出口、疏散指示标志、应急照明和消防车通道符合规定。

### 二、消防安全管理工作职责

#### （一）灭火行动组职责

（1）制订灭火和应急疏散预案；

（2）实施预案演练；

（3）组织消防安全检查；

（4）现场消防安全保卫；

（5）事故现场保护；

（6）事故分析。

**（二）疏散引导组**

（1）掌握活动举办场所各安全通道、出口位置，了解安全通道、出口畅通情况；

（2）在关键部位设置工作人员，确保通道、出口畅通；

（3）在发生火灾或突发事件的第一时间，引导参加活动的人员从最近的安全通道、出口疏散，确保参加活动人员生命安全。

**（三）防火巡查组职责**

（1）巡查消防设施；

（2）巡视安全出口、疏散通道；

（3）巡查消防重点部位；

（4）巡查用火、用电；

（5）巡查其他不安全因素；

（6）纠正消防违章行为；

（7）报告巡查情况。

## 三、大型群众性活动消防工作实施

大型群众性活动消防工作分前期筹备、集中审批和现场保卫三个阶段。

## 四、消防安全管理的工作内容

1. 防火巡查：活动前，2h一次；活动中，全程。结束时，现场检查。

2. 防火检查：活动前，12h内检查。

3. 灭火和应急疏散预案活动前，至少1次演练。

## 五、大型群众性活动安全事项

承办者具体负责下列安全事项：

（1）落实大型群众性活动安全工作方案和安全责任制度，明确安全措施、安全工作人员岗位职责，开展大型群众性活动安全宣传教育；

（2）保障临时搭建的设施、建筑物的安全，消除安全隐患；

（3）按照负责许可的公安机关的要求，配备必要的安全检查设备，对参加大型群众性活动的人员进行安全检查，对拒不接受安全检查的，承办者有权拒绝其进入；

（4）按照核准的活动场所容纳人员数量、划定的区域发放或者出售门票；

（5）落实医疗救护、灭火、应急疏散等应急救援措施并组织演练；

（6）对妨碍大型群众性活动安全的行为及时予以制止，发现违法犯罪行为时及时向公安机关报告；

（7）配备与大型群众性活动安全工作需要相适应的专业保安人员及其他安全工作人员；

（8）为大型群众性活动的安全工作提供必要的保障。

# 第九章　二级注册消防工程师职业道德

**学习要求**

通过本章的学习，了解注册消防工程师的职业道德主要内容，了解各道德规范的相关含义，掌握加强职业道德修养的途径和方法，掌握职业道德修养的内容。

## 一、职业道德的主要内容（表 2-9-1）

表 2-9-1　职业道德的内容

| 内容 | 含义 |
| --- | --- |
| 爱岗敬业 | 基础和核心 |
| 依法执业 | 基本内容 |
| 客观公正 | 本质要求 |
| 公平竞争 | 促进行业发展的动力 |
| 提高技能 | 必须履行的义务 |
| 保守秘密 | 行业纪律、基本道德规范 |
| 奉献社会 | 更高层次、更深意义的人生价值 |

## 二、加强职业道德修养的途径和方法

（1）自我反思。（2）向榜样学习。（3）坚持“慎独”。（4）提高道德选择能力。

## 三、职业道德修养的内容

（1）理论修养。（2）业务知识修养。（3）人生观修养。（4）职业道德品质修养。

# 第三篇　建筑防火

## 第一章　建筑分类检查

**学习要求**

通过本章的学习，熟悉判定生产和储存物品火灾危险性的实例，掌握建筑高度的计算方法和民用建筑分类的要求。

### 第一节　工业建筑的分类

#### 一、厂房

生产的火灾危险性应根据生产中使用或产生的物质性质及其数量等因素划分，可分为甲、乙、丙、丁、戊类，并应符合表 3-1-1 的规定。

同一座厂房或厂房的任一防火分区内有不同火灾危险性生产时，厂房或防火分区内的生产火灾危险性类别应按火灾危险性较大的部分确定；当生产过程中使用或产生易燃、可燃物的量较少，不足以构成爆炸或火灾危险时，可按实际情况确定；当符合下述条件之一时，可按火灾危险性较小的部分确定。

1. 火灾危险性较大的生产部分占本层或本防火分区建筑面积的比率小于 5％或丁、戊类厂房内的油漆工段小于 10％，且发生火灾事故时不足以蔓延至其他部位或火灾危险性较大的生产部分采取了有效的防火措施；

2. 丁、戊类厂房内的油漆工段，当采用封闭喷漆工艺，封闭喷漆空间内保持负压、油漆工段设置可燃气体探测报警系统或自动抑爆系统，且油漆工段占所在防火分区建筑面积的比率不大于 20％。

**表 3-1-1　生产的火灾危险性**

| 类别 | 特征 | 举例 |
| --- | --- | --- |
| 甲 | 1. 闪点＜28℃的液体<br>2. 爆炸下限＜10%的气体<br>3. 常温下能自行分解或在空气中氧化即能导致迅速自燃或爆炸的物质<br>4. 常温下受到水或空气中水蒸气的作用，能产生可燃气体并引起燃烧或爆炸的物质<br>5. 遇酸、受热、撞击、摩擦、催化，以及遇有机物或硫黄等易燃的无机物，极易引起燃烧或爆炸的强氧化剂<br>6. 受撞击、摩擦或与氧化剂、有机物接触时能引起燃烧或爆炸的物质<br>7. 在密闭设备内操作温度不小于物质本身自燃点的生产 | 1. 闪点小于28℃的油品和有机溶剂的提炼、回收或洗涤部位及其泵房，橡胶制品的涂胶和胶浆部位，二硫化碳的粗馏、精馏工段及其应用部位，青霉素提炼部位，原料药厂的非纳西丁车间的烃化、回收及电感精馏部位，皂素车间的抽提、结晶及过滤部位，冰片精制部位，农药厂乐果厂房，敌敌畏的合成厂房，磺化法糖精厂房，氯乙醇厂房，环氧乙烷、环氧丙烷工段，苯酚厂房的硫化、蒸馏部位，焦化厂吡啶工段，胶片厂片基厂房，汽油加铅室，甲醇、乙醇、丙酮、丁酮异丙醇、醋酸乙酯、苯等的合成或精制厂房，集成电路工厂的化学清洗间（使用闪点＜28℃的液体），植物油加工厂的浸出车间；白酒液态法酿酒车间、酒精蒸馏塔，酒精度为38度及以上的勾兑车间、灌装车间、酒泵房；白兰地蒸馏车间、勾兑车间、灌装车间、酒泵房<br>2. 乙炔站，氢气站，石油气体分馏（或分离）厂房，氯乙烯厂房，乙烯聚合厂房，天然气、石油伴生气、矿井气、水煤气或焦炉煤气的净化（如脱硫）厂房压缩机室及鼓风机室，液化石油气罐瓶间，丁二烯及其聚合厂房，醋酸乙烯厂房，电解水或电解食盐厂房，环己酮厂房，乙基苯和苯乙烯厂房，化肥厂的氢氮气压缩厂房，半导体材料厂使用氢气的拉晶车间，硅烷热分解室<br>3. 硝化棉厂房及其应用部位，赛璐珞厂房，黄磷制备厂房及其应用部位，三乙基铝厂房，染化厂某些能自行分解的重氮化合物生产，甲胺厂房，丙烯腈厂房<br>4. 金属钠、钾加工房及其应用部位，聚乙烯厂房的一氯二乙基铝部位、三氯化磷厂房，多晶硅车间三氯氢硅部位，五氧化二磷厂房<br>5. 氯酸钠、氯酸钾厂房及其应用部位，过氧化氢厂房，过氧化钠、过氧化钾厂房，次氯酸钙厂房<br>6. 赤磷制备厂房及其应用部位，五硫化二磷厂房及其应用部位<br>7. 洗涤剂厂房石蜡裂解部位，冰醋酸裂解厂房 |
| 乙 | 1. 闪点≥28℃至＜60℃的液体<br>2. 爆炸下限≥10%的气体<br>3. 不属于甲类的氧化剂<br>4. 不属于甲类的易燃固体<br>5. 助燃气体<br>6. 能与空气形成爆炸性混合物的浮游状态的粉尘、纤维，闪点≥60℃的液体雾滴 | 1. 闪点≥28℃至＜60℃的油品和有机溶剂的提炼、回收、洗涤部位及其泵房，松节油或松香蒸馏厂房及其应用部位，醋酸酐精馏厂房，己内酰胺厂房，甲酚厂房，氯丙醇厂房，樟脑油提取部位，环氧氯丙烷厂房，松针油精制部位，煤油灌桶间<br>2. 一氧化碳压缩机室及净化部位，发生炉煤气或鼓风炉煤气净化部位，氨压缩机房<br>3. 发烟硫酸或发烟硝酸浓缩部位，高锰酸钾厂房，重铬酸钠（红矾钠）厂房<br>4. 樟脑或松香提炼厂房，硫黄回收厂房，焦化厂精萘厂房<br>5. 氧气站，空分厂房<br>6. 铝粉或镁粉厂房，金属制品抛光部位，煤粉厂房，面粉厂的碾磨部位，活性炭制造及再生厂房，谷物筒仓工作塔，亚麻厂的除尘器和过滤器室 |

续表

| 类别 | 特征 | 举例 |
| --- | --- | --- |
| 丙 | 1. 闪点≥60℃的液体<br>2. 可燃固体 | 1. 闪点≥60℃的油品和有机液体的提炼、回收工段及其抽送泵房，香料厂的松油醇部位和乙酸松油脂部位，苯甲酸厂房，苯乙酮厂房，焦化厂焦油厂房，甘油、桐油的制备厂房，油浸变压器室，机器油或变压油灌桶间，柴油灌桶间，润滑油再生部位，配电室（每台装油量>60kg的设备），沥青加工厂房，植物油加工厂的精炼部位<br>2. 煤、焦炭、油母页岩的筛分、转运工段和栈桥或储仓，木工厂房，竹、藤加工厂房，橡胶制品的压延、成型和硫化厂房，针织品厂房，纺织、印染、化纤生产的干燥部位，服装加工厂房，棉花加工和打包厂房，造纸厂备料、干燥厂房，印染厂成品厂房，麻纺厂粗加工厂房，谷物加工房，卷烟厂的切丝、卷制、包装厂房，印刷厂的印刷厂房，毛涤厂选毛厂房，电视机、收音机装配厂房，显像管厂装配工段烧枪间，磁带装配厂房，集成电路工厂的氧化扩散间、光刻间，泡沫塑料厂的发泡、成型、印片压花部位，饲料加工厂房，畜（禽）屠宰、分割及加工车间、鱼加工车间 |
| 丁 | 1. 对不燃烧物质进行加工，并在高温或熔化状态下经常产生强辐射热、火花或火焰的生产<br>2. 利用气体、液体、固体作为燃料或将气体、液体进行燃烧作其他用的各种生产<br>3. 常温下使用或加工难燃烧物质的生产 | 1. 金属冶炼、锻造、铆焊、热轧、铸造、热处理厂房<br>2. 锅炉房，玻璃原料熔化厂房，灯丝烧拉部位，保温瓶胆厂房，陶瓷制品的烘干、烧成厂房，蒸汽机车库，石灰焙烧厂房，电石炉部位，耐火材料烧成部位，转炉厂房，硫酸车间焙烧部位，电极煅烧工段，配电室（每台装油量≤60kg的设备）<br>3. 难燃铝塑料材料的加工厂房，酚醛泡沫塑料的加工厂房，印染厂的漂炼部位，化纤厂后加工润湿部位 |
| 戊 | 常温下使用或加工不燃烧物质的生产 | 制砖车间，石棉加工车间，卷扬机室，不燃液体的泵房和阀门室，不燃液体的净化处理工段，金属（镁合金除外）冷加工车间，电动车库，钙镁磷肥车间（焙烧炉除外），造纸厂或化学纤维厂的浆粕蒸煮工段，仪表、器械或车辆装配车间，氟利昂厂房，水泥厂的轮窑厂房，加气混凝土厂的材料准备、构件制作厂房 |

## 二、仓库

储存物品的火灾危险性应根据储存物品的性质和储存物品中的可燃物数量等因素划分，可分为甲、乙、丙、丁、戊类，并应符合表 3-1-2 的规定。

同一座仓库或仓库的任一防火分区内储存不同火灾危险性物品时，仓库或防火分区的火灾危险性应按火灾危险性最大的物品确定。

丁、戊类储存物品仓库的火灾危险性，当可燃包装质量大于物品本身质量 1/4 或可燃包装体积大于物品本身体积的 1/2 时，应按丙类确定。

表 3-1-2　储存物品危险性分类

| 类别 | 特征 | 举例 |
| --- | --- | --- |
| 甲 | 1. 闪点<28℃的液体<br>2. 爆炸下限<10%的气体，受到水或空气中水蒸气的作用能产生爆炸下限<10%气体的固体物质<br>3. 常温下能自行分解或在空气中氧化能导致迅速自燃或爆炸的物质<br>4. 常温下受到水或空气中水蒸气的作用能产生可燃气体并引起燃烧或爆炸的物质<br>5. 遇酸、受热、撞击、摩擦，以及遇有机物或硫黄等易燃的无机物，极易引起燃烧或爆炸的强氧化剂<br>6. 受撞击、摩擦或与氧化剂、有机物接触时能引起燃烧或爆炸的物质 | 1. 己烷、戊烷、石脑油、环戊烷、二硫化碳、苯、甲苯、甲醇、乙醇、乙醚、蚁酸甲酯、醋酸甲酯、硝酸乙酯、汽油、丙酮、丙烯、酒精度为38度及以上的白酒<br>2. 乙炔、氢、甲烷、乙烯、丙烯、丁二烯、环氧乙烷、水煤气、硫化氢、氯乙烯、液化石油气、电石、碳化铝<br>3. 硝化棉、硝化纤维胶片、喷漆棉、火胶棉、赛璐珞棉、黄磷<br>4. 金属钾、钠、锂、钙、锶，氢化锂、氢化钠、四氢化锂铝<br>5. 氯酸钾、氯酸钠、过氧化钾、过氧化钠、硝酸铵<br>6. 赤磷、五硫化二磷、三硫化二磷 |
| 乙 | 1. 闪点≥28℃至<60℃的液体<br>2. 爆炸下限≥10%的气体<br>3. 不属于甲类的氧化剂<br>4. 不属于甲类的易燃固体<br>5. 助燃气体<br>6. 常温下与空气接触能缓慢氧化，积热不散引起自燃的物品 | 1. 煤油、松节油、丁烯醇、异戊醇、丁醚、醋酸丁酯、硝酸戊酯、乙酰丙酮、环己胺、溶剂油、冰醋酸、樟脑油、蚁酸<br>2. 氨气、一氧化碳<br>3. 硝酸铜、铬酸、亚硝酸钾、重铬酸钠、铬酸钾、硝酸、硝酸汞、硝酸钴、发烟硫酸、漂白粉<br>4. 硫黄、镁粉、铝粉、赛璐珞板（片）、樟脑、萘、生松香、硝化纤维漆布、硝化纤维色片<br>5. 氧气、氟气、液氯<br>6. 漆布及其制品，油布及其制品，油纸及其制品，油绸及其制品 |
| 丙 | 1. 闪点≥60℃的液体<br>2. 可燃固体 | 1. 动物油、植物油、沥青、蜡、润滑油、机油、重油、闪点≥60℃的柴油、糖醛、白兰地成品库<br>2. 化学、人造纤维及其织物，纸张，棉、毛、丝、麻及其织物，谷物，面粉，粒径≥2mm的工业成型硫黄，天然橡胶及其制品，竹、木及其制品，中药材，电视机、收录机等电子产品，计算机房已录数据的磁盘储存间，冷库中的鱼、肉间 |
| 丁 | 难燃烧物品 | 自熄性塑料及其制品、酚醛泡沫塑料及其制品、水泥刨花板 |
| 戊 | 不燃烧物品 | 钢材、铝材、玻璃及其制品、搪瓷制品、陶瓷制品、不燃气体、玻璃棉、岩棉、陶瓷棉、硅酸铝纤维、矿棉、石膏及其无纸制品、水泥、石、膨胀珍珠岩 |

## 第二节　民用建筑的分类

### 一、术语

商业服务网点是指设置在住宅建筑的首层或首层及二层，每个分隔单元建筑面积不大于 300m² 的商店、邮政所、储蓄所、理发店等小型营业性用房。

裙房是指在高层建筑主体投影范围外，与建筑主体相连且建筑高度不大于 24m 的附属建筑。

重要公共建筑是指发生火灾可能造成重大人员伤亡、财产损失和严重社会影响的公共建筑。

## 二、民用建筑的分类

民用建筑根据其建筑高度和层数可分为单、多层民用建筑和高层民用建筑。高层民用建筑根据其建筑高度、使用功能和楼层的建筑面积可分为一类和二类。民用建筑的分类应符合表 3-1-3 的规定。

**表 3-1-3　民用建筑分类**

| 建筑分类 | 高层民用建筑 | | 单、多层民用建筑 |
| --- | --- | --- | --- |
| | 一类 | 二类 | |
| 住宅建筑 | 建筑高度 $h>54$m | 建筑高度 $27\text{m}<h\leqslant54\text{m}$ | 建筑高度 $h\leqslant27$m |
| | 包括设置商业服务网点的住宅 | | |
| 公共建筑 | 1. 建筑高度 $h>50$m 的公共建筑<br>2. 建筑高度 $h>24$m 部分，任一楼层建筑面积大于 1000m² 的商店、展览、电信、邮政、财贸金融建筑和其他多种功能组合的建筑<br>3. 医疗建筑、重要公共建筑、独立建造的老年人照料设施<br>4. 省级及以上的广播电视和防灾指挥调度建筑、网局级和省级电力调度建筑<br>5. 藏书超过 100 万册的图书馆、书库 | 除一类高层公共建筑外的其他高层公共建筑 | 建筑高度大于 24m 的单层公共建筑，$h\leqslant24$m 的其他公共建筑 |

注：1. 表中未列入的建筑，其类别应根据本表类比确定。
2. 宿舍、公寓等非住宅类居住建筑的防火要求，除特殊规定外，一般应符合有关公共建筑的规定。
3. 裙房的防火要求，除特殊规定外，一般应符合有关高层民用建筑的规定。

# 第三节　建筑高度和层数的计算方法

## 一、建筑高度

高层建筑是指建筑高度大于 27m 的住宅建筑和建筑高度大于 24m 的非单层厂房、仓库和其他民用建筑。

建筑高度的计算应符合下列规定：

（1）建筑屋面为坡屋面时，建筑高度应为建筑室外设计地面至其檐口与屋脊的平均高度。

（2）建筑屋面为平屋面（包括有女儿墙的平屋面）时，建筑高度应为建筑室外设计地面至其屋面面层的高度。

（3）同一座建筑有多种形式的屋面时，建筑高度应按上述方法分别计算后，取其中最大值。

（4）对台阶式地坪，当位于不同高程地坪上的同一建筑之间有防火墙分隔，各自有符合规范规定的安全出口，且可沿建筑的两个长边设置贯通式或尽头式消防车道时，可分别计算各自的建筑高度；否则，应按其中建筑高度最大者确定该建筑的建筑高度。

（5）局部突出屋顶的瞭望塔、冷却塔、水箱间、微波天线间或设施、电梯机房、排风和排烟机房，以及楼梯出口小间等辅助用房占屋面面积不大于1/4者，可不计入建筑高度。

（6）对住宅建筑，设置在底部且室内高度不大于2.2m的自行车库、储藏室、敞开空间，室内外高差或建筑的地下或半地下室的顶板面高出室外设计地面的高度不大于1.5m的部分，可不计入建筑高度。

## 二、建筑层数

建筑层数应按建筑的自然层数计算，下列空间可不计入建筑层数：

（1）室内顶板面高出室外设计地面的高度不大于1.5m的地下或半地下室；

（2）设置在建筑底部且室内高度不大于2.2m的自行车库、储藏室、敞开空间；

（3）建筑屋顶上突出的局部设备用房、出屋面的楼梯间等。

# 第二章　耐火等级检查

**学习要求**

通过本章的学习，了解三四级耐火等级建筑构件的燃烧性能和耐火极限，熟悉建筑分类和耐火等级适应性的相关要求，掌握一、二级耐火等级建筑构件的燃烧性能和耐火极限。

## 第一节　工业建筑耐火等级检查

### 一、厂房和仓库的耐火等级

厂房和仓库的耐火等级可分为一、二、三、四级，除特殊规定外，相应建筑构件的燃烧性能和耐火极限不应低于表 3-2-1 的规定。

**表 3-2-1　不同耐火等级厂房和仓库建筑构件的燃烧性能和耐火极限**　　h

<table>
<tr><th colspan="2" rowspan="2">构件名称</th><th colspan="4">耐火等级</th></tr>
<tr><th>一级</th><th>二级</th><th>三级</th><th>四级</th></tr>
<tr><td rowspan="5">墙</td><td>防火墙</td><td>不燃性 3.00</td><td>不燃性 3.00</td><td>不燃性 3.00</td><td>不燃性 3.00</td></tr>
<tr><td>承重墙</td><td>不燃性 3.00</td><td>不燃性 2.50</td><td>不燃性 2.00</td><td>难燃性 0.50</td></tr>
<tr><td>楼梯间、前室的墙，电梯井的墙</td><td>不燃性 2.00</td><td>不燃性 2.00</td><td>不燃性 1.50</td><td>难燃性 0.50</td></tr>
<tr><td>疏散走道两侧的隔墙</td><td>不燃性 1.00</td><td>不燃性 1.00</td><td>不燃性 0.50</td><td>难燃性 0.25</td></tr>
<tr><td>非承重外墙、房间隔墙</td><td>不燃性 0.75</td><td>不燃性 0.50</td><td>难燃性 0.50</td><td>难燃性 0.25</td></tr>
<tr><td colspan="2">柱</td><td>不燃性 3.00</td><td>不燃性 2.50</td><td>不燃性 2.00</td><td>难燃性 0.50</td></tr>
<tr><td colspan="2">梁</td><td>不燃性 2.00</td><td>不燃性 1.50</td><td>不燃性 1.00</td><td>难燃性 0.50</td></tr>
<tr><td colspan="2">楼板</td><td>不燃性 1.50</td><td>不燃性 1.00</td><td>不燃性 0.75</td><td>难燃性 0.50</td></tr>
<tr><td colspan="2">屋顶承重构件</td><td>不燃性 1.50</td><td>不燃性 1.00</td><td>难燃性 0.50</td><td>可燃性</td></tr>
<tr><td colspan="2">疏散楼梯</td><td>不燃性 1.50</td><td>不燃性 1.00</td><td>不燃性 0.75</td><td>可燃性</td></tr>
<tr><td colspan="2">吊顶（包括吊顶格栅）</td><td>不燃性 0.25</td><td>难燃性 0.25</td><td>难燃性 0.15</td><td>可燃性</td></tr>
</table>

注：二级耐火等级建筑内采用不燃材料的吊顶，其耐火极限不限。

## 二、厂房和仓库耐火等级的部分特殊规定

1. 高层厂房，甲、乙类厂房的耐火等级不应低于二级，建筑面积不大于 300m$^2$ 的独立甲、乙类单层厂房可采用三级耐火等级的建筑。

2. 单、多层丙类厂房和多层丁、戊类厂房的耐火等级不应低于三级。

使用或产生丙类液体的厂房和有火花、赤热表面、明火的丁类厂房，其耐火等级均不应低于二级；当为建筑面积不大于 500m$^2$ 的单层丙类厂房或建筑面积不大于 1000m$^2$ 的单层丁类厂房时，可采用三级耐火等级的建筑。

3. 使用或储存特殊贵重的机器、仪表、仪器等设备或物品的建筑，其耐火等级不应低于二级。

4. 锅炉房的耐火等级不应低于二级，当为燃煤锅炉房且锅炉的总蒸发量不大于 4t/h时，可采用三级耐火等级的建筑。

5. 油浸变压器室、高压配电装置室的耐火等级不应低于二级，其他防火设计应符合现行国家标准《火力发电厂与变电站设计防火规范》(GB 50229) 等标准的规定。

6. 高架仓库、高层仓库、甲类仓库、多层乙类仓库和储存可燃液体的多层丙类仓库，其耐火等级不应低于二级。

单层乙类仓库、单层丙类仓库、储存可燃固体的多层丙类仓库和多层丁、戊类仓库，其耐火等级不应低于三级。

7. 甲、乙类厂房和甲、乙、丙类仓库内的防火墙，其耐火极限不应低于 4.00h。

8. 一、二级耐火等级单层厂房（仓库）的柱，其耐火极限分别不应低于 2.50h 和 2.00h。

9. 采用自动喷水灭火系统全保护的一级耐火等级单、多层厂房（仓库）的屋顶承重构件，其耐火极限不应低于 1.00h。

10. 除甲、乙类仓库和高层仓库外，一、二级耐火等级建筑的非承重外墙，当采用不燃性墙体时，其耐火极限不应低于 0.25h；当采用难燃性墙体时，不应低于 0.50h。

4 层及 4 层以下的一、二级耐火等级丁、戊类地上厂房（仓库）的非承重外墙，当采用不燃性墙体时，其耐火极限不限。

11. 二级耐火等级厂房（仓库）内的房间隔墙，当采用难燃性墙体时，其耐火极限应提高 0.25h。

12. 二级耐火等级多层厂房和多层仓库内采用预应力钢筋混凝土的楼板，其耐火极限不应低于 0.75h。

13. 一、二级耐火等级厂房（仓库）的上人平屋顶，其屋面板的耐火极限分别不应低于 1.50h 和 1.00h。

14. 一、二级耐火等级厂房（仓库）的屋面板应采用不燃材料。

屋面防水层宜采用不燃材料、难燃材料；当采用可燃防水材料且铺设在可燃、难燃保温材料上时，防水材料或可燃、难燃保温材料应采用不燃材料作为防护层。

15. 建筑中的非承重外墙、房间隔墙和屋面板，当确需采用金属夹芯板材时，其芯材应为不燃材料，且耐火极限应符合有关规范规定。

16. 以木柱承重且墙体采用不燃材料的厂房（仓库），其耐火等级可按四级确定。

# 第二节　民用建筑耐火等级检查

## 一、民用建筑的耐火等级

民用建筑的耐火等级可分为一、二、三、四级。除特殊规定外，不同耐火等级建筑相应构件的燃烧性能和耐火极限不应低于表3-2-2的规定。

**表3-2-2　不同耐火等级建筑相应构件的燃烧性能和耐火极限** h

| 构件名称 | | 耐火等级 | | | |
|---|---|---|---|---|---|
| | | 一级 | 二级 | 三级 | 四级 |
| 墙 | 防火墙 | 不燃性3.00 | 不燃性3.00 | 不燃性3.00 | 不燃性3.00 |
| | 承重墙 | 不燃性3.00 | 不燃性2.50 | 不燃性2.00 | 难燃性0.50 |
| | 非承重外墙 | 不燃性1.00 | 不燃性1.00 | 不燃性0.50 | 可燃性 |
| | 楼梯间、前室的墙，电梯井的墙 | 不燃性2.00 | 不燃性2.00 | 不燃性1.50 | 难燃性0.50 |
| | 住宅单元之间的墙和分户墙 | | | | |
| | 疏散走道两侧的隔墙 | 不燃性1.00 | 不燃性1.00 | 不燃性0.50 | 难燃性0.25 |
| | 房间隔墙 | 不燃性0.75 | 不燃性0.50 | 难燃性0.50 | 难燃性0.25 |
| 柱 | | 不燃性3.00 | 不燃性2.50 | 不燃性2.00 | 难燃性0.50 |
| 梁 | | 不燃性2.00 | 不燃性1.50 | 不燃性1.00 | 难燃性0.50 |
| 楼板 | | 不燃性1.50 | 不燃性1.00 | 不燃性0.50 | 可燃性 |
| 屋顶承重构件 | | 不燃性1.50 | 不燃性1.00 | 可燃性0.50 | 可燃性 |
| 疏散楼梯 | | 不燃性1.50 | 不燃性1.00 | 不燃性0.50 | 可燃性 |
| 吊顶（包括吊顶格栅） | | 不燃性0.25 | 难燃性0.25 | 难燃性0.15 | 可燃性 |

注：1. 除规范另有规定外，以木柱承重且墙体采用不燃材料的建筑，其耐火等级应按四级确定。
2. 住宅建筑构件的耐火极限和燃烧性能可按现行国家标准《住宅建筑规范》（GB 50368）的规定执行。

## 二、民用建筑耐火等级的部分特殊规定

1. 民用建筑的耐火等级应根据其建筑高度、使用功能、重要性和火灾扑救难度等确定，并应符合下列规定：

（1）地下或半地下建筑（室）和一类高层建筑的耐火等级不应低于一级；

（2）单、多层重要公共建筑和二类高层建筑的耐火等级不应低于二级。

2. 除木结构建筑外，老年人照料设施的耐火等级不应低于三级。

3. 建筑高度大于100m的民用建筑，其楼板的耐火极限不应低于2.00h。

一、二级耐火等级建筑的上人平屋顶，其屋面板的耐火极限分别不应低于1.50h和1.00h。

4. 一、二级耐火等级建筑的屋面板应采用不燃材料。

5. 二级耐火等级建筑内采用难燃性墙体的房间隔墙，其耐火极限不应低于 0.75h；当房间的建筑面积不大于 100m$^2$ 时，房间隔墙可采用耐火极限不低于 0.50h 的难燃性墙体或耐火极限不低于 0.30h 的不燃性墙体。

二级耐火等级多层住宅建筑内采用预应力钢筋混凝土的楼板，其耐火极限不应低于 0.75h。

6. 建筑中的非承重外墙、房间隔墙和屋面板，当确需采用金属夹芯板材时，其芯材应为不燃材料，且耐火极限应符合有关规范规定。

7. 二级耐火等级建筑内采用不燃材料的吊顶，其耐火极限不限。

# 第三章　总平面布局检查

**学习要求**

通过本章的学习，了解城市总体布局相关消防安全要求，熟悉消防车道和登高操作场地的检查要求，掌握常见建筑防火间距的要求。

## 第一节　易燃易爆等危险场所总平面布局

### 一、城市总体布局的消防安全

城市总平面布局的具体要求如下：

（1）周围环境：应考虑本单位附近企业和居民的安全。易燃易爆等危险区域应布置在城市边缘或相对独立的地带，与居住区、商业区或其他人员密集场所保持足够的防火间距。

（2）地势条件：甲、乙、丙类液体储罐优先布置在地势较低地方，如布置在地市较高的地段，应采取防止液体流散的措施。

（3）散发可燃气体、可燃蒸气和可燃粉尘的工厂、大型液化石油气储存区域应布置在城市全年最小频率风向的上风侧；受保护的企业消防站、员工集体宿舍等应布置在城市全年最小频率风向的下风侧。

### 二、火力发电厂的总平面布局

《火力发电厂与变电站设计防火标准》（GB 50229—2019）的相关要求如下：

**（一）出入口的要求**

厂区的出入口不应少于两个，其位置应便于消防车出入。

**（二）重要部位的相关要求**

消防站的布置应符合下列规定：

（1）消防站应布置在厂区的适中位置，避开主要人流道路，保证消防车能方便、快速地到达火灾现场；

（2）消防站车库正门应朝向厂区道路，距厂区道路边缘不宜小于15.0m。

点火油罐区的布置应符合下列规定：

（1）应单独布置。

（2）点火油罐区四周应设置1.8m高的围墙；当利用厂区围墙作为点火油罐区的围墙时，该段厂区围墙应为2.5m高的实体围墙。

（3）点火油罐区的设计应符合现行国家标准《石油库设计规范》（GB 50074）的有关规定。

液氨区的布置应符合下列规定：

（1）液氨区应单独布置在通风条件良好的厂区边缘地带，避开人员集中活动场所和主要人流出入口，并宜位于厂区全年最小频率风向的上风侧。

（2）液氨区应设置不低于2.2m高的不燃烧体实体围墙；当利用厂区围墙作为氨区的围墙时，该段围墙应采用不低于2.5m高的不燃烧体实体围墙。

（3）液氨储罐应设置防火堤，防火堤的设置应符合现行国家标准《建筑设计防火规范》（GB 50016）及《储罐区防火堤设计规范》（GB 50351）的有关规定。

**（三）厂区管线与电力线路的相关要求**

厂区管线与电力线路的综合布置应符合下列规定：

（1）甲、乙、丙类液体管道和可燃气体管道宜架空敷设；沿地面或低支架敷设的管道不应妨碍消防车的通行；

（2）甲、乙、丙类液体管道和可燃气体管道不得穿过与其无关的建筑物、构筑物、生产装置及储罐区等；

（3）架空电力线路不应跨越用可燃材料建造的屋顶及甲、乙类建（构）筑物；不应跨越甲、乙、丙类液体储罐区及可燃气体储罐区。

## 三、石油化工企业的总平面布局

《石油化工企业设计防火标准》（GB 50160—2008）（2018年版）相关要求如下：

**（一）区域规划**

在进行区域规划时，应根据石油化工企业及其相邻工厂或设施的特点和火灾危险性，结合地形、风向等条件，合理布置。

石油化工企业应远离人口密集区、饮用水源地、重要交通枢纽等区域，并宜位于邻近城镇或居民区全年最小频率风向的上风侧。

在山区或丘陵地区，石油化工企业的生产区应避免布置在窝风地带。

石油化工企业的生产区沿江河岸布置时，宜位于邻近江河的城镇、重要桥梁、大型锚地、船厂等重要建筑物或构筑物的下游。

石油化工企业应采取防止泄漏的可燃液体和受污染的消防水排出厂外的措施。

公路和地区架空电力线路严禁穿越生产区。

当区域排洪沟通过厂区时：

（1）不宜通过生产区；

（2）应采取防止泄漏的可燃液体和受污染的消防水流入区域排洪沟的措施。

**（二）工厂总平面布置**

工厂总平面应根据工厂的生产流程及各组成部分的生产特点和火灾危险性，结合地形、风向等条件，按功能分区集中布置。

可能散发可燃气体的工艺装置、罐组、装卸区或全厂性污水处理场等设施宜布置在人员集中场所及明火或散发火花地点的全年最小频率风向的上风侧。

全厂性办公楼、中央控制室、中央化验室、总变电所等重要设施应布置在相对高处。液化烃罐组或可燃液体罐组不应毗邻布置在高于工艺装置、全厂性重要设施或人员集中场所的阶梯上。但受条件限制或有工艺要求时，可燃液体原料储罐可毗邻布置在高于工艺装置的阶梯上，但应采取防止泄漏的可燃液体流入工艺装置、全厂性重要设施或人员集中场所的措施。

液化烃罐组或可燃液体罐组不宜紧靠排洪沟布置。

空分站应布置在空气清洁地段，并宜位于散发乙炔及其他可燃气体、粉尘等场所的全年最小频率风向的下风侧。

中央控制室宜布置在行政管理区。

全厂性的高架火炬宜位于生产区全年最小频率风向的上风侧。

2座及2座以上的高架火炬宜集中布置在同一个区域。火炬高度和火炬之间的防火间距应确保事故放空时辐射热不影响相邻火炬的检修和运行。

汽车装卸设施、液化烃灌装站及各类物品仓库等机动车辆频繁进出的设施应布置在厂区边缘或厂区外，并宜设围墙独立成区。

罐区泡沫站应布置在罐组防火堤外的非防爆区，与可燃液体罐的防火间距不宜小于20m。

事故水池和雨水监测池宜布置在厂区边缘的较低处，可与污水处理场集中布置。事故水池距明火地点的防火间距不应小于25m，距可能携带可燃液体的高架火炬防火间距不应小于60m。

区域性含油污水提升设施应布置在装置及单元外，距离明火地点、重要设施及工艺装置内的变配电、机柜间等的防火间距不应小于15m，距可能携带可燃液体的高架火炬防火间距不应小于60m。

采用架空电力线路进出厂区的总变电所应布置在厂区边缘。

消防站的位置应符合下列规定：

(1) 消防站的服务范围应按行车路程计，行车路程不宜大于2.5km，并且接火警后消防车到达火场的时间不宜超过5min。对丁、戊类的局部场所，消防站的服务范围可加大到4km。

(2) 应便于消防车迅速通往工艺装置区和罐区。

(3) 宜避开工厂主要人流道路。

(4) 宜远离噪声场所。

(5) 宜位于生产区全年最小频率风向的下风侧。

厂区的绿化应符合下列规定：

(1) 生产区不应种植含油脂较多的树木，宜选择含水分较多的树种。

(2) 工艺装置或可燃气体、液化烃、可燃液体的罐组与周围消防车道之间不宜种植绿篱或茂密的灌木丛。

(3) 在可燃液体罐组防火堤内可种植生长高度不超过15cm、含水分多、四季常青的草皮。

(4) 液化烃罐组防火堤内严禁绿化。

(5) 厂区的绿化不应妨碍消防操作。

## 第二节 建筑之间的防火间距

防火间距是一幢建筑物起火，对面建筑物在热辐射的作用下，即使没有任何保护措施，也不会起火的最小距离。通过对建筑物进行合理布局和设置防火间距，可以防止火灾在相邻建筑物之间蔓延，合理利用和节约土地，并为人员疏散和灭火救援提供条件，减少失火对邻近建筑及其居住（或使用）者的热辐射和烟气影响。

## 一、防火间距的测量

防火间距的测量要求如下：

（1）建筑物之间的防火间距应按相邻建筑外墙的最近水平距离计算，当外墙有凸出的可燃或难燃构件时，应从其凸出部分外缘算起。

（2）建筑物与储罐、堆场的防火间距，应为建筑外墙至储罐外壁或堆场中相邻堆垛外缘的最近水平距离。

（3）储罐之间的防火间距应为相邻两储罐外壁的最近水平距离。

（4）储罐与堆场的防火间距应为储罐外壁至堆场中相邻堆垛外缘的最近水平距离。

（5）堆场之间的防火间距应为两堆场中相邻堆垛外缘的最近水平距离。

（6）变压器之间的防火间距应为相邻变压器外壁的最近水平距离。

（7）变压器与建筑物、储罐或堆场的防火间距，应为变压器外壁至建筑外墙、储罐外壁或相邻堆垛外缘的最近水平距离。

（8）建筑物、储罐或堆场与道路、铁路的防火间距，应为建筑外墙、储罐外壁或相邻堆垛外缘距道路最近一侧路边或铁路中心线的最小水平距离。

## 二、民用建筑的防火间距

民用建筑之间的防火间距不应小于表 3-3-1 的规定。

**表 3-3-1　民用建筑之间的防火间距**　　m

| 建筑类别 | | 高层民用建筑 | 裙房和其他民用建筑 | | |
|---|---|---|---|---|---|
| | | 一、二级 | 一、二级 | 三级 | 四级 |
| 高层民用建筑 | 一、二级 | 13 | 9 | 11 | 14 |
| 裙房和其他民用建筑 | 一、二级 | 9 | 6 | 7 | 9 |
| | 三级 | 11 | 7 | 8 | 10 |
| | 四级 | 14 | 9 | 10 | 12 |

注：（1）相邻两座单、多层建筑，当相邻外墙为不燃性墙体且无外露的可燃性屋檐，每面外墙上无防火保护的门、窗、洞口不正对开设且面积之和不大于该外墙面积的 5%时，其防火间距可按本表规定减小 25%。

（2）两座建筑相邻较高一面外墙为防火墙，或高出相邻较低一座一、二级耐火等级建筑的屋面 15m 及以下范围内的外墙为防火墙时，其防火间距可不限。

（3）相邻两座高度相同的一、二级耐火等级建筑中相邻任一侧外墙为防火墙，屋顶的耐火极限不低于 1.00h 时，其防火间距可不限。

（4）相邻两座建筑中较低一座建筑的耐火等级不低于二级，屋顶的耐火极限不低于 1.00h，屋顶无天窗且相邻较低一面外墙为防火墙时，其防火间距不应小于 3.5m；对高层建筑，不应小于 4m。

（5）建筑高度大于 100m 的民用建筑与相邻建筑的防火间距，当符合上述允许减小的条件时，仍不应减小。

（6）民用建筑与 10kV 及以下的预装式变电站的防火间距不应小于 3m。

（7）耐火等级低于四级的既有建筑，其耐火等级可按四级确定。

## 三、厂房的防火间距

除另有规定外，厂房之间及与乙、丙、丁、戊类仓库、民用建筑等的防火间距不应小于表 3-3-2 的规定，与甲类仓库的防火间距应符合本节甲类仓库的防火间距的规定。

**表 3-3-2　厂房之间及其与乙、丙、丁、戊类仓库、民用建筑等的防火间距**　m

<table>
<tr><th colspan="3" rowspan="3">名称</th><th>甲类厂房</th><th colspan="3">乙类厂房（仓库）</th><th colspan="4">丙、丁、戊类厂房（仓库）</th><th colspan="5">民用建筑</th></tr>
<tr><th>单、多层</th><th colspan="2">单、多层</th><th>高层</th><th colspan="3">单、多层</th><th>高层</th><th colspan="3">裙房，单、多层</th><th colspan="2">高层</th></tr>
<tr><th>一、二级</th><th>一、二级</th><th>三级</th><th>一、二级</th><th>一、二级</th><th>三级</th><th>四级</th><th>一、二级</th><th>一、二级</th><th>三级</th><th>四级</th><th>一类</th><th>二类</th></tr>
<tr><td>甲类厂房</td><td>单、多层</td><td>一、二级</td><td>12</td><td>12</td><td>14</td><td>13</td><td>12</td><td>14</td><td>16</td><td>13</td><td colspan="3" rowspan="4">25</td><td colspan="2" rowspan="4">50</td></tr>
<tr><td rowspan="3">乙类厂房</td><td rowspan="2">单、多层</td><td>一、二级</td><td>12</td><td>10</td><td>12</td><td>13</td><td>10</td><td>12</td><td>14</td><td>13</td></tr>
<tr><td>三级</td><td>14</td><td>12</td><td>14</td><td>15</td><td>12</td><td>14</td><td>16</td><td>15</td></tr>
<tr><td>高层</td><td>一、二级</td><td>13</td><td>13</td><td>15</td><td>13</td><td>13</td><td>15</td><td>17</td><td>13</td></tr>
<tr><td rowspan="4">丙类厂房</td><td rowspan="3">单、多层</td><td>一、二级</td><td>12</td><td>10</td><td>12</td><td>13</td><td>10</td><td>12</td><td>14</td><td>13</td><td>10</td><td>12</td><td>14</td><td>20</td><td>15</td></tr>
<tr><td>三级</td><td>14</td><td>12</td><td>14</td><td>15</td><td>12</td><td>14</td><td>16</td><td>15</td><td>12</td><td>14</td><td>16</td><td>25</td><td>20</td></tr>
<tr><td>四级</td><td>16</td><td>14</td><td>16</td><td>17</td><td>14</td><td>16</td><td>18</td><td>17</td><td>14</td><td>16</td><td>18</td><td colspan="2"></td></tr>
<tr><td>高层</td><td>一、二级</td><td>13</td><td>13</td><td>15</td><td>13</td><td>13</td><td>15</td><td>17</td><td>13</td><td>13</td><td>15</td><td>17</td><td>20</td><td>15</td></tr>
<tr><td rowspan="4">丁、戊类厂房</td><td rowspan="3">单、多层</td><td>一、二级</td><td>12</td><td>10</td><td>12</td><td>13</td><td>10</td><td>12</td><td>14</td><td>13</td><td>10</td><td>12</td><td>14</td><td>15</td><td>13</td></tr>
<tr><td>三级</td><td>14</td><td>12</td><td>14</td><td>15</td><td>12</td><td>14</td><td>16</td><td>15</td><td>12</td><td>14</td><td rowspan="2">18</td><td colspan="2" rowspan="2">15</td></tr>
<tr><td>四级</td><td>16</td><td>14</td><td>16</td><td>17</td><td>14</td><td>16</td><td>18</td><td>17</td><td>14</td><td>16</td></tr>
<tr><td>高层</td><td>一、二级</td><td>13</td><td>13</td><td>15</td><td>13</td><td>13</td><td>15</td><td>17</td><td>13</td><td>13</td><td>15</td><td>17</td><td>15</td><td>13</td></tr>
<tr><td rowspan="3">室外变、配电站</td><td rowspan="3">变压器总油量（t）</td><td>≥5，≤10</td><td rowspan="3">25</td><td rowspan="3">25</td><td rowspan="3">25</td><td rowspan="3">25</td><td>12</td><td>15</td><td>20</td><td>12</td><td>15</td><td>20</td><td>25</td><td colspan="2">20</td></tr>
<tr><td>>10，≤50</td><td>15</td><td>20</td><td>25</td><td>15</td><td>20</td><td>25</td><td>30</td><td colspan="2">25</td></tr>
<tr><td>>50</td><td>20</td><td>25</td><td>30</td><td>20</td><td>25</td><td>30</td><td>35</td><td colspan="2">30</td></tr>
</table>

注：（1）乙类厂房与重要公共建筑的防火间距不宜小于 50m；与明火或散发火花地点，不宜小于 30m。单、多层戊类厂房之间及与戊类仓库的防火间距可按本表的规定减小 2m，与民用建筑的防火间距可将戊类厂房等同民用建筑按民用建筑与民用建筑的防火间距执行。为丙、丁、戊类厂房服务而单独设置的生活用房应按民用建筑确定，与所属厂房的防火间距不应小于 6m。确需相邻布置时，应符合本表注（2）和（3）的规定。

（2）两座厂房相邻较高一面外墙为防火墙，或相邻两座高度相同的一、二级耐火等级建筑中相邻任一侧外墙为防火墙且屋顶的耐火极限不低于 1.00h 时，其防火间距不限，但甲类厂房之间不应小于 4m。两座丙、丁、戊类厂房相邻两面外墙均为不燃性墙体，当无外露的可燃性屋檐，每面外墙上的门、窗、洞口面积之和各不大于外墙面积的 5%，且门、窗、洞口不正对开设时，其防火间距可按本表的规定减小 25%。

（3）两座一、二级耐火等级的厂房，当相邻较低一面外墙为防火墙且较低一座厂房的屋顶无天窗，屋顶的耐火极限不低于 1.00h，或相邻较高一面外墙的门、窗等开口部位设置甲级防火门、窗或防火分隔水幕或按规定设置防火卷帘时，甲、乙类厂房之间的防火间距不应小于 6m；丙、丁、戊类厂房之间的防火间距不应小于 4m。

（4）发电厂内的主变压器，其油量可按单台确定。

（5）耐火等级低于四级的既有厂房，其耐火等级可按四级确定。

（6）当丙、丁、戊类厂房与丙、丁、戊类仓库相邻时，应符合本表注（2）和（3）的规定。

（7）甲类厂房与重要公共建筑的防火间距不应小于 50m，与明火或散发火花地点的防火间距不应小于 30m。

丙、丁、戊类厂房与民用建筑的耐火等级均为一、二级时，丙、丁、戊类厂房与民用建筑的防火间距可适当减小，但应符合下列规定：

（1）当较高一面外墙为无门、窗、洞口的防火墙，或比相邻较低一座建筑屋面高15m及以下范围内的外墙为无门、窗、洞口的防火墙时，其防火间距不限；

（2）相邻较低一面外墙为防火墙，且屋顶无天窗或洞口、屋顶的耐火极限不低于1.00h，或相邻较高一面外墙为防火墙，且墙上开口部位采取了防火措施，其防火间距可适当减小，但不应小于4m。

## 四、仓库的防火间距

（1）甲类仓库之间及与其他建筑、明火或散发火花地点、铁路、道路等的防火间距不应小于表3-3-3的规定。

**表3-3-3　甲类仓库之间及其与其他建筑、明火或散发火花地点、铁路、道路等的防火间距**

m

| 名　　称 | | 甲类仓库（储量，t） | | | |
|---|---|---|---|---|---|
| | | 甲类储存物品第1、2、5、6项 | | 甲类储存物品第3、4项 | |
| | | ≤10 | >10 | ≤5 | >5 |
| 高层民用建筑、重要公共建筑 | | 50 | | | |
| 裙房、其他民用建筑、明火或散发火花地点 | | 25 | 30 | 30 | 40 |
| 电力系统电压为35～500kV且每台变压器容量不小于10MV·A的室外变、配电站，工业企业的变压器总油量大于5t的室外降压变电站 | | 25 | 30 | 30 | 40 |
| 甲类仓库 | | 20 | | | |
| 厂房和乙、丙、丁、戊类仓库 | 一、二级 | 12 | 15 | 15 | 20 |
| | 三级 | 15 | 20 | 20 | 25 |
| | 四级 | 20 | 25 | 25 | 30 |
| 厂外铁路线中心线 | | 40 | | | |
| 厂内铁路线中心线 | | 30 | | | |
| 厂外道路路边 | | 20 | | | |
| 厂内道路路边 | 主要 | 10 | | | |
| | 次要 | 5 | | | |

注：甲类仓库之间的防火间距，当第3、4项物品储量不大于2t，第1、2、5、6项物品储量不大于5t时，不应小于12m，甲类仓库与高层仓库的防火间距不应小于13m。

（2）除另有规定外，乙、丙、丁、戊类仓库之间及与民用建筑的防火间距，不应小于表3-3-4的规定。

**表 3-3-4　乙、丙、丁、戊类仓库之间及其与民用建筑之间的防火间距**　m

| 名称 | | | 乙类仓库 | | | 丙类仓库 | | | | 丁、戊类仓库 | | | |
|---|---|---|---|---|---|---|---|---|---|---|---|---|---|
| | | | 单、多层 | | 高层 | 单、多层 | | | 高层 | 单、多层 | | | 高层 |
| | | | 一、二级 | 三级 | 一、二级 | 一、二级 | 三级 | 四级 | 一、二级 | 一、二级 | 三级 | 四级 | 一、二级 |
| 乙、丙、丁、戊类仓库 | 单、多层 | 一、二级 | 10 | 12 | 13 | 10 | 12 | 14 | 13 | 10 | 12 | 14 | 13 |
| | | 三级 | 12 | 14 | 15 | 12 | 14 | 16 | 15 | 12 | 14 | 16 | 15 |
| | | 四级 | 14 | 16 | 17 | 14 | 16 | 18 | 17 | 14 | 16 | 18 | 17 |
| | 高层 | 一、二级 | 13 | 15 | 13 | 13 | 15 | 17 | 13 | 13 | 15 | 17 | 13 |
| 民用建筑 | 裙房，单、多层 | 一、二级 | 25 | | | 10 | 12 | 14 | 13 | 10 | 12 | 14 | 13 |
| | | 三级 | | | | 12 | 14 | 16 | 15 | 12 | 14 | 16 | 15 |
| | | 四级 | | | | 14 | 16 | 18 | 17 | 14 | 16 | 18 | 17 |
| | 高层 | 一类 | 50 | | | 20 | 25 | 25 | 20 | 15 | 18 | 18 | 15 |
| | | 二类 | | | | 15 | 20 | 20 | 15 | 13 | 15 | 15 | 13 |

注：(1) 单、多层戊类仓库之间的防火间距，可按本表的规定减小 2m。

(2) 两座仓库的相邻外墙均为防火墙时，防火间距可以减小，但丙类仓库，不应小于 6m；丁、戊类仓库，不应小于 4m。两座仓库相邻较高一面外墙为防火墙，或相邻两座高度相同的一、二级耐火等级建筑中相邻任一侧外墙为防火墙且屋顶的耐火极限不低于 1.00h，且总占地面积不大于一座仓库的最大允许占地面积规定时，其防火间距不限。

(3) 除乙类第 6 项物品外的乙类仓库，与民用建筑的防火间距不宜小于 25m，与重要公共建筑的防火间距不应小于 50m，与铁路、道路等的防火间距不宜小于表 3-15-3 中甲类仓库与铁路、道路等的防火间距。

丁、戊类仓库与民用建筑的耐火等级均为一、二级时，仓库与民用建筑的防火间距可适当减小，但应符合下列规定：

(1) 当较高一面外墙为无门、窗、洞口的防火墙，或比相邻较低一座建筑屋面高 15m 及以下范围内的外墙为无门、窗、洞口的防火墙时，其防火间距不限；

(2) 相邻较低一面外墙为防火墙，且屋顶无天窗或洞口、屋顶耐火极限不低于 1.00h，或相邻较高一面外墙为防火墙，且墙上开口部位采取了防火措施，其防火间距可适当减小，但不应小于 4m。

## 五、检查方法

通过查阅消防设计文件、施工图纸、建筑总平面布局图、竣工验收资料等，确定建筑的性质、功能、耐火等级和高度等，实地测量和周围建筑之间的防火间距的宽度，其测量值的允许负偏差不大于规定值的 5%。

# 第三节　消防车道和登高操作场地

## 一、消防车道

消防车道是指火灾时供消防车通行的道路。根据规定，消防车道的净宽和净空高度均不应小于 4.0m，消防车道上不允许停放车辆，防止发生火灾时堵塞。防火检查时，主要检查消防车道的设置形式、消防车道的净高度和净宽度、消防车道的转弯半径和回车场及荷载等是否满足现行国家工程建设消防技术标准的要求。

**（一）检查内容要求**

1. 消防车道的设置形式

街区内的道路应考虑消防车的通行，道路中心线间的距离不宜大于 160m。

当建筑物沿街道部分的长度大于 150m 或总长度大于 220m 时，应设置穿过建筑物的消防车道，确有困难时，应设置环形消防车道。

高层民用建筑，超过 3000 个座位的体育馆，超过 2000 个座位的会堂，占地面积大于 $3000m^2$ 的商店建筑、展览建筑等单、多层公共建筑，应设置环形消防车道，确有困难时，可沿建筑的两个长边设置消防车道；对高层住宅建筑和山坡地或河道边临空建造的高层民用建筑，可沿建筑的一个长边设置消防车道，但该长边所在建筑立面应为消防车登高操作面。

工厂、仓库区内应设置消防车道。

高层厂房，占地面积大于 $3000m^2$ 的甲、乙、丙类厂房和占地面积大于 $1500m^2$ 的乙、丙类仓库，应设置环形消防车道，确有困难时，应沿建筑物的两个长边设置消防车道。

有封闭内院或天井的建筑物，当内院或天井的短边长度大于 24m 时，宜设置进入内院或天井的消防车道；当该建筑物沿街时，应设置连通街道和内院的人行通道（可利用楼梯间），其间距不宜大于 80m。

2. 消防车道的相关要求

供消防车取水的天然水源和消防水池应设置消防车道。消防车道的边缘距离取水点不宜大于 2m。

消防车道应符合下列要求：

（1）车道的净宽度和净空高度均不应小于 4.0m；

（2）转弯半径应满足消防车转弯的要求；

（3）消防车道与建筑之间不应设置妨碍消防车操作的树木、架空管线等障碍物；

（4）消防车道靠建筑外墙一侧的边缘距离建筑外墙不宜小于 5m；

（5）消防车道的坡度不宜大于 8%。

环形消防车道至少应有两处与其他车道连通。尽头式消防车道应设置回车道或回车场，回车场的面积不应小于 12m×12m；对高层建筑，不宜小于 15m×15m；供重型消防车使用时，不宜小于 18m×18m。

消防车道的路面、救援操作场地、消防车道和救援操作场地下面的管道和暗沟等，应能承受重型消防车的压力。

消防车道可利用城乡、厂区道路等，但该道路应满足消防车通行、转弯和停靠的要求。

**（二）检查方法**

通过查阅消防设计文件、施工图纸、建筑总平面布局图、竣工验收资料等，确定建筑的性质是否需要设置消防车道。如需要设置消防车道，实地测量消防车道的相关要求，消防车道的净高和净宽的允许负偏差不大于规定值的5%。

## 二、消防登高场地

消防登高场地即消防登高车作业场地，或消防扑救场地。在火灾发生，需要使用登高消防车作业进行救人和灭火时，要提供的登高消防车停车和作业的场地，叫作消防登高场地。在防火检查中，重点检查消防登高场地的长度、宽度、坡度等，核实消防登高场地的设置是否满足现行国家工程建设消防技术标准的要求。

### （一）检查内容要求

高层建筑应至少沿一个长边或周边长度的1/4且不小于一个长边长度的底边连续布置消防车登高操作场地，该范围内的裙房进深不应大于4m。

建筑高度不大于50m的建筑，连续布置消防登高场地确有困难时，可间隔布置，但间隔距离不宜大于30m，且消防登高场地的总长度仍应符合上述规定。

消防登高场地应符合下列规定：

（1）场地与厂房、仓库、民用建筑之间不应设置妨碍消防车操作的树木、架空管线等障碍物和车库出入口。

（2）场地的长度和宽度分别不应小于15m和10m。对建筑高度大于50m的建筑，场地的长度和宽度分别不应小于20m和10m。

（3）场地及其下面的建筑结构、管道和暗沟等，应能承受重型消防车的压力。

（4）场地应与消防车道连通，场地靠建筑外墙一侧的边缘距离建筑外墙不宜小于5m，且不应大于10m，场地的坡度不宜大于3%。

建筑物与消防登高场地相对应的范围内，应设置直通室外的楼梯或直通楼梯间的入口。

### （二）检查方法

通过查阅消防设计文件、施工图纸、建筑总平面布局图、竣工验收资料等，确定建筑的性质是否需要设置消防登高场地。如需要设置消防登高场地，实地测量消防登高场地的相关要求，消防登高场地的长度和宽度的允许负偏差不大于规定值的5%。

# 第四章　平面布置和防火分隔检查

**学习要求**

通过本章的学习，了解消防救援口和直升机停机坪的检查要求，熟悉消防电梯和防火分隔的检查要求，掌握民用建筑和工业建筑平面布置的检查要求。

## 第一节　民用建筑的平面布置检查

建筑内部进行合理的平面布置，可以大大减少火灾蔓延的危险性。将火灾危险性较大或者比较重要、特殊的空间相对集中布置，采取有效的防火分隔措施，限制房间的面积及人数，可以在火灾时尽快疏散并及时扑救火灾，降低火灾的不利影响。

### 一、设备用房的平面布置

#### （一）检查内容要求

1. 燃油或燃气锅炉房

燃油或燃气锅炉、油浸变压器、充有可燃油的高压电容器和多油开关等，宜设置在建筑外的专用房间内；确需贴邻民用建筑布置时，应采用防火墙与所贴邻的建筑分隔，且不应贴邻人员密集场所，该专用房间的耐火等级不应低于二级；确需布置在民用建筑内时，不应布置在人员密集场所的上一层、下一层或贴邻，并应符合下列规定：

（1）燃油或燃气锅炉房、变压器室应设置在首层或地下一层的靠外墙部位，但常（负）压燃油或燃气锅炉可设置在地下二层或屋顶上。设置在屋顶上的常（负）压燃气锅炉，距离通向屋面的安全出口不应小于 6m。采用相对密度（与空气密度的比值）不小于 0.75 的可燃气体为燃料的锅炉，不得设置在地下或半地下。

（2）锅炉房、变压器室的疏散门均应直通室外或安全出口。

（3）锅炉房、变压器室等与其他部位之间应采用耐火极限不低于 2.00h 的防火隔墙和 1.50h 的不燃性楼板分隔。在隔墙和楼板上不应开设洞口，确需在隔墙上设置门、窗时，应采用甲级防火门、窗。

（4）锅炉房内设置储油间时，其总储存量不应大于 $1m^3$，且储油间应采用耐火极限不低于 3.00h 的防火隔墙与锅炉间分隔；确需在防火隔墙上设置门时，应采用甲级防火门。

（5）变压器室之间、变压器室与配电室之间，应设置耐火极限不低于 2.00h 的防火隔墙。

（6）油浸变压器、多油开关室、高压电容器室，应设置防止油品流散的设施。油浸变压器下面应设置能储存变压器全部油量的事故储油设施。

（7）应设置火灾报警装置。

（8）应设置与锅炉、变压器、电容器和多油开关等的容量及建筑规模相适应的灭火设施，当建筑内其他部位设置自动喷水灭火系统时，应设置自动喷水灭火系统。

（9）锅炉的容量应符合现行国家标准《锅炉房设计规范》（GB 50041）的规定。油浸变压器的总容量不应大于1260kV·A，单台容量不应大于630kV·A。

（10）燃气锅炉房应设置爆炸泄压设施。

2. 柴油发电机房

布置在民用建筑内的柴油发电机房应符合下列规定：

（1）宜布置在首层或地下一、二层。

（2）不应布置在人员密集场所的上一层、下一层或贴邻。

（3）应采用耐火极限不低于2.00h的防火隔墙和1.50h的不燃性楼板与其他部位分隔，门应采用甲级防火门。

（4）机房内设置储油间时，其总储存量不应大于1$m^3$，储油间应采用耐火极限不低于3.00h的防火隔墙与发电机间分隔；确需在防火隔墙上开门时，应设置甲级防火门。

（5）应设置火灾报警装置。

（6）应设置与柴油发电机容量和建筑规模相适应的灭火设施，当建筑内其他部位设置自动喷水灭火系统时，机房内应设置自动喷水灭火系统。

3. 消防控制室

消防控制室的设置应符合下列规定：

（1）单独建造的消防控制室，其耐火等级不应低于二级；

（2）附设在建筑内的消防控制室，宜设置在建筑内首层或地下一层，并宜布置在靠外墙部位；

（3）不应设置在电磁场干扰较强及其他可能影响消防控制设备正常工作的房间附近；

（4）疏散门应直通室外或安全出口；

（5）应采用耐火极限不低于2.00h的防火隔墙和1.50h的楼板与其他部位分隔，开向建筑内的门应采用乙级防火门。

4. 消防水泵房

消防水泵房的设置应符合下列规定：

（1）单独建造的消防水泵房，其耐火等级不应低于二级；

（2）附设在建筑内的消防水泵房，不应设置在地下三层及以下或室内地面与室外出入口地坪高差大于10m的地下楼层；

（3）疏散门应直通室外或安全出口；

（4）应采用耐火极限不低于2.00h的防火隔墙和1.50h的楼板与其他部位分隔，开向建筑内的门应采用甲级防火门。

5. 瓶装液化石油气瓶组间

建筑采用瓶装液化石油气瓶组供气时，应符合下列规定：

（1）应设置独立的瓶组间；

（2）瓶组间不应与住宅建筑、重要公共建筑和其他高层公共建筑贴邻，液化石油气气瓶的总容积不大于 $1m^3$ 的瓶组间与所服务的其他建筑贴邻时，应采用自然气化方式供气；

（3）在瓶组间的总出气管道上应设置紧急事故自动切断阀；

（4）瓶组间应设置可燃气体浓度报警装置。

6. 供建筑内使用的丙类液体储罐

供建筑内使用的丙类液体燃料，当设置中间罐时，中间罐的容量不应大于 $1m^3$，并应设置在一、二级耐火等级的单独房间内，房间门应采用甲级防火门。

**（二）检查方法**

通过查阅消防设计文件、施工图纸、建筑平面图、竣工验收资料、防火门产品质量证明文件、设备的使用说明书等相关资料，了解建筑的布局、功能、使用性质、耐火等级、建筑高度等，实地开展现场检查。按照规范的相关要求，对设备用房的设置部位、与其他部位的防火分隔措施、相关消防设施的配置等进行检查。

## 二、人员密集场所的平面布置

**（一）检查内容要求**

1. 会议厅、多功能厅

建筑内的会议厅、多功能厅等人员密集的场所，宜布置在首层、二层或三层。设置在三级耐火等级的建筑内时，不应布置在三层及以上楼层。确需布置在一、二级耐火等级建筑的其他楼层时，应符合下列规定：

（1）一个厅、室的疏散门不应少于 2 个，且建筑面积不宜大于 $400m^2$；

（2）设置在地下或半地下时，宜设置在地下一层，不应设置在地下三层及以下楼层；

（3）设置在高层建筑内时，应设置火灾自动报警系统和自动喷水灭火系统等自动灭火系统。

2. 歌舞娱乐放映游艺场所

歌舞厅、录像厅、夜总会、卡拉 OK 厅（含具有卡拉 OK 功能的餐厅）、游艺厅（含电子游艺厅）、桑拿浴室（不包括洗浴部分）、网吧等歌舞娱乐放映游艺场所（不含剧场、电影院）的布置应符合下列规定：

（1）不应布置在地下二层及以下楼层；

（2）宜布置在一、二级耐火等级建筑内的首层、二层或三层的靠外墙部位；

（3）不宜布置在袋形走道的两侧或尽端；

（4）确需布置在地下一层时，地下一层的地面与室外出入口地坪的高差不应大于 10m；

（5）确需布置在地下或四层及以上楼层时，一个厅、室的建筑面积不应大于 $200m^2$；

（6）厅、室之间及与建筑的其他部位之间，应采用耐火极限不低于 2.00h 的防火隔墙和 1.00h 的不燃性楼板分隔，设置在厅、室墙上的门和该场所与建筑内其他部位相通的门均应采用乙级防火门。

3. 剧场、电影院、礼堂

剧场、电影院、礼堂宜设置在独立的建筑内；采用三级耐火等级建筑时，不应超过2层；确需设置在其他民用建筑内时，至少应设置1个独立的安全出口和疏散楼梯，并应符合下列规定：

(1) 应采用耐火极限不低于2.00h的防火隔墙和甲级防火门与其他区域分隔。

(2) 设置在一、二级耐火等级的建筑内时，观众厅宜布置在首层、二层或三层；确需布置在四层及以上楼层时，一个厅、室的疏散门不应少于2个，且每个观众厅的建筑面积不宜大于400$m^2$。

(3) 设置在三级耐火等级的建筑内时，不应布置在三层及以上楼层。

(4) 设置在地下或半地下时，宜设置在地下一层，不应设置在地下三层及以下楼层。

(5) 设置在高层建筑内时，应设置火灾自动报警系统及自动喷水灭火系统等自动灭火系统。

4. 营业厅、展览厅

商店建筑、展览建筑采用三级耐火等级建筑时，不应超过二层；采用四级耐火等级建筑时，应为单层。营业厅、展览厅设置在三级耐火等级的建筑内时，应布置在首层或二层；设置在四级耐火等级的建筑内时，应布置在首层。

营业厅、展览厅不应设置在地下三层及以下楼层。地下或半地下营业厅、展览厅不应经营、储存和展示甲、乙类火灾危险性物品。

除为满足民用建筑使用功能所设置的附属库房外，民用建筑内不应设置生产车间和其他库房。

经营、存放和使用甲、乙类火灾危险性物品的商店、作坊和储藏间，严禁附设在民用建筑内。

5. 教学建筑、食堂、菜市场

教学建筑、食堂、菜市场采用三级耐火等级建筑时，不应超过二层；采用四级耐火等级建筑时，应为单层；设置在三级耐火等级的建筑内时，应布置在首层或二层；设置在四级耐火等级的建筑内时，应布置在首层。

对一、二级耐火等级的建筑，小学教学楼的主要教学用房不得设置在四层以上，中学教学楼的主要教学用房不得设置在五层以上。

### (二) 检查方法

通过查阅消防设计文件、施工图纸、建筑平面图、竣工验收资料、防火门产品质量证明文件等相关资料，了解建筑的布局、功能、使用性质、耐火等级、建筑高度等，实地开展现场检查。按照规范的相关要求，对人员密集场所的设置部位、与其他部位的防火分隔措施、相关消防设施的配置等进行检查。

## 三、特殊场所的平面布置

### (一) 检查内容要求

1. 儿童活动场所

托儿所、幼儿园的儿童用房和儿童游乐厅等儿童活动场所宜设置在独立的建筑内，且不应设置在地下或半地下；当采用一、二级耐火等级的建筑时，不应超过三层；采用三级耐火等级的建筑时，不应超过二层；采用四级耐火等级的建筑时，应为单层；确需设置在其他民用建筑内时，应符合下列规定：

（1）设置在一、二级耐火等级的建筑内时，应布置在首层、二层或三层；

（2）设置在三级耐火等级的建筑内时，应布置在首层或二层；

（3）设置在四级耐火等级的建筑内时，应布置在首层；

（4）设置在高层建筑内时，应设置独立的安全出口和疏散楼梯；

（5）设置在单、多层建筑内时，宜设置独立的安全出口和疏散楼梯。

2. 医院和疗养院的住院部分

医院和疗养院的住院部分不应设置在地下或半地下。

医院和疗养院的住院部分采用三级耐火等级建筑时，不应超过二层；采用四级耐火等级建筑时，应为单层；设置在三级耐火等级的建筑内时，应布置在首层或二层；设置在四级耐火等级的建筑内时，应布置在首层。

医院和疗养院的病房楼内相邻护理单元之间应采用耐火极限不低于2.00h的防火隔墙分隔，隔墙上的门应采用乙级防火门，设置在走道上的防火门应采用常开防火门。

3. 老年人照料设施

老年人照料设施是为老年人提供集中照料服务的设施，是老年人全日照料设施和老年人日间照料设施的统称，属于公共建筑。老年人全日照料设施是为老年人提供住宿、生活照料服务及其他服务项目的设施，是养老院、老人院、福利院、敬老院、老年养护院等的统称。老年人日间照料设施是为老年人提供日间休息、生活照料服务及其他服务项目的设施，是托老所、日托站、老年人日间照料室、老年人日间照料中心等的统称。

独立建造的一、二级耐火等级老年人照料设施的建筑高度不宜大于32m，不应大于54m；独立建造的三级耐火等级老年人照料设施，不应超过2层。

当老年人照料设施中的老年人公共活动用房、康复与医疗用房设置在地下、半地下时，应设置在地下一层，每间用房的建筑面积不应大于200m$^2$且使用人数不应多于30人。

老年人照料设施中的老年人公共活动用房、康复与医疗用房设置在地上四层及以上时，每间用房的建筑面积不应大于200m$^2$且使用人数不应多于30人。

附设在建筑内的老年人照料设施，应采用耐火极限不低于2.00h的防火隔墙和1.00h的楼板与其他场所或部位分隔，墙上必须设置的门、窗应采用乙级防火门、窗。

### （二）检查方法

通过查阅消防设计文件、施工图纸、建筑平面图、竣工验收资料、防火门产品质量证明文件等相关资料，了解建筑的布局、功能、使用性质、耐火等级、建筑高度等，实地开展现场检查。按照规范的相关要求，对特殊场所的设置部位、与其他部位的防火分隔措施、相关消防设施的配置等进行检查。

## 四、住宅与其他使用功能合建时的平面布置

### （一）检查内容要求

1. 住宅建筑与其他使用功能的建筑合建

除商业服务网点外，住宅建筑与其他使用功能的建筑合建时，应符合下列规定：

(1) 住宅部分与非住宅部分之间，应采用耐火极限不低于 2.00h 且无门、窗、洞口的防火隔墙和 1.50h 的不燃性楼板完全分隔；当为高层建筑时，应采用无门、窗、洞口的防火墙和耐火极限不低于 2.00h 的不燃性楼板完全分隔。

(2) 住宅部分与非住宅部分的安全出口和疏散楼梯应分别独立设置；为住宅部分服务的地上车库应设置独立的疏散楼梯或安全出口。

(3) 住宅部分和非住宅部分的安全疏散、防火分区和室内消防设施配置，可根据各自的建筑高度分别按照现行《建筑设计防火规范》(GB 50016) 有关住宅建筑和公共建筑的规定执行；该建筑的其他防火设计应根据建筑的总高度和建筑规模按有关公共建筑的规定执行。

2. 设置商业服务网点的住宅建筑

设置商业服务网点的住宅建筑，其居住部分与商业服务网点之间应采用耐火极限不低于 2.00h 且无门、窗、洞口的防火隔墙和 1.50h 的不燃性楼板完全分隔，住宅部分和商业服务网点部分的安全出口和疏散楼梯应分别独立设置。

商业服务网点中每个分隔单元之间应采用耐火极限不低于 2.00h 且无门、窗、洞口的防火隔墙相互分隔，当每个分隔单元任一层建筑面积大于 $200m^2$ 时，该层应设置 2 个安全出口或疏散门。每个分隔单元内的任一点至最近直通室外的出口的直线距离不应大于住宅建筑中有关多层建筑位于袋形走道两侧或尽端的疏散门至最近安全出口的最大直线距离。

注：室内楼梯的距离可按其水平投影长度的 1.50 倍计算。

#### (二) 检查方法

通过查阅消防设计文件、施工图纸、建筑平面图、竣工验收资料文件等相关资料，了解建筑的布局、功能、使用性质、耐火等级、建筑高度等，实地开展现场检查。按照规范的相关要求，对住宅建筑与其他建筑合建及商业服务网点的设置部位、与其他部位的防火分隔措施、相关消防设施的配置等进行检查。

## 第二节 工业建筑的附属用房布置检查

工业建筑包括厂房和仓库，主要对工业建筑内的宿舍、办公室和休息室、中间仓库等进行检查。

### 一、厂房

#### (一) 检查内容要求

甲、乙类生产场所不应设置在地下或半地下。

员工宿舍严禁设置在厂房内。

办公室、休息室等不应设置在甲、乙类厂房内，确需贴邻本厂房时，其耐火等级不应低于二级，并应采用耐火极限不低于 3.00h 的防爆墙与厂房分隔，且应设置独立的安全出口。

办公室、休息室设置在丙类厂房内时，应采用耐火极限不低于 2.50h 的防火隔墙和

1.00h的楼板与其他部位分隔，并应至少设置1个独立的安全出口。如隔墙上需开设相互连通的门，应采用乙级防火门。

厂房内设置中间仓库时，应符合下列规定：

（1）甲、乙类中间仓库应靠外墙布置，其储量不宜超过1昼夜的需要量；

（2）甲、乙、丙类中间仓库应采用防火墙和耐火极限不低于1.50h的不燃性楼板与其他部位分隔；

（3）丁、戊类中间仓库应采用耐火极限不低于2.00h的防火隔墙和1.00h的楼板与其他部位分隔；

（4）厂房内的丙类液体中间储罐应设置在单独房间内，其容量不应大于$5m^2$。设置中间储罐的房间，应采用耐火极限不低于3.00h的防火隔墙和1.50h的楼板与其他部位分隔，房间门应采用甲级防火门。

#### （二）检查方法

通过查阅消防设计文件、施工图纸、建筑平面图、竣工验收资料文件、防火门合格证等相关资料，了解建筑的布局、功能、使用性质、耐火等级、建筑高度等，实地开展现场检查。按照规范的相关要求，对厂房、宿舍及中间仓库等的设置部位、与其他部位的防火分隔措施等进行检查。

### 二、仓库

#### （一）检查内容要求

甲、乙类仓库不应设置在地下或半地下。

员工宿舍严禁设置在仓库内。

办公室、休息室等严禁设置在甲、乙类仓库内，也不应贴邻。

办公室、休息室设置在丙、丁类仓库内时，应采用耐火极限不低于2.50h的防火隔墙和1.00h的楼板与其他部位分隔，并设置独立的安全出口。隔墙上需开设相互连通的门时，应采用乙级防火门。

#### （二）检查方法

通过查阅消防设计文件、施工图纸、建筑平面图、竣工验收资料文件、防火门合格证等相关资料，了解建筑的布局、功能、使用性质、耐火等级、建筑高度等，实地开展现场检查。按照规范的相关要求，对仓库、宿舍等的设置部位、与其他部位的防火分隔措施等进行检查。

## 第三节　消防电梯、直升机停机坪、消防救援口的检查

消防电梯是在建筑物发生火灾时供消防人员进行灭火与救援使用且具有一定功能的电梯。因此，消防电梯具有较高的防火要求，其防火设计十分重要。高层建筑火灾发展速度快，极易形成“冲天火柱”，在形势危急的情况下，直升机便将直接充当空中消防车，火灾时起到救援的作用。消防救援口主要是发生火灾时供消防队员进入建筑内部进

行营救和灭火的窗口，其设置要求十分必要。

## 一、消防电梯的检查

### （一）检查内容要求

1. 需要设置消防电梯的建筑

（1）下列建筑应设置消防电梯：

① 建筑高度大于33m的住宅建筑；

② 一类高层公共建筑和建筑高度大于32m的二类高层公共建筑、5层及以上且总建筑面积大于3000m²（包括设置在其他建筑内五层及以上楼层）的老年人照料设施；

③ 设置消防电梯的建筑的地下或半地下室，埋深大于10m且总建筑面积大于3000m²的其他地下或半地下建筑（室）。

（2）建筑高度大于32m且设置电梯的高层厂房（仓库），每个防火分区内宜设置1台消防电梯，但符合下列条件的建筑可不设置消防电梯：

① 建筑高度大于32m且设置电梯，任一层工作平台上的人数不超过2人的高层塔架；

② 局部建筑高度大于32m，且局部高出部分的每层建筑面积不大于50m²的丁、戊类厂房。

2. 消防电梯的设置数量和合用

消防电梯应分别设置在不同防火分区内，且每个防火分区不应少于1台。

3. 消防电梯前室的要求

除设置在仓库连廊、冷库穿堂或谷物筒仓工作塔内的消防电梯外，消防电梯应设置前室，并应符合下列规定：

（1）前室宜靠外墙设置，并应在首层直通室外或经过长度不大于30m的通道通向室外。

（2）前室的使用面积不应小于6.0m²，前室的短边不应小于2.4m；与防烟楼梯间合用的前室，其使用面积尚应符合防烟楼梯间和消防电梯合用、住宅建筑剪刀楼梯间和消防电梯合用前室面积的规定。

（3）除前室的出入口、前室内设置的正压送风口和住宅的户门外，前室内不应开设其他门、窗、洞口。

（4）前室或合用前室的门应采用乙级防火门，不应设置卷帘。

4. 消防电梯井和机房的要求

消防电梯井、机房与相邻电梯井、机房之间应设置耐火极限不低于2.00h的防火隔墙，隔墙上的门应采用甲级防火门。

消防电梯的井底应设置排水设施，排水井的容量不应少于2m³，排水泵的排水量不应少于10L/s。消防电梯间前室的门口宜设置挡水设施。

5. 消防电梯的设置要求

符合消防电梯要求的客梯或货梯可兼作消防电梯。消防电梯的设置应符合下列规定：

（1）应能每层停靠；

（2）电梯的载重量不应小于 800kg；

（3）电梯从首层至顶层的运行时间不宜大于 60s；

（4）电梯的动力与控制电缆、电线、控制面板应采取防水措施；

（5）在首层的消防电梯入口处应设置供消防队员专用的操作按钮；

（6）电梯轿厢的内部装修应采用不燃材料；

（7）电梯轿厢内部应设置专用消防对讲电话。

#### （二）检查方法

通过查阅消防设计文件、施工图纸、建筑平面图、竣工验收资料文件、消防电梯合格证等相关资料，了解建筑的布局、功能、使用性质、耐火等级、建筑高度等，确定建筑是否需要设置消防电梯。如需要设置消防电梯，实地开展现场检查。用卷尺测量消防电梯前室的面积及通道等的长度，其面积的允许负偏差和通道长度的允许正偏差不得大于规定值的 5%。用秒表测量消防电梯从首层运行到顶层的时间。模拟火警信息，检查消防电梯能否实现迫降功能等。按照相关要求，对消防电梯井和机房的防火分隔措施等进行检查。

### 二、直升机停机坪的检查

#### （一）检查内容要求

建筑高度大于 100m 且标准层建筑面积大于 2000$m^2$ 的公共建筑，宜在屋顶设置直升机停机坪或供直升机救助的设施。

直升机停机坪应符合下列规定：

1. 设置在屋顶平台上时，距离设备机房、电梯机房、水箱间、共用天线等突出物不应小于 5m；

2. 建筑通向停机坪的出口不应少于 2 个，每个出口的宽度不宜小于 0.90m；

3. 四周应设置航空障碍灯，并应设置应急照明；

4. 在停机坪的适当位置应设置消火栓；

5. 其他要求应符合国家现行航空管理有关标准的规定。

#### （二）检查方法

通过查阅消防设计文件、施工图纸、建筑平面图、竣工验收资料文件等相关资料，了解建筑的布局、功能、使用性质、耐火等级、建筑高度等，确定建筑是否需要设置直升机停机坪。如需要设置直升机停机坪，应实地开展现场检查。用卷尺测量直升机停机坪与突出物的距离和安全出口的宽度，检查其消防设置的布置是否符合国家规范的相关要求。

### 三、消防救援口的检查

#### （一）检查内容要求

厂房、仓库、公共建筑的外墙应在每层的适当位置设置可供消防救援人员进入的窗口。

供消防救援人员进入的窗口的净高度和净宽度均不应小于 1.0m，下沿距室内地面不宜大于1.2m，间距不宜大于20m且每个防火分区不应少于2个，设置位置应与消防登高场地相对应。窗口的玻璃应易于破碎，并应设置可在室外易于识别的明显标志。

**（二）检查方法**

通过查阅消防设计文件、施工图纸、建筑平面图、竣工验收资料文件等相关资料，了解建筑的布局、功能、使用性质、耐火等级、建筑高度等，确定建筑是否需要设置消防救援口。如需要设置消防救援口，应实地开展现场检查。用卷尺测量消防救援口的长度和宽度及间距，检查其数量和标识是否符合国家规范的相关要求。

## 第四节　防火分隔检查

建筑防火构造主要指防火分隔措施，对建筑物进行防火分区的划分是通过防火分隔构件来实现的。具有阻止火势蔓延，能把整个建筑空间划分成若干较小防火空间的建筑构件称防火分隔构件。防火分隔构件可分为固定式和可开启关闭式两种。固定式包括普通砖墙、楼板、防火墙等，可开启关闭式包括防火门、防火窗、防火卷帘、防火水幕等。

### 一、防火墙

防火墙是防止火灾蔓延至相邻建筑或相邻水平防火分区且耐火极限不低于3.00h的不燃性实体墙。

**（一）检查内容要求**

1. 防火墙的设置位置

（1）防火墙应直接设置在建筑的基础或框架、梁等承重结构上，从楼地面基层隔断至梁、楼板或屋面板的底面基层。

（2）如设置在转角附近，内转角两侧墙上的门、窗、洞口之间最近边缘的水平距离不应小于4.0m；采取设置乙级防火窗等防止火灾水平蔓延的措施时，该距离不限。

（3）防火墙的构造应能在防火墙任意一侧的屋架、梁、楼板等受到火灾的影响而破坏时，不会导致防火墙倒塌。

（4）建筑外墙为不燃性墙体时，紧靠防火墙两侧的门、窗、洞口之间最近边缘的水平距离不应小于2.0m；采取设置乙级防火窗等防止火灾水平蔓延的措施时，该距离不限。

（5）建筑外墙为难燃性或可燃性墙体时，防火墙应凸出墙的外表面0.4m以上，且防火墙两侧的外墙均应为宽度均不小于2.0m的不燃性墙体，其耐火极限不应低于外墙的耐火极限。

2. 防火墙墙体材料

防火墙的耐火极限一般要求为3.00h，但对甲、乙类厂房和甲、乙、丙类仓库内的防火墙，其耐火极限不应低于4.00h。

防火墙上一般不开设门、窗、洞口，确需开设时，应设置不可开启或火灾时能自动关闭的甲级防火门、窗。

3. 穿越防火墙的管道

防火墙内不应设置排气道。可燃气体和甲、乙、丙类液体的管道严禁穿过防火墙。对穿过防火墙的其他管道，应采用防火封堵材料将墙与管道之间的空隙紧密填实；穿过防火墙处的管道保温材料，应采用不燃材料；当管道为难燃及可燃材料时，应在防火墙两侧的管道上采取防火措施。

**（二）检查方法**

通过查阅消防设计文件、防火分区示意图、建筑剖面图、施工图纸、建筑平面图、竣工验收资料文件等相关资料。现场对设置的防火墙的设置部位，与两侧门窗洞口的距离进行检查，检查其是否符合国家规范的相关要求，测量值的负偏差不大于规定值的5%。检查防火封堵材料的质量证明文件。

## 二、防火门

防火门是指具有一定耐火极限，且在发生火灾时能自行关闭的门。建筑中设置的防火门，应保证门的防火和防烟性能符合现行国家标准《防火门》（GB 12955）的有关规定，并经消防产品质量检测中心检测试验认证才能使用。

**（一）检查内容要求**

1. 用于疏散的防火门向疏散方向开启，在关闭后应能从任何一侧手动开启。

钢质防火门门框内充填水泥砂浆，门框与墙体采用预埋钢件或膨胀螺栓等连接牢固，固定点间距不宜大于600mm。防火门门扇与门框的搭接尺寸不小于12mm。

2. 设置在变形缝附近的防火门，需安装在楼层数较多的一侧，且门扇开启后不应跨越变形缝。

查看防火门的外观，使用测力计测试其门扇开启力，防火门门扇开启力不得大于80N。

《防火门监控器》（GB 29364—2012）的相关规定：

监控器主电源应采用220V、50Hz交流电源，电源线输入端应设接线端子。

监控器为其连接的电动闭门器、释放器和门磁开关供电时，供电电压应采用直流24V或12V；电动闭门器、释放器和门磁开关与监控器的接口参数应一致。

监控器应设有保护接地端子。

监控器使用文字显示信息时，应采用中文。

**（二）检查方法**

通过查阅消防设计文件、防火门质量证明文件、建筑剖面图、施工图纸、建筑平面图、竣工验收资料文件等相关资料，了解需要设置防火门的部位，核实防火门的合格证、型号规格是否符合要求，根据《防火卷帘、防火门、防火窗施工及验收规范》（GB 50877—2014），主要进行下列检查：

1. 常闭防火门，从门的任意一侧手动开启，应自动关闭。当装有信号反馈装置时，开、关状态信号应反馈到消防控制室。

检查数量：全数检查。

检查方法：手动试验。

2. 常开防火门，其任意一侧的火灾探测器报警后，应自动关闭，并应将关闭信号反馈至消防控制室。

检查数量：全数检查。

检查方法：用专用测试工具，使常开防火门一侧的火灾探测器发出模拟火灾报警信号，观察防火门动作情况及消防控制室信号显示情况。

3. 常开防火门，接到消防控制室手动发出的关闭指令后，应自动关闭，并应将关闭信号反馈至消防控制室。

检查数量：全数检查。

检查方法：在消防控制室启动防火门关闭功能，观察防火门动作情况及消防控制室信号显示情况。

4. 常开防火门，接到现场手动发出的关闭指令后，应自动关闭，并应将关闭信号反馈至消防控制室。

检查数量：全数检查。

检查方法：现场手动启动防火门关闭装置，观察防火门动作情况及消防控制室信号显示情况。

## 三、防火窗

防火窗是指在一定时间内，连同框架能满足耐火稳定性和耐火完整性要求的窗。在防火间距不足的两建筑物外墙上，或在被防火墙分隔的空间之间，需要采光和通风时，应当采用防火窗。

### （一）检查内容要求

1. 常见防火窗主要是无可开启窗扇的固定式防火窗和有可开启窗扇且装配有窗扇启闭控制装置的活动式防火窗。

2. 钢质防火窗窗框内充填水泥砂浆，窗框与墙体采用预埋钢件或膨胀螺栓等连接牢固，固定点间距不宜大于600mm。

3. 切断活动式防火窗电源，加热温控释放装置，使其热敏感元件动作，观察防火窗动作情况，用秒表测试关闭时间。活动式防火窗在温控释放装置动作后60s内应能自动关闭。

### （二）检查方法

通过查阅消防设计文件、防火窗质量证明文件、建筑剖面图、施工图纸、建筑平面图、竣工验收资料文件等相关资料，了解需要设置防火窗的部位，核实防火窗的合格证、型号规格是否符合要求，根据《防火卷帘、防火门、防火窗施工及验收规范》(GB 50877—2014)，主要进行下列检查：

1. 防火窗的型号、规格、数量、安装位置等应符合设计要求。

检查数量：全数检查。

检查方法：直观检查；对照设计文件查看。

2. 防火窗安装质量的验收应符合下列规定：

① 有密封要求的防火窗，其窗框密封槽内镶嵌的防火密封件应牢固、完好。

检查数量：全数检查。

检查方法：直观检查。

② 活动式防火窗窗扇启闭控制装置的安装应符合设计和产品说明书要求，并应位置明显，便于操作。

检查数量：全数检查。

检查方法：直观检查；手动试验。

③ 活动式防火窗应装配火灾时能控制窗扇自动关闭的温控释放装置。温控释放装置的安装应符合设计和产品说明书要求。

检查数量：全数检查。

检查方法：直观检查；按设计图纸、施工文件检查。

3. 活动式防火窗控制功能的验收应符合下列规定：

① 活动式防火窗，现场手动启动防火窗窗扇启闭控制装置时，活动窗扇应灵活开启，并应完全关闭，同时应无启闭卡阻现象。

检查数量：全数检查。

检查方法：手动试验。

② 活动式防火窗，其任意一侧的火灾探测器报警后，应自动关闭，并应将关闭信号反馈至消防控制室。

检查数量：全数检查。

检查方法：用专用测试工具，使活动式防火窗任一侧的火灾探测器发出模拟火灾报警信号，观察防火窗动作情况及消防控制室信号显示情况。

③ 活动式防火窗接到消防控制室发出的关闭指令后，应自动关闭，并应将关闭信号反馈至消防控制室。

检查数量：全数检查。

检查方法：在消防控制室启动防火窗关闭功能，观察防火窗动作情况及消防控制室信号显示情况。

④ 安装在活动式防火窗上的温控释放装置动作后，活动式防火窗应在60s内自动关闭。

检查数量：同一工程同类温控释放装置抽检1～2个。

检查方法：活动式防火窗安装并调试完毕后，切断电源，加热温控释放装置，使其热敏感元件动作，观察防火窗动作情况，用秒表测试关闭时间。试验前，应准备备用的温控释放装置，试验后，应重新安装。

## 四、防火卷帘

防火卷帘是在一定时间内，连同框架能满足耐火稳定性和完整性要求的卷帘，由帘板、卷轴、电机、导轨、支架、防护罩和控制机构等组成。防火卷帘主要用于需要进行防火分隔的墙体，特别是防火墙、防火隔墙上因生产、使用等需要开设较大开口而又无法设置防火门时的防火分隔。

### （一）检查内容要求

除中庭外，当防火分隔部位的宽度不大于30m时，防火卷帘的宽度不大于10m；

当防火分隔部位的宽度大于30m时，防火卷帘的宽度不大于该部位宽度的1/3，且不大于20m。

当防火卷帘的耐火极限仅符合耐火完整性的判定条件时，需设置自动喷水灭火系统保护。

《防火卷帘》(GB 14102—2005) 相关要求：

钢质防火卷帘相邻帘板串接后应转动灵活，摆动90°不允许脱落。

钢质防火卷帘帘板两端挡板或防窜机构应装配牢固，卷帘运行时相邻帘板窜动量不应大于2mm。

钢质防火卷帘的帘板应平直，装配成卷帘后，不允许有孔洞或缝隙存在。

钢质防火卷帘复合型帘板的两帘片连接应牢固，填充料填加应充实。

《防火卷帘、防火门、防火窗施工及验收规范》(GB 50877—2014) 相关规定：

导轨安装应符合下列规定：

(1) 导轨顶部应为圆弧形，其长度应保证卷帘正常运行。

(2) 导轨的滑动面应光滑、平直。帘片或帘面、滚轮在导轨内运行时应平稳、顺畅，不应有碰撞和冲击现象。

(3) 单帘面卷帘的两根导轨应互相平行，双帘面卷帘不同帘面的导轨也应互相平行，其平行度误差均不应大于5mm。

(4) 卷帘的导轨在安装后相对于基础面的垂直度误差不应大于1.5mm/m，全长不应大于20mm。

**(二) 检查方法**

通过查阅消防设计文件、防火卷帘质量证明文件、建筑剖面图、施工图纸、建筑平面图、竣工验收资料文件等相关资料，了解需要设置防火卷帘的部位，核实防火卷帘的合格证、型号规格是否符合要求，主要进行下列检查：

1. 防火卷帘的控制器和手动按钮盒分别安装在防火卷帘内外两侧墙壁上便于识别的位置，底边距地面高度宜为1.3～1.5m。

2. 检查周围是否存放商品或杂物。手动启动防火卷帘，并用声级计在距卷帘表面的垂直距离1m、距地面的垂直距离1.5m处水平测量卷帘启、闭运行时。需要满足以下要求：

(1) 防火卷帘的导轨运行平稳，不允许有脱轨和明显的倾斜现象。

(2) 双帘面卷帘的两个帘面同时升降，两个帘面之间的高度差不大于50mm。

(3) 垂直卷帘的电动启闭运行速度为2～7.5m/min；其自重下降速度不大于9.5m/min。

(4) 卷帘启、闭运行的平均噪声不大于85dB。

(5) 与地面接触时，座板与地面平行，接触均匀且不得倾斜。

3. 拉动手动速放装置，防火卷帘卷门机具有依靠防火卷帘自重恒速下降的功能，操作臂力不得大于70N。切断防火卷帘电源，加热温控释放装置，防火卷帘在温控释放装置动作后能自动下降至全闭。

4. 采用加烟、加温的方法使火灾探测器组的感烟、感温探测器分别发出模拟烟、温火灾报警信号需要满足以下要求：

（1）用于分隔防火分区的防火卷帘，当其火灾探测器组的感烟、感温探测器分别发出火灾报警信号后，防火卷帘由上限位一次降至下限位全闭，并反馈动作信号到消防控制室。

（2）用于疏散通道、出口处的防火卷帘，当感烟探测器发出火灾报警信号后，降至1.8m处定位，并向消防控制室反馈中位信号，当感温探测器发出火灾报警信号后，降至下限位全闭，并向消防控制室反馈全闭信号。

防火卷帘应装配温控释放装置，当释放装置的感温元件周围温度达到（73±0.5）℃时，释放装置动作，卷帘应依自重下降关闭。

5. 备用电源测试：切断防火卷帘的主电源，观察电源工作指示灯变化情况和防火卷帘是否发生误动作，再切断卷机主电源，使用备用电源供电，使防火卷帘控制器工作1h，用备用电源启动速放装置，防火卷帘完成自动下降。

《防火卷帘、防火门、防火窗施工及验收规范》（GB 50877—2014）相关规定：

防火卷帘控制器应进行通电功能、备用电源、火灾报警功能、故障报警功能、自动控制功能、手动控制功能和自重下降功能调试，并应符合下列要求：

（1）通电功能调试时，应将防火卷帘控制器分别与消防控制室的火灾报警控制器或消防联动控制设备、相关的火灾探测器、卷门机等连接并通电，防火卷帘控制器应处于正常工作状态。

检查数量：全数检查。

检查方法：直观检查。

（2）备用电源调试时，设有备用电源的防火卷帘，其控制器应有主、备电源转换功能。备用电源的电池容量应保证防火卷帘控制器在备用电源供电条件下能正常可靠工作1h。

（3）火灾报警功能调试时，防火卷帘控制器应直接或间接地接收来自火灾探测器组发出的火灾报警信号，并应发出声、光报警信号。

检查数量：全数检查。

检查方法：使火灾探测器组发出火灾报警信号，观察防火卷帘控制器的声、光报警情况。

## 五、防火阀、排烟防火阀

### （一）检查内容要求

防火阀是指安装在通风、空气调节系统的送、回风管道上，平时呈开启状态，火灾时当管道内烟气温度达到70℃时关闭，并在一定时间内能满足漏烟量和耐火完整性要求，起隔烟阻火作用的阀门。

防火阀一般由阀体、叶片、执行机构和温感器等部件组成。

1. 通风、空气调节系统的风管在下列部位应设置公称动作温度为70℃的防火阀：

（1）穿越防火分区处。

（2）穿越通风、空气调节机房的房间隔墙和楼板处。

（3）穿越重要或火灾危险性大的场所的房间隔墙和楼板处。

（4）穿越防火分隔处的变形缝两侧。

(5) 竖向风管与每层水平风管交接处的水平管段上。但当建筑内每个防火分区的通风、空气调节系统均独立设置时，水平风管与竖向风管的交接处可不设置防火阀。

(6) 公共建筑的浴室、卫生间和厨房的竖向排风管，应采取防止回流措施并宜在支管上设置公称动作温度为70℃的防火阀。公共建筑内厨房的排油烟管道宜按防火分区设置，且在与竖向排风管连接的支管处应设置公称动作温度为150℃的防火阀。

2. 排烟防火阀

排烟防火阀是指安装在机械排烟系统的管道上，平时呈开启状态，火灾时当排烟管道内烟气温度达到280℃时关闭，并在一定时间内能满足漏烟量和耐火完整性要求，起隔烟阻火作用的阀门。

排烟防火阀一般由阀体、叶片、执行机构和温感器等部件组成。

排烟管道下列部位应设置排烟防火阀：

(1) 垂直风管与每层水平风管交接处的水平管段上；

(2) 一个排烟系统负担多个防烟分区的排烟支管上；

(3) 排烟风机入口处；

(4) 穿越防火分区处。

**(二) 检查方法**

通过查阅消防设计文件、防火阀和排烟防火阀质量证明文件、建筑剖面图、施工图纸、建筑平面图、竣工验收资料文件等相关资料，了解需要设置防火阀和排烟防火阀的部位，核实防火阀和排烟防火阀的合格证、型号规格是否符合要求，根据《建筑防烟排烟系统技术标准》(GB 51251—2017)，主要进行下列检查：

1. 排烟防火阀等必须符合有关消防产品标准的规定，其型号、规格、数量应符合设计要求，手动开启灵活、关闭可靠严密。

检查数量：按种类、批抽查10%，且不得少于2个。

检查方法：测试、直观检查，查验产品的质量合格证明文件、符合国家市场准入要求的文件。

2. 防火阀等的驱动装置，动作应可靠，在最大工作压力下工作正常。

检查数量：按批抽查10%，且不得少于1件。

检查方法：测试、直观检查，查验产品的质量合格证明文件、符合国家市场准入要求的文件。

3. 排烟防火阀的安装应符合下列规定：

(1) 型号、规格及安装的方向、位置应符合设计要求；

(2) 阀门应顺气流方向关闭，防火分区隔墙两侧的排烟防火阀距墙端面不应大于200mm；

(3) 手动和电动装置应灵活、可靠，阀门关闭严密；

(4) 应设独立的支、吊架，当风管采用不燃材料防火隔热时，阀门安装处应有明显标识。

检查数量：各系统按不小于30%检查。

检查方法：尺量检查、直观检查及动作检查。

4. 排烟防火阀的调试方法及要求应符合下列规定：

（1）进行手动关闭、复位试验，阀门动作应灵敏、可靠，关闭应严密；

（2）模拟火灾，相应区域火灾报警后，同一防火分区内排烟管道上的其他阀门应联动关闭；

（3）阀门关闭后的状态信号应能反馈到消防控制室；

（4）阀门关闭后应能联动相应的风机停止。

调试数量：全数调试。

# 第五章　防火防烟分区检查

**学习要求**

通过本章的学习，了解防火分区和防烟分区的概念及目的；熟悉工业建筑和民用建筑的防火分区面积划分和防火分隔设施的设置要求；掌握各类建筑防火分区的最大允许建筑面积和防烟分区的最大允许面积。

防火分区是指用防火墙、楼板、防火门或防火卷帘分隔的区域，可以将火灾限制在一定的局部区域内（在一定时间内），不使火势蔓延，当然防火分区的隔断同样也对烟气起了隔断作用。在建筑物内采用划分防火分区这一措施，可以在建筑物一旦发生火灾时，有效地把火势控制在一定的范围内，减少火灾损失，同时可以为人员安全疏散、消防扑救提供有利条件。

防烟分区是指在设置排烟措施的走道、房间中，用隔墙或其他措施（可以阻拦和限制烟气流动）分隔的区域。建筑物发生火灾后，烟气会在建筑物内不断流动扩散传播，烟气中的CO、HCN、$NH_3$等有毒气体会在短时间内致人死亡，火灾时物质燃烧也会产生大量热量，使烟气温度迅速升高，会使金属材料强度降低，导致结构倒塌、人员伤亡，另外，当光线通过烟气时，光强度将减弱，人员的能见度将大为下降，引起人员的恐慌，也给消防人员的救援带来极大的不便。因此，采取相应的措施控制烟气合理流动显得尤为重要。用隔墙、顶棚下凸不小于500mm的梁、挡烟垂壁等划分防烟分区，阻断烟气传播，有利于控制火灾发生时火灾烟气的扩散程度。对人员的自救、消防人员的救援工作都有极大的帮助。

## 第一节　防火分区的检查

### 一、防火分区的检查内容要求与方法

#### （一）检查内容要求

1. 厂房的防火分区面积

除另有规定外，厂房的层数和每个防火分区的最大允许建筑面积应符合表3-5-1的规定。

**表3-5-1　厂房的层数和每个防火分区的最大允许建筑面积**

| | 厂房的耐火等级 | 最多允许层数 | 防火分区的最大允许建筑面积（$m^2$） | | | |
|---|---|---|---|---|---|---|
| | | | 单层厂房 | 多层厂房 | 高层厂房 | 地下或半地下厂房 |
| 甲 | 一级 | 宜单层 | 4000 | 3000 | — | — |
| | 二级 | | 3000 | 2000 | — | — |

续表

| | 厂房的耐火等级 | 最多允许层数 | 防火分区的最大允许建筑面积（$m^2$） | | | |
|---|---|---|---|---|---|---|
| | | | 单层厂房 | 多层厂房 | 高层厂房 | 地下或半地下厂房 |
| 乙 | 一级 | 不限 | 5000 | 4000 | 2000 | — |
| | 二级 | 6 | 4000 | 3000 | 1500 | — |
| 丙 | 一级 | 不限 | 不限 | 6000 | 3000 | 500 |
| | 二级 | 不限 | 8000 | 4000 | 2000 | |
| | 三级 | 2 | 3000 | 2000 | — | — |
| 丁 | 一、二级 | 不限 | 不限 | 不限 | 4000 | 1000 |
| | 三级 | 3 | 4000 | 2000 | — | — |
| | 四级 | 1 | 1000 | — | — | — |
| 戊 | 一、二级 | 不限 | 不限 | 不限 | 6000 | 1000 |
| | 三级 | 3 | 5000 | 3000 | — | — |
| | 四级 | 1 | 1500 | — | — | — |

注：(1) 防火分区之间应采用防火墙分隔。除甲类厂房外的一、二级耐火等级厂房，当其防火分区的建筑面积大于本表规定，且设置防火墙确有困难时，可采用防火卷帘或防火分隔水幕分隔。采用防火卷帘时，应符合防火卷帘的规定；采用防火分隔水幕时，应符合现行国家标准《自动喷水灭火系统设计规范》(GB 50084) 的规定。

(2) 除麻纺厂房外，一级耐火等级的多层纺织厂房和二级耐火等级的单、多层纺织厂房，其每个防火分区的最大允许建筑面积可按本表的规定增加 0.5 倍，但厂房内的原棉开包、清花车间与厂房内其他部位之间均应采用耐火极限不低于 2.50h 的防火隔墙分隔，需要开设门、窗、洞口时，应设置甲级防火门、窗。

(3) 一、二级耐火等级的单、多层造纸生产联合厂房，其每个防火分区的最大允许建筑面积可按本表的规定增加 1.5 倍。一、二级耐火等级的湿式造纸联合厂房，当纸机烘缸罩内设置自动灭火系统，完成工段设置有效灭火设施保护时，其每个防火分区的最大允许建筑面积可按工艺要求确定。

(4) 一、二级耐火等级的谷物筒仓工作塔，当每层工作人数不超过 2 人时，其层数不限。

(5) 一、二级耐火等级卷烟生产联合厂房内的原料、备料及成组配方、制丝、储丝和卷接包、辅料周转、成品暂存、二氧化碳膨胀烟丝等生产用房应划分独立的防火分隔单元，当工艺条件许可时，应采用防火墙进行分隔。其中制丝、储丝和卷接包车间可划分为一个防火分区，且每个防火分区的最大允许建筑面积可按工艺要求确定，但制丝、储丝及卷接包车间之间应采用耐火极限不低于 2.00h 的防火隔墙和 1.00h 的楼板进行分隔。厂房内各水平和竖向防火分隔之间的开口应采取防止火灾蔓延的措施。

(6) 厂房内的操作平台、检修平台，当使用人数少于 10 人时，平台的面积可不计入所在防火分区的建筑面积内。

(7) “—”表示不允许。

厂房内设置自动灭火系统时，每个防火分区的最大允许建筑面积可按表 3-5-1 的规定增加 1.0 倍。当丁、戊类的地上厂房内设置自动灭火系统时，每个防火分区的最大允许建筑面积不限。厂房内局部设置自动灭火系统时，其防火分区的增加面积可按该局部面积的 1.0 倍计算。

2. 仓库的防火分区面积

除另有规定外，仓库的层数和面积应符合表 3-5-2 的规定。

**表 3-5-2　仓库的层数和面积**

| | | 仓库的耐火等级 | 最多允许层数 | 每座仓库的最大允许占地面积和每个防火分区的最大允许建筑面积（$m^2$） | | | | | | |
|---|---|---|---|---|---|---|---|---|---|---|
| | | | | 单层仓库 | | 多层仓库 | | 高层仓库 | | 地下或半地下仓库 |
| | | | | 每座仓库 | 防火分区 | 每座仓库 | 防火分区 | 每座仓库 | 防火分区 | 防火分区 |
| 甲 | 3、4项 | 一级 | 1 | 180 | 60 | — | — | — | — | — |
| 甲 | 1、2、5、6项 | 一、二级 | 1 | 750 | 250 | — | — | — | — | — |
| 乙 | 1、3、4项 | 一、二级 | 3 | 2000 | 500 | 900 | 300 | — | — | — |
| 乙 | 1、3、4项 | 三级 | 1 | 500 | 250 | — | — | — | — | — |
| 乙 | 2、5、6项 | 一、二级 | 5 | 2800 | 700 | 1500 | 500 | — | — | — |
| 乙 | 2、5、6项 | 三级 | 1 | 900 | 300 | — | — | — | — | — |
| 丙 | 1项 | 一、二级 | 5 | 4000 | 1000 | 2800 | 700 | — | — | 150 |
| 丙 | 1项 | 三级 | 1 | 1200 | 400 | — | — | — | — | — |
| 丙 | 2项 | 一、二级 | 不限 | 6000 | 1500 | 4800 | 1200 | 4000 | 1000 | 300 |
| 丙 | 2项 | 三级 | 3 | 2100 | 700 | 1200 | 400 | — | — | — |
| 丁 | | 一、二级 | 不限 | 不限 | 3000 | 不限 | 1500 | 4800 | 1200 | 500 |
| 丁 | | 三级 | 3 | 3000 | 1000 | 1500 | 500 | — | — | — |
| 丁 | | 四级 | 1 | 2100 | 700 | — | — | — | — | — |
| 戊 | | 一、二级 | 不限 | 不限 | 不限 | 不限 | 2000 | 6000 | 1500 | 1000 |
| 戊 | | 三级 | 3 | 3000 | 1000 | 2100 | 700 | — | — | — |
| 戊 | | 四级 | 1 | 2100 | 700 | — | — | — | — | — |

注：(1) 仓库内的防火分区之间必须采用防火墙分隔，甲、乙类仓库内防火分区之间的防火墙不应开设门、窗、洞口；地下或半地下仓库（包括地下或半地下室）的最大允许占地面积，不应大于相应类别地上仓库的最大允许占地面积。

(2) 石油库区内的桶装油品仓库应符合现行国家标准《石油库设计规范》(GB 50074) 的规定。

(3) 一、二级耐火等级的煤均化库，每个防火分区的最大允许建筑面积不应大于 12000$m^2$。

(4) 独立建造的硝酸铵仓库、电石仓库、聚乙烯等高分子制品仓库、尿素仓库、配煤仓库、造纸厂的独立成品仓库，当建筑的耐火等级不低于二级时，每座仓库的最大允许占地面积和每个防火分区的最大允许建筑面积可按本表的规定增加 1.0 倍。

(5) 一、二级耐火等级粮食平房仓的最大允许占地面积不应大于 12000$m^2$，每个防火分区的最大允许建筑面积不应大于 3000$m^2$；三级耐火等级粮食平房仓的最大允许占地面积不应大于 3000$m^2$，每个防火分区的最大允许建筑面积不应大于 1000$m^2$。

(6) 一、二级耐火等级且占地面积不大于 2000$m^2$ 的单层棉花库房，其防火分区的最大允许建筑面积不应大于 2000$m^2$。

(7) 一、二级耐火等级冷库的最大允许占地面积和防火分区的最大允许建筑面积，应符合现行国家标准《冷库设计规范》(GB 50072) 的规定。

(8) “—”表示不允许。

仓库内设置自动灭火系统时，除冷库的防火分区外，每座仓库的最大允许占地面积和每个防火分区的最大允许建筑面积可按表 3-5-2 的规定增加 1.0 倍。

物流建筑的防火设计应符合下列规定：

(1) 当建筑功能以分拣、加工等作业为主时，应按有关厂房的规定确定，其中仓储部分应按中间仓库确定。

（2）当建筑功能以仓储为主或建筑难以区分主要功能时，应按有关仓库的规定确定，但当分拣等作业区采用防火墙与储存区完全分隔时，作业区和储存区的防火要求可分别按有关厂房和仓库的规定确定。其中，当分拣等作业区采用防火墙与储存区完全分隔且符合下列条件时，除自动化控制的丙类高架仓库外，储存区的防火分区最大允许建筑面积和储存区部分建筑的最大允许占地面积，可按表 3-5-2（不含注）的规定增加 3.0 倍：

① 储存除可燃液体、棉、麻、丝、毛及其他纺织品、泡沫塑料等物品外的丙类物品且建筑的耐火等级不低于一级；

② 储存丁、戊类物品且建筑的耐火等级不低于二级；

③ 建筑内全部设置自动水灭火系统和火灾自动报警系统。

3. 民用建筑的防火分区面积

除另有规定外，不同耐火等级建筑的允许建筑高度或层数、防火分区最大允许建筑面积应符合表 3-5-3 的规定。

**表 3-5-3 不同耐火等级建筑的允许高度或层数、防火分区最大允许建筑面积**

| 名　称 | 耐火等级 | 防火分区的最大允许建筑面积（$m^2$） | 备　注 |
|---|---|---|---|
| 高层民用建筑 | 一、二级 | 1500 | 对候机厅，体育馆、剧场的观众厅，防火分区的最大允许建筑面积可适当增加 |
| 单、多层民用建筑 | 一、二级 | 2500 | |
| | 三级 | 1200 | |
| | 四级 | 600 | |
| 地下或半地下建筑（室） | 一级 | 500 | 设备用房的防火分区最大允许建筑面积不应大于 $1000m^2$ |

注：（1）表中规定的防火分区最大允许建筑面积，当建筑内设置自动灭火系统时，可按本表的规定增加 1.0 倍；局部设置时，防火分区的增加面积可按该局部面积的 1.0 倍计算。
（2）裙房与高层建筑主体之间设置防火墙时，裙房的防火分区可按单、多层建筑的要求确定。

一、二级耐火等级建筑内的商店营业厅、展览厅，当设置自动灭火系统和火灾自动报警系统并采用不燃或难燃装修材料时，其每个防火分区的最大允许建筑面积应符合下列规定：

（1）设置在高层建筑内时，不应大于 $4000m^2$；

（2）设置在单层建筑或仅设置在多层建筑的首层内时，不应大于 $10000m^2$；

（3）设置在地下或半地下时，不应大于 $2000m^2$。

**（二）检查方法**

通过查阅消防设计文件、施工图纸、建筑平面图、竣工验收资料文件等相关资料，了解建筑的布局、功能、使用性质、耐火等级、建筑高度等，确定防火分区的划分后实地开展现场检查。防火分区面积测量值的允许正偏差不得大于规定值的 5%。对特殊情况需要专家评审的，需要查看其评审文件是否符合国家规范的相关要求。

## 二、需要设置自动喷水灭火系统的建筑

### （一）检查内容要求

1. 厂房

除另有规定和不宜用水保护或灭火的场所外，下列厂房或生产部位应设置自动灭火系统，并宜采用自动喷水灭火系统：

（1）不少于50000纱锭的棉纺厂的开包、清花车间，不少于5000锭的麻纺厂的分级、梳麻车间，火柴厂的烤梗、筛选部位；

（2）占地面积大于1500m² 或总建筑面积大于3000m² 的单、多层制鞋、制衣、玩具及电子等类似生产的厂房；

（3）占地面积大于1500m² 的木器厂房；

（4）泡沫塑料厂的预发、成型、切片、压花部位；

（5）高层乙、丙类厂房；

（6）建筑面积大于500m² 的地下或半地下丙类厂房。

2. 仓库

除另有规定和不宜用水保护或灭火的仓库外，下列仓库应设置自动灭火系统，并宜采用自动喷水灭火系统。

（1）每座占地面积大于1000m² 的棉、毛、丝、麻、化纤、毛皮及其制品的仓库。

注：单层占地面积不大于2000m² 的棉花库房，可不设置自动喷水灭火系统。

（2）每座占地面积大于600m² 的火柴仓库。

（3）邮政建筑内建筑面积大于500m² 的空邮袋库。

（4）可燃、难燃物品的高架仓库和高层仓库。

（5）设计温度高于0℃的高架冷库，设计温度高于0℃且每个防火分区建筑面积大于1500m² 的非高架冷库。

（6）总建筑面积大于500m² 的可燃物品地下仓库。

（7）每座占地面积大于1500m² 或总建筑面积大于3000m² 的其他单层或多层丙类物品仓库。

3. 高层民用建筑

除另有规定和不宜用水保护或灭火的场所外，下列高层民用建筑或场所应设置自动灭火系统，并宜采用自动喷水灭火系统：

（1）一类高层公共建筑（除游泳池、溜冰场外）及其地下、半地下室；

（2）二类高层公共建筑及其地下、半地下室的公共活动用房、走道、办公室和旅馆的客房、可燃物品库房、自动扶梯底部；

（3）高层民用建筑内的歌舞娱乐放映游艺场所；

（4）建筑高度大于100m的住宅建筑。

4. 单多层民用建筑

除另有规定和不适用水保护或灭火的场所外，下列单、多层民用建筑或场所应设置自动灭火系统，并宜采用自动喷水灭火系统：

（1）特等、甲等剧场，超过1500个座位的其他等级的剧场，超过2000个座位的会

堂或礼堂，超过3000个座位的体育馆，超过5000人的体育场的室内人员休息室与器材间等；

（2）任一层建筑面积大于1500m$^2$或总建筑面积大于3000m$^2$的展览、商店、餐饮和旅馆建筑，以及医院中同样建筑规模的病房楼、门诊楼和手术部；

（3）设置送回风道（管）的集中空气调节系统且总建筑面积大于3000m$^2$的办公建筑等；

（4）藏书量超过50万册的图书馆；

（5）大、中型幼儿园，老年人照料设施；

（6）总建筑面积大于500m$^2$的地下或半地下商店；

（7）设置在地下或半地下或地上四层及以上楼层的歌舞娱乐放映游艺场所（除游泳场所外），设置在首层、二层和三层且任一层建筑面积大于300m$^2$的地上歌舞娱乐放映游艺场所（除游泳场外）。

**（二）检查方法**

通过查阅消防设计文件、施工图纸、建筑平面图、竣工验收资料文件等相关资料，了解建筑的布局、功能、使用性质、耐火等级、建筑高度等，确定建筑是否需要设置自动灭火系统。

## 三、地下总建筑面积大于20000m$^2$商店分隔的检查

总建筑面积大于20000m$^2$的地下或半地下商店，应采用无门、窗、洞口的防火墙，耐火极限不低于2.00h的楼板分隔为多个建筑面积不大于20000m$^2$的区域。相邻区域确需局部连通时，应采用下沉式广场等室外开敞空间、防火隔间、避难走道、防烟楼梯间（甲）等方式进行连通。

**（一）检查内容要求**

1. 下沉式广场

（1）不同区域通向下沉式广场等室外开敞空间的开口最近边缘之间的水平距离不应小于13m。室外开敞空间除用于人员疏散外不得用于其他商业或可能导致火灾蔓延的用途，其中用于疏散的净面积不应小于169m$^2$。

（2）下沉式广场等室外开敞空间内应设置不少于1部直通地面的疏散楼梯。当连接下沉广场的防火分区需利用下沉广场进行疏散时，疏散楼梯的总净宽度不应小于任一防火分区通向室外开敞空间的设计疏散总净宽度。

（3）确需设置防风雨篷时，防风雨篷不应完全封闭，四周开口部位应均匀布置，开口的面积不应小于该空间地面面积的25%，开口高度不应小于1.0m；开口设置百叶时，百叶的有效排烟面积可按百叶通风口面积的60%计算。

2. 防火隔间的设置规定

（1）防火隔间的建筑面积不应小于6.0m$^2$；

（2）防火隔间的门应采用甲级防火门；

（3）不同防火分区通向防火隔间的门不应计入安全出口，门的最小间距不应小于4m；

(4) 防火隔间内部装修材料的燃烧性能应为A级;

(5) 不应用于除人员通行外的其他用途。

3. 避难走道的设置规定

(1) 避难走道防火隔墙的耐火极限不应低于3.00h,楼板的耐火极限不应低于1.50h。

(2) 避难走道直通地面的出口不应少于2个,并应设置在不同方向;当避难走道仅与一个防火分区相通且该防火分区至少有1个直通室外的安全出口时,可设置1个直通地面的出口。任一防火分区通向避难走道的门至该避难走道最近直通地面的出口的距离不应大于60m。

(3) 避难走道的净宽度不应小于任一防火分区通向该避难走道的设计疏散总净宽度。

(4) 防火分区至避难走道入口处应设置防烟前室,前室的使用面积不应小于$6.0m^2$,开向前室的门应采用甲级防火门,前室开向避难走道的门应采用乙级防火门。

(5) 避难走道内应设置消火栓、消防应急照明、应急广播和消防专线电话。

(6) 避难走道内部装修材料的燃烧性能应为A级。

**(二) 检查方法**

通过查阅消防设计文件、防火分区示意图、施工图纸、建筑平面图、竣工验收资料文件等相关资料,了解建筑的布局、功能、使用性质、耐火等级、建筑高度等,确定防火分区的划分后实地开展现场检查。对设置的局部连通的情况进行逐个检查,查看其面积、门的间距、数量、防火门及消防设施的配置是否符合国家规范的相关要求。

## 四、建筑内中庭的检查

**(一) 检查内容要求**

建筑内设置中庭时,其防火分区的建筑面积应按上、下层相连通的建筑面积叠加计算;当叠加计算后的建筑面积大于规范规定时,应符合下列规定:

1. 与周围连通空间应进行防火分隔:采用防火隔墙时,其耐火极限不应低于1.00h;采用防火玻璃墙时,其耐火隔热性和耐火完整性不应低于1.00h,采用耐火完整性不低于1.00h的非隔热性防火玻璃墙时,应设置自动喷水灭火系统进行保护;采用防火卷帘时,其耐火极限不应低于3.00h;与中庭相连通的门、窗,应采用火灾时能自行关闭的甲级防火门、窗。

2. 高层建筑内的中庭回廊应设置自动喷水灭火系统和火灾自动报警系统。

3. 中庭应设置排烟设施,不应布置可燃物。

4. 连通部位的顶棚、墙面装修材料燃烧性能等级须为A级,其他部位可采用燃烧性能等级不低于$B_1$级的装修材料。

**(二) 检查方法**

通过查阅消防设计文件、防火分区示意图、建筑剖面图、施工图纸、建筑平面图、竣工验收资料文件等相关资料,了解中庭贯通的层数、与周围空间连通的方式等,确定防火分区的面积划分后实地开展现场检查。重点对设置的防火分隔措施、装修防火门及消防设施的配置进行检查,检查其是否符合国家规范的相关要求。

## 五、有顶棚的步行街、建筑外墙、变形缝的检查

### （一）检查内容要求

1. 有顶棚的步行街

餐饮、商店等商业设施通过有顶棚的步行街连接，且步行街两侧的建筑需利用步行街进行安全疏散时，应符合下列规定：

（1）步行街两侧建筑的耐火等级不应低于二级。

（2）步行街两侧建筑相对面的最近距离均不应小于对相应高度建筑的防火间距要求且不应小于9m。步行街的端部在各层均不宜封闭，确需封闭时，应在外墙上设置可开启的门窗，且可开启门窗的面积不应小于该部位外墙面积的一半。步行街的长度不宜大于300m。

（3）步行街两侧建筑的商铺之间应设置耐火极限不低于2.00h的防火隔墙，每间商铺的建筑面积不宜大于300m$^2$。

（4）步行街两侧建筑的商铺，其面向步行街一侧的围护构件的耐火极限不应低于1.00h，并宜采用实体墙，其门、窗应采用乙级防火门、窗；当采用防火玻璃墙（包括门、窗）时，其耐火隔热性和耐火完整性不应低于1.00h；当采用耐火完整性不低于1.00h的非隔热性防火玻璃墙（包括门、窗）时，应设置闭式自动喷水灭火系统进行保护。相邻商铺之间面向步行街一侧应设置宽度不小于1.0m、耐火极限不低于1.00h的实体墙。

当步行街两侧的建筑为多个楼层时，每层面向步行街一侧的商铺均应设置防止火灾竖向蔓延的措施；设置回廊或挑檐时，其出挑宽度不应小于1.2m；步行街两侧的商铺在上部各层需设置回廊和连接天桥时，应保证步行街上部各层楼板的开口面积不应小于步行街地面面积的37%，且开口宜均匀布置。

（5）步行街两侧建筑内的疏散楼梯应靠外墙设置并宜直通室外，确有困难时，可在首层直接通至步行街；首层商铺的疏散门可直接通至步行街，步行街内任一点到达最近室外安全地点的步行距离不应大于60m。步行街两侧建筑二层及以上各层商铺的疏散门至该层最近疏散楼梯口或其他安全出口的直线距离不应大于37.5m。

（6）步行街的顶棚材料应采用不燃或难燃材料，其承重结构的耐火极限不应低于1.00h。步行街内不应布置可燃物。

（7）步行街的顶棚下檐距地面的高度不应小于6.0m，顶棚应设置自然排烟设施并宜采用常开式的排烟口，且自然排烟口的有效面积不应小于步行街地面面积的25%。常闭式自然排烟设施应能在火灾时手动和自动开启。

（8）步行街两侧建筑的商铺外应每隔30m设置DN65的消火栓，并应配备消防软管卷盘或消防水龙，商铺内应设置自动喷水灭火系统和火灾自动报警系统；每层回廊均应设置自动喷水灭火系统。步行街内宜设置自动跟踪定位射流灭火系统。

（9）步行街两侧建筑的商铺内外均应设置疏散照明、灯光疏散指示标志和消防应急广播系统。

2. 电梯井等竖井

建筑内的电梯井等竖井应符合下列规定：

（1）电梯井应独立设置，井内严禁敷设可燃气体和甲、乙、丙类液体管道，不应敷设与电梯无关的电缆、电线等。电梯井的井壁除设置电梯门、安全逃生门和通气孔洞

外，不应设置其他开口。

（2）电缆井、管道井、排烟道、排气道、垃圾道等竖向井道，应分别独立设置。井壁的耐火极限不应低于1.00h，井壁上的检查门应采用丙级防火门。

（3）建筑内的电缆井、管道井应在每层楼板处采用不低于楼板耐火极限的不燃材料或防火封堵材料封堵。建筑内的电缆井、管道井与房间、走道等相连通的孔隙应采用防火封堵材料封堵。

（4）建筑内的垃圾道宜靠外墙设置，垃圾道的排气口应直接开向室外，垃圾斗应采用不燃材料制作，并应能自行关闭。

（5）电梯层门的耐火极限不应低于1.00h。

3. 建筑外（幕）墙

（1）除另有规定外，建筑外墙上、下层开口之间应设置高度不小于1.2m的实体墙或挑出宽度不小于1.0m、长度不小于开口宽度的防火挑檐；当室内设置自动喷水灭火系统时，上、下层开口之间的实体墙高度不应小于0.8m。当上、下层开口之间设置实体墙确有困难时，可设置防火玻璃墙，但高层建筑的防火玻璃墙的耐火完整性不应低于1.00h，多层建筑的防火玻璃墙的耐火完整性不应低于0.50h。外窗的耐火完整性不应低于防火玻璃墙的耐火完整性要求。

（2）住宅建筑外墙上相邻户开口之间的墙体宽度不应小于1.0m；小于1.0m时，应在开口之间设置突出外墙不小于0.6m的隔板。

（3）实体墙、防火挑檐和隔板的耐火极限和燃烧性能，均不应低于相应耐火等级建筑外墙的要求。

4. 变形缝

（1）变形缝内的填充材料和变形缝的构造基层应采用不燃材料。

（2）电线、电缆、可燃气体和甲、乙、丙类液体的管道不宜穿过建筑内的变形缝，确需穿过时，应在穿过处加设不燃材料制作的套管或采取其他防变形措施，并应采用防火封堵材料封堵。

（3）当通风、空调系统的风管穿越防火分隔处的变形缝时，其两侧设置公称动作温度为70℃的防火阀。

**（二）检查方法**

通过查阅消防设计文件、防火分区示意图、建筑剖面图、施工图纸、建筑平面图、竣工验收资料文件等相关资料，了解建筑的功能、耐火等级等，对有顶棚的步行街、建筑外墙、变形缝等开展现场检查。重点对设置的防火分隔措施、相关技术参数及消防设施的配置进行检查，检查其是否符合国家规范的相关要求。

## 第二节　防烟分区检查

### 一、防烟分区的检查

**（一）检查内容要求**

《建筑防烟排烟系统技术标准》（GB 51251—2017）相关规定

设置排烟系统的场所或部位应采用挡烟垂壁、结构梁及隔墙等划分防烟分区。防烟分区不应跨越防火分区。

设置排烟设施的建筑内，敞开楼梯和自动扶梯穿越楼板的开口部应设置挡烟垂壁等设施。

公共建筑、工业建筑防烟分区的最大允许面积及其长边最大允许长度应符合表 3-5-4 的规定，当工业建筑采用自然排烟系统时，其防烟分区的长边长度尚不应大于建筑内空间净高的 8 倍。

**表 3-5-4 公共建筑、工业建筑防烟分区的最大允许面积及其长边最大允许长度**

| 空间净高 $H$ | 最大允许面积（$m^2$） | 长边最大允许长度（m） |
| --- | --- | --- |
| $H \leqslant 3m$ | 500 | 24 |
| $3m < H \leqslant 6m$ | 1000 | 36 |
| $6m < H \leqslant 9m$ | 2000 | 60m；具有自然对流条件时，不应大于 75m |

注：1. 公共建筑、工业建筑中的走道宽度不大于 2.5m 时，其防烟分区的长边长度不应大于 60m。
2. 当空间净高大于 9m 时，防烟分区之间可不设置挡烟设施。

### （二）检查方法

通过查阅消防设计文件、防烟分区示意图、建筑剖面图、施工图纸、建筑平面图、竣工验收资料文件等相关资料，了解需要设置排烟设施的部位和室内净空高度。现场对设置的防烟分区的面积和长边最大允许长度进行检查，检查其是否符合国家规范的相关要求，测量值的正偏差不大于规定值的 5%。

## 二、挡烟设施的检查

挡烟垂壁用不燃烧材料制成，从顶棚下垂不小于 500mm 的固定或活动的挡烟设施。活动挡烟垂壁系指火灾时因感温、感烟或其他控制设备的作用，自动下垂的挡烟垂壁。它主要用于高层或超高层大型商场、写字楼及仓库等场合，能有效阻挡烟雾在建筑顶棚下横向流动，以利于提高在防烟分区内的排烟效果，对保障人民生命财产安全起到积极作用。

### （一）检查内容要求

（1）主要有挡烟垂壁、隔墙和从顶棚下突出不小于 500mm 的梁等。

（2）测量挡烟垂壁的搭接宽度：活动挡烟垂壁与建筑结构（柱或墙）面的缝隙不应大于 60mm，由两块或两块以上的挡烟垂帘组成的连续性挡烟垂壁，各块之间不应有缝隙，搭接宽度不应小于 100mm，允许负偏差不得大于规定值的 5%。活动挡烟垂壁的手动操作按钮应固定安装在距楼地面 1.3～1.5m 之间便于操作、明显可见处。

（3）卷帘式挡烟垂壁的运行速度大于等于 0.07m/s；翻板式挡烟垂壁的运行时间应小于 7s。挡烟垂壁设置限位装置，当其运行至上、下限位时，能自动停止。

（4）活动挡烟垂壁应具有火灾自动报警系统自动启动和现场手动启动功能，当火灾确认后，火灾自动报警系统应在 15s 内联动相应防烟分区的全部活动挡烟垂壁，60s 以内挡烟垂壁应开启到位。

（5）挡烟垂壁的安装应符合下列规定：

① 型号、规格、下垂的长度和安装位置应符合设计要求；

② 活动挡烟垂壁与建筑结构（柱或墙）面的缝隙不应大于60mm，由两块或两块以上的挡烟垂帘组成的连续性挡烟垂壁，各块之间不应有缝隙，搭接宽度不应小于100mm；

③ 活动挡烟垂壁的手动操作按钮应固定安装在距楼地面1.3～1.5m之间便于操作、明显可见处。

**（二）检查方法**

通过查阅消防设计文件、挡烟垂壁质量证明文件、建筑剖面图、施工图纸、建筑平面图、竣工验收资料文件等相关资料，了解需要设置排烟设施的部位和室内净空高度。核实挡烟垂壁的合格证、型号规格是否符合要求，主要进行下列检查：

（1）挡烟垂壁的外观。挡烟垂壁的外观采用目测及手触摸相结合的方法进行检验。外观无损伤、标牌清晰、零部件齐全。

（2）挡烟垂壁的规格型号。采用游标卡尺测量金属板材的任意3个不同位置的厚度，取3个测量值的平均值作为试验结果。采用游标卡尺测量不燃无机复合板的任意3个不同位置的厚度，取3个测量值的平均值作为试验结果。不燃无机复合板的性能按GB 25970的规定进行检验，或提供国家认可授权检测机构出具的有效检验报告。无机纤维织物常温下的拉伸断裂强力按GB/T 3923.1的规定进行检验，燃烧性能按GB 8624的规定进行检验，或提供国家认可授权检测机构出具的有效检验报告。防火玻璃的性能按GB 15763.1的规定进行检验，或提供国家认可授权检测机构出具的有效检验报告。挡烟垂壁的宽度方向上任取3个测量位置，相邻两个位置之间的距离不应小于200mm，采用钢卷尺测量挡烟垂壁的挡烟高度，取3个测量值的平均值作为试验结果，精确至1mm。沿挡烟垂壁的挡烟高度方向上任取3个测量位置，相邻两个位置之间的距离不应小于100mm，采用钢卷尺测量挡烟垂壁的单节宽度，取3个测量值的平均值作为试验结果，精确至1mm。

（3）挡烟垂壁的漏烟量。挡烟垂壁漏烟量试件由挡烟部件和安装框架组成，挡烟部件的有效面积为1000mm×500mm。挡烟垂壁试件的结构应能代表实际产品的设计结构形式，如果实际产品设计结构在高度方向和（或）宽度方向上有某种连接结构，则试验用挡烟垂壁试件应含有此连接结构。

（4）挡烟垂壁的联动调试。活动挡烟垂壁的联动调试方法及要求应符合下列规定：

① 活动挡烟垂壁应在火灾报警后联动下降到设计高度；

② 动作状态信号应反馈到消防控制室；

③ 活动挡烟垂壁开启到位的时间应符合相关规定。

# 第六章 安全疏散检查

**学习要求**

通过本章的学习，了解设置安全疏散的一般要求；熟悉避难设施的要求；掌握各类建筑的安全疏散要求和疏散楼梯间的设置要求。

发生火灾后，安全疏散是关系到人员能否顺利逃生的关键，主要包括疏散门和安全出口的数量和宽度、安全疏散距离、疏散楼梯间的形式、避难层及避难间等避难措施。

## 第一节 安全出口与疏散门

民用建筑应根据其建筑高度、规模、使用功能和耐火等级等因素合理设置安全疏散和避难设施。安全出口和疏散门的位置、数量、宽度及疏散楼梯间的形式，应满足人员安全疏散的要求。

### 一、一般要求

#### (一) 检查内容要求

建筑内的安全出口和疏散门应分散布置，且建筑内每个防火分区或一个防火分区的每个楼层、每个住宅单元每层相邻两个安全出口及每个房间相邻两个疏散门最近边缘之间的水平距离不应小于 5m。

建筑的楼梯间宜通至屋面，通向屋面的门或窗应向外开启。

自动扶梯和电梯不应计作安全疏散设施。

直通建筑内附设汽车库的电梯，应在汽车库部分设置电梯候梯厅，并应采用耐火极限不低于 2.00h 的防火隔墙和乙级防火门与汽车库分隔。

高层建筑直通室外的安全出口上方，应设置挑出宽度不小于 1.0m 的防护挑檐。

厂房的安全出口应分散布置。每个防火分区或一个防火分区的每个楼层，其相邻 2 个安全出口最近边缘之间的水平距离不应小于 5m。

仓库的安全出口应分散布置。每个防火分区或一个防火分区的每个楼层，其相邻 2 个安全出口最近边缘之间的水平距离不应小于 5m。

#### (二) 检查方法

通过查阅消防设计文件、建筑平面图、竣工验收资料文件等相关资料，了解该建筑的性质、功能、耐火等级、层数、高度等，核实安全疏散的一般要求是否符合要求。

## 二、安全出口的数量

### (一) 检查内容要求

1. 地下或半地下建筑

除歌舞娱乐放映游艺场所外，防火分区建筑面积不大于 $200m^2$ 的地下或半地下设备间、防火分区建筑面积不大于 $50m^2$ 且经常停留人数不超过 15 人的其他地下或半地下建筑（室），可设置 1 个安全出口或 1 部疏散楼梯。

2. 公共建筑

公共建筑内每个防火分区或一个防火分区的每个楼层，其安全出口的数量应经计算确定，且不应少于 2 个。设置 1 个安全出口或 1 部疏散楼梯的公共建筑应符合下列条件之一：

（1）除托儿所、幼儿园外，建筑面积不大于 $200m^2$ 且人数不超过 50 人的单层公共建筑或多层公共建筑的首层；

（2）除医疗建筑，老年人照料设施，托儿所、幼儿园的儿童用房，儿童游乐厅等儿童活动场所和歌舞娱乐放映游艺场所等外，符合表 3-6-1 规定的公共建筑。

**表 3-6-1 设置 1 部疏散楼梯的公共建筑**

| 耐火等级 | 最多层数 | 每层最大建筑面积（$m^2$） | 人数（人） |
|---|---|---|---|
| 一、二级 | 3 层 | 200 | 第 2、3 层的人数之和≤50 |
| 三级 | 3 层 | 200 | 第 2、3 层的人数之和≤25 |
| 四级 | 2 层 | 200 | 第 2 层人数≤15 |

3. 住宅建筑

住宅建筑安全出口的设置应符合下列规定：

（1）建筑高度不大于 27m 的建筑，当每个单元任一层的建筑面积大于 $650m^2$，或任一户门至最近安全出口的距离大于 15m 时，每个单元每层的安全出口不应少于 2 个；

（2）建筑高度大于 27m、不大于 54m 的建筑，当每个单元任一层的建筑面积大于 $650m^2$，或任一户门至最近安全出口的距离大于 10m 时，每个单元每层的安全出口不应少于 2 个；

（3）建筑高度大于 54m 的建筑，每个单元每层的安全出口不应少于 2 个；

（4）建筑高度大于 27m，但不大于 54m 的住宅建筑，每个单元设置一座疏散楼梯时，疏散楼梯应通至屋面，且单元之间的疏散楼梯应能通过屋面连通，户门应采用乙级防火门。当不能通至屋面或不能通过屋面连通时，应设置 2 个安全出口。

4. 厂房

厂房内每个防火分区或一个防火分区内的每个楼层，其安全出口的数量应经计算确定，且不应少于 2 个；当符合下列条件时，可设置 1 个安全出口。

（1）甲类厂房，每层建筑面积不大于 $100m^2$，且同一时间的作业人数不超过 5 人；

（2）乙类厂房，每层建筑面积不大于 $150m^2$，且同一时间的作业人数不超过 10 人；

（3）丙类厂房，每层建筑面积不大于 $250m^2$，且同一时间的作业人数不超过 20 人；

（4）丁、戊类厂房，每层建筑面积不大于400m²，且同一时间的作业人数不超过30人；

（5）地下或半地下厂房（包括地下或半地下室），每层建筑面积不大于50m²，且同一时间的作业人数不超过15人。

地下或半地下厂房（包括地下或半地下室），当有多个防火分区相邻布置，并采用防火墙分隔时，每个防火分区可利用防火墙上通向相邻防火分区的甲级防火门作为第二安全出口，但每个防火分区必须至少有1个直通室外的独立安全出口。

5. 仓库

每座仓库的安全出口不应少于2个，当一座仓库的占地面积不大于300m² 时，可设置1个安全出口。仓库内每个防火分区通向疏散走道、楼梯或室外的出口不宜少于2个，当防火分区的建筑面积不大于100m² 时，可设置1个出口。通向疏散走道或楼梯的门应为乙级防火门。

地下或半地下仓库（包括地下或半地下室）的安全出口不应少于2个；当建筑面积不大于100m² 时，可设置1个安全出口。

地下或半地下仓库（包括地下或半地下室），当有多个防火分区相邻布置并采用防火墙分隔时，每个防火分区可利用防火墙上通向相邻防火分区的甲级防火门作为第二安全出口，但每个防火分区必须至少有1个直通室外的安全出口。

#### （二）检查方法

通过查阅消防设计文件、建筑平面图和剖面图、竣工验收资料文件等相关资料，了解该建筑的性质、功能、耐火等级、层数、高度等，核实安全出口的数量是否符合国家消防相关规范要求。

### 三、疏散门的数量

#### （一）检查内容要求

1. 房间仅设一个疏散门的情形

除另有规定外，建筑面积不大于200m² 的地下或半地下设备间、建筑面积不大于50m² 且经常停留人数不超过15人的其他地下或半地下房间，可设置1个疏散门。

公共建筑内房间的疏散门数量应经计算确定且不应少于2个。除托儿所、幼儿园、老年人照料设施、医疗建筑、教学建筑内位于走道尽端的房间外，符合下列条件之一的房间可设置1个疏散门：

（1）位于两个安全出口之间或袋形走道两侧的房间，对托儿所、幼儿园、老年人照料设施，建筑面积不大于50m²；对医疗建筑、教学建筑，建筑面积不大于75m²；对其他建筑或场所，建筑面积不大于120m²。

（2）位于走道尽端的房间，建筑面积小于50m² 且疏散门的净宽度不小于0.90m，或由房间内任一点至疏散门的直线距离不大于15m、建筑面积不大于200m² 且疏散门的净宽度不小于1.40m。

（3）歌舞娱乐放映游艺场所内建筑面积不大于50m² 且经常停留人数不超过15人的厅、室。

2. 特殊场所疏散门的要求

（1）剧院、电影院和礼堂的观众厅：根据人员从一、二级耐火等级建筑的观众厅疏散出去的时间不大于 2min，从三级耐火等级的剧场、电影院等的观众厅疏散出去的时间不大于 1.5min 的原则，剧院、电影院和礼堂的观众厅每个疏散门的平均疏散人数不超过 250 人；当容纳人数超过 2000 人时，超过部分，每个疏散门的平均疏散人数不超过 400 人。

（2）体育馆的观众厅：体育馆建筑均为一、二级耐火等级，依据容量的不同，人员从观众厅疏散出去的时间一般按 3～4min 控制，每个疏散门的平均疏散人数一般为 400～700 人。

**（二）检查方法**

通过查阅消防设计文件、建筑平面图和剖面图、竣工验收资料文件等相关资料，了解该建筑的性质、功能、耐火等级、层数、高度等，核实疏散门的数量是否符合国家消防相关规范要求。

## 四、安全疏散的宽度

**（一）检查内容要求**

1. 人员密度计算

（1）商场

商店的疏散人数应按每层营业厅的建筑面积乘以表 3-6-2 规定的人员密度计算。对建材商店、家具和灯饰展示建筑，其人员密度可按表 3-6-2 规定值的 30%确定。

**表 3-6-2　商业营业厅内的人员密度**　　人/m²

| 楼层位置 | 地下第二层 | 地下第一层 | 地上第一、二层 | 地上第三层 | 地上第四层及以上各层 |
|---|---|---|---|---|---|
| 人员密度 | 0.56 | 0.60 | 0.43～0.60 | 0.39～0.54 | 0.30～0.42 |

（2）歌舞娱乐放映游艺场所

录像厅的疏散人数应根据厅、室的建筑面积按不小于 1.0 人/m² 计算；其他歌舞娱乐放映游艺场所的疏散人数应根据厅、室的建筑面积按不小于 0.5 人/m² 计算。

（3）有固定座位的场所

除剧场、电影院、礼堂、体育馆外，其疏散人数可按实际座位数的 1.1 倍计算。

（4）展览厅

展览厅的疏散人数应根据展览厅的建筑面积和人员密度计算，展览厅的人员密度以不小于 0.75 人/m² 计算。

2. 疏散的宽度

（1）公共建筑

除另有规定外，公共建筑内疏散门和安全出口的净宽度不应小于 0.90m，疏散走道和疏散楼梯的净宽度不应小于 1.10m。

高层公共建筑内楼梯间的首层疏散门、首层疏散外门、疏散走道和疏散楼梯的最小净宽度应符合表 3-6-3 的规定。

**表 3-6-3 高层公共建筑内楼梯间的首层疏散门、首层疏散外门、疏散走道和疏散楼梯的最小净宽度** m

| 建筑类别 | 楼梯间的首层疏散门、首层疏散外门 | 疏散走道 | | 疏散楼梯 |
|---|---|---|---|---|
| | | 单面布房 | 双面布房 | |
| 高层医疗建筑 | 1.30 | 1.40 | 1.50 | 1.30 |
| 其他高层公共建筑 | 1.20 | 1.30 | 1.40 | 1.20 |

公共建筑内疏散门和住宅建筑户门的净宽度不小于 0.9m；人员密集的公共场所、观众厅的疏散门不应设置门槛，其净宽度不应小于 1.40m，且紧靠门口内外各 1.40m 范围内不应设置踏步。

人员密集的公共场所的室外疏散通道的净宽度不应小于 3.00m，并应直接通向宽敞地带。

除剧场、电影院、礼堂、体育馆外的其他公共建筑，其房间疏散门、安全出口、疏散走道和疏散楼梯的各自总净宽度，应符合下列规定：

每层的房间疏散门、安全出口、疏散走道和疏散楼梯的各自总净宽度，应根据疏散人数按每 100 人的最小疏散净宽度不小于表 3-6-4 的规定计算确定。当每层疏散人数不等时，疏散楼梯的总净宽度可分层计算，地上建筑内下层楼梯的总净宽度应按该层及以上疏散人数最多一层的人数计算；地下建筑内上层楼梯的总净宽度应按该层及以下疏散人数最多一层的人数计算。

**表 3-6-4 其他公共建筑中疏散楼梯、疏散出口和疏散走道的每百人净宽度** m/百人

| 建筑层数 | | 耐火等级 | | |
|---|---|---|---|---|
| | | 一、二级 | 三级 | 四级 |
| 地上楼层 | 1～2 层 | 0.65 | 0.75 | 1.00 |
| | 3 层 | 0.75 | 1.00 | — |
| | ≥4 层 | 1.00 | 1.25 | — |
| 地下楼层 | 与地面出入口地面的高差≤10m | 0.75 | — | — |
| | 与地面出入口地面的高差>10m | 1.00 | — | — |
| | 人员密集的厅、室、歌舞娱乐放映游艺场所 | 1.00 | — | — |

（2）剧场、电影院、礼堂、体育馆

剧场、电影院、礼堂、体育馆等场所的疏散走道、疏散楼梯、疏散门、安全出口的各自总净宽度，应符合下列规定：

① 观众厅内疏散走道的净宽度应按每 100 人不小于 0.60m 计算，且不应小于 1.00m；边走道的净宽度不宜小于 0.80m。

布置疏散走道时，横走道之间的座位排数不宜超过 20 排。纵走道之间的座位数：剧场、电影院、礼堂等，每排不宜超过 22 个；体育馆，每排不宜超过 26 个；前后排座椅的排距不小于 0.90m 时，可增加 1.0 倍，但不得超过 50 个；仅一侧有纵走道时，座位数应减少一半。

② 剧场、电影院、礼堂等场所供观众疏散的所有内门、外门、楼梯和走道的各自总净宽度，应根据疏散人数按每 100 人的最小疏散净宽度不小于表 3-6-5 的规定计算确定。

**表 3-6-5　剧场、电影院、礼堂等场所每 100 人所需最小疏散净宽度**　　m/百人

| 观众厅座位数（座） | | | ≤2500 | ≤1200 |
|---|---|---|---|---|
| 耐火等级 | | | 一、二级 | 三级 |
| 疏散部位 | 门和走道 | 平坡地面 | 0.65 | 0.85 |
| | | 阶梯地面 | 0.75 | 1.00 |
| | 楼梯 | | 0.75 | 1.00 |

③ 体育馆供观众疏散的所有内门、外门、楼梯和走道的各自总净宽度，应根据疏散人数按每 100 人的最小疏散净宽度不小于表 3-6-6 的规定计算确定。

**表 3-6-6　体育馆每 100 人所需最小疏散宽度**　　m/百人

| 观众厅座位数 | | | 3000～5000 | 5001～10000 | 10001～20000 |
|---|---|---|---|---|---|
| 疏散部位 | 门和走道 | 平坡地面 | 0.43 | 0.37 | 0.32 |
| | | 阶梯地面 | 0.5 | 0.43 | 0.37 |
| | 楼梯 | | 0.5 | 0.43 | 0.37 |

注：本表中对应较大座位数范围按规定计算的疏散总净宽度，不应小于对应相邻较小座位数范围按其最多座位数计算的疏散总净宽度。对观众厅座位数少于 3000 个的体育馆，计算供观众疏散的所有内门、外门、楼梯和走道的各自总净宽度时，每 100 人的最小疏散净宽度不应小于表 3-6-5 的规定。

④ 有等场需要的入场门不应作为观众厅的疏散门。

（3）住宅建筑

住宅建筑的户门、安全出口、疏散走道和疏散楼梯的各自总净宽度应经计算确定，且户门和安全出口的净宽度不应小于 0.90m，疏散走道、疏散楼梯和首层疏散外门的净宽度不应小于 1.10m。建筑高度不大于 18m 的住宅中一边设置栏杆的疏散楼梯，其净宽度不应小于 1.0m。

（4）厂房

厂房内疏散楼梯、走道、门的各自总净宽度，应根据疏散人数按每 100 人的最小疏散净宽度不小于表 3-6-7 的规定计算确定。但疏散楼梯的最小净宽度不宜小于 1.10m，疏散走道的最小净宽度不宜小于 1.40m，门的最小净宽度不宜小于 0.90m。当每层疏散人数不相等时，疏散楼梯的总净宽度应分层计算，下层楼梯总净宽度应按该层及以上疏散人数最多一层的疏散人数计算。

**表 3-6-7　厂房内疏散楼梯、走道和门的每 100 人最小疏散净宽度**

| 厂房层数 | 1～2 | 3 | ≥4 |
|---|---|---|---|
| 最小百人疏散宽度（m/百人） | 0.60 | 0.80 | 1.00 |

首层外门的总净宽度应按该层及以上疏散人数最多一层的疏散人数计算，且该门的最小净宽度不应小于 1.20m。

### （二）检查方法

通过查阅消防设计文件、施工图纸、建筑平面图、竣工验收资料文件等相关资料，了解该建筑的性质、功能、耐火等级、层数高度等，核实疏散门、疏散走道、安全出口灯的宽度是否符合国家消防相关规范要求，测量值的负偏差不大于规范值的5%。

## 五、疏散门的形式

### （一）检查内容要求

（1）民用建筑和厂房的疏散门，应采用向疏散方向开启的平开门，不应采用推拉门、卷帘门、吊门、转门和折叠门。除甲、乙类生产车间外，人数不超过60人且每樘门的平均疏散人数不超过30人的房间，其疏散门的开启方向不限。仓库的疏散门应采用向疏散方向开启的平开门，但丙、丁、戊类仓库首层靠墙的外侧可采用推拉门或卷帘门。

（2）开向疏散楼梯或疏散楼梯间的门，当其完全开启时，不应减少楼梯平台的有效宽度。

（3）人员密集场所内平时需要控制人员随意出入的疏散门和设置门禁系统的住宅、宿舍、公寓建筑的外门，应保证火灾时不需使用钥匙等任何工具即能从内部易于打开，并应在显著位置设置具有使用提示的标识。

（4）人员密集的公共场所、观众厅的疏散门不应设置门槛，其净宽度不应小于1.40m，且紧靠门口内外各1.40m范围内不应设置踏步。

### （二）检查方法

通过查阅消防设计文件、建筑平面图和剖面图、竣工验收资料文件等相关资料，了解该建筑的性质、功能、耐火等级、层数高度等，核实疏散门的形式是否符合国家消防相关规范要求。

## 六、安全疏散距离

### （一）检查内容要求

1. 公共建筑

公共建筑的安全疏散距离应符合下列规定：

（1）直通疏散走道的房间疏散门至最近安全出口的直线距离不应大于表3-6-8的规定。

**表3-6-8　直通疏散走道的房间疏散门至最近安全出口的直线距离**　m

| 名称 | | | 位于两个安全出口之间的疏散门 | | | 袋形走道两侧或尽端的疏散门 | | |
|---|---|---|---|---|---|---|---|---|
| | | | 一、二级 | 三级 | 四级 | 一、二级 | 三级 | 四级 |
| 托儿所、幼儿园，老年人照料设施 | | | 25 | 20 | 15 | 20 | 15 | 10 |
| 歌舞娱乐放映游艺场所 | | | 25 | 20 | 15 | 9 | — | — |
| 医疗建筑 | 单、多层 | | 35 | 30 | 25 | 20 | 15 | 10 |
| | 高层 | 病房部分 | 24 | — | — | 12 | — | — |
| | | 其他部分 | 30 | — | — | 15 | — | — |

续表

| 名称 | | 位于两个安全出口之间的疏散门 | | | 袋形走道两侧或尽端的疏散门 | | |
|---|---|---|---|---|---|---|---|
| | | 一、二级 | 三级 | 四级 | 一、二级 | 三级 | 四级 |
| 教学建筑 | 单、多层 | 35 | 30 | 25 | 22 | 20 | 10 |
| | 高层 | 30 | — | — | 15 | — | — |
| 高层旅馆、展览建筑 | | 30 | — | — | 15 | — | — |
| 其他建筑 | 单、多层 | 40 | 35 | 25 | 22 | 20 | 15 |
| | 高层 | 40 | — | — | 20 | — | — |

注：① 建筑内开向敞开式外廊的房间疏散门至最近安全出口的直线距离可按本表的规定增加 5m。
② 直通疏散走道的房间疏散门至最近敞开楼梯间的直线距离，当房间位于两个楼梯间之间时，应按本表的规定减小 5m；当房间位于袋形走道两侧或尽端时，应按本表的规定减小 2m。
③ 建筑物内全部设置自动喷水灭火系统时，其安全疏散距离可按本表的规定增加 25%。

（2）楼梯间应在首层直通室外，确有困难时，可在首层采用扩大的封闭楼梯间或防烟楼梯间前室。当层数不超过 4 层且未采用扩大的封闭楼梯间或防烟楼梯间前室时，可将直通室外的门设置在离楼梯间不大于 15m 处。

（3）房间内任一点至房间直通疏散走道的疏散门的直线距离，不应大于表 3-6-8 规定的袋形走道两侧或尽端的疏散门至最近安全出口的直线距离。

（4）一、二级耐火等级建筑内疏散门或安全出口不少于 2 个的观众厅、展览厅、多功能厅、餐厅、营业厅等，其室内任一点至最近疏散门或安全出口的直线距离不应大于 30m；当疏散门不能直通室外地面或疏散楼梯间时，应采用长度不大于 10m 的疏散走道通至最近的安全出口。当该场所设置自动喷水灭火系统时，室内任一点至最近安全出口的安全疏散距离可分别增加 25%。

2. 住宅建筑

住宅建筑的安全疏散距离应符合下列规定：

（1）直通疏散走道的户门至最近安全出口的直线距离不应大于表 3-6-9 的规定。

**表 3-6-9　住宅建筑直通疏散走道的户门至最近安全出口的直线距离** m

| 住宅建筑类别 | 位于两个安全出口之间的户门 | | | 位于袋形走道两侧或尽端的户门 | | |
|---|---|---|---|---|---|---|
| | 一、二级 | 三级 | 四级 | 一、二级 | 三级 | 四级 |
| 单、多层 | 40 | 35 | 25 | 22 | 20 | 15 |
| 高层 | 40 | — | — | 20 | — | — |

注：① 开向敞开式外廊的户门至最近安全出口的最大直线距离可按本表的规定增加 5m。
② 直通疏散走道的户门至最近敞开楼梯间的直线距离，当户门位于两个楼梯间之间时，应按本表的规定减小 5m；当户门位于袋形走道两侧或尽端时，应按本表的规定减小 2m。
③ 住宅建筑内全部设置自动喷水灭火系统时，其安全疏散距离可按本表的规定增加 25%。
④ 跃层式住宅的户门至最近安全出口的距离，应从户门算起，小楼梯的一段距离可按其水平投影长度的 1.50 倍计算。

（2）楼梯间应在首层直通室外，或在首层采用扩大的封闭楼梯间或防烟楼梯间前室。层数不超过 4 层时，可将直通室外的门设置在离楼梯间不大于 15m 处。

（3）户内任一点至直通疏散走道的户门的直线距离不应大于表 3-6-9 规定的袋形走道两侧或尽端的疏散门至最近安全出口的最大直线距离。

注：跃层式住宅，户内楼梯的距离可按其梯段水平投影长度的 1.50 倍计算。

3. 厂房

厂房内任一点至最近安全出口的直线距离不应大于表 3-6-10 的规定。

**表 3-6-10　厂房内任一点至最近安全出口的直线距离**　　m

| 生产类别 | 耐火等级 | 单层厂房 | 多层厂房 | 高层厂房 | （半）地下厂房 |
|---|---|---|---|---|---|
| 甲 | 一、二级 | 30.0 | 25.0 | — | — |
| 乙 | 一、二级 | 75.0 | 50.0 | 30.0 | — |
| 丙 | 一、二级 | 80.0 | 60.0 | 40.0 | 30.0 |
|  | 三级 | 60.0 | 40.0 | — | — |
| 丁 | 一、二级 | 不限 | 不限 | 50.0 | 45.0 |
|  | 三级 | 60.0 | 50.0 | — | — |
|  | 四级 | 50.0 | — | — | — |
| 戊 | 一、二级 | 不限 | 不限 | 75.0 | 60.0 |
|  | 三级 | 100.0 | 75.0 | — | — |
|  | 四级 | 60.0 | — | — | — |

**（二）检查方法**

通过查阅消防设计文件、建筑平面图和剖面图、竣工验收资料文件等相关资料，了解该建筑的性质、功能、耐火等级、层数高度等，核实疏散距离是否符合国家消防相关规范要求，测量值的正偏差不得大于规定值的 5%。

## 第二节　疏散走道和疏散楼梯间

疏散走道是疏散时人员从房间内至房间门，或从房间门至疏散楼梯或外部出口等安全出口的室内走道。在发生火灾时，人员要从房间等部位向外疏散，首先通过疏散走道，所以，疏散走道是疏散的必经之路，通常为疏散的第一安全地带。疏散楼梯是指有足够防火能力可作为竖向通道的室内楼梯和室外楼梯。作为安全出口的楼梯是建筑物中的主要垂直交通空间，它既是人员避难、垂直方向安全疏散的重要通道，又是消防队员灭火的辅助进攻路线。

### 一、疏散走道

**（一）检查内容要求**

1. 疏散走道的宽度

疏散走道的宽度一般需要根据其通过人数和疏散净宽度指标经计算确定。检查要求如下：

（1）厂房疏散走道的净宽度不小于 1.40m。

（2）单、多层公共建筑疏散走道的净宽度不小于 1.10m；高层医疗建筑单面布房疏散走道净宽度不小于 1.40m，双面布房疏散走道净宽度不小于 1.50m；其他高层公共建筑单面布房疏散走道净宽度不小于 1.30m，双面布房疏散走道净宽度不小于 1.40m。

（3）单、多层住宅疏散走道净宽度不小于1.10m。

（4）剧场、电影院、礼堂、体育馆等场所的疏散走道、疏散楼梯、疏散门、安全出口的各自总净宽度，应符合观众厅内疏散走道的净宽度（应按每100人不小于0.60m计算，且不应小于1.00m；边走道的净宽度不宜小于0.80m）。

2. 疏散走道的内部装修

（1）地上建筑的水平疏散走道，其顶棚装饰材料采用A级装修材料，其他部位采用不低于$B_1$级的装修材料。

（2）地下民用建筑的疏散走道，其顶棚、墙面和地面的装修均采用A级装修材料。

### （二）检查方法

通过查阅消防设计文件、建筑平面图和剖面图、竣工验收资料文件等相关资料，了解该建筑的性质、功能、耐火等级、层数高度等，核实疏散走道的宽度是否符合国家消防相关规范要求，测量值的正偏差不得大于规定值的5%。

## 二、疏散楼梯间的设置

### （一）检查内容要求

1. 疏散楼梯的一般要求

疏散楼梯间应符合下列规定：

（1）楼梯间应能天然采光和自然通风，并宜靠外墙设置。靠外墙设置时，楼梯间、前室及合用前室外墙上的窗口与两侧门、窗、洞口最近边缘的水平距离不应小于1.0m。

（2）楼梯间内不应设置烧水间、可燃材料储藏室、垃圾道。

（3）楼梯间内不应有影响疏散的凸出物或其他障碍物。

（4）封闭楼梯间、防烟楼梯间及其前室，不应设置卷帘。

（5）楼梯间内不应设置甲、乙、丙类液体管道。

（6）封闭楼梯间、防烟楼梯间及其前室内禁止穿过或设置可燃气体管道。敞开楼梯间内不应设置可燃气体管道，当住宅建筑的敞开楼梯间内确需设置可燃气体管道和可燃气体计量表时，应采用金属管和设置切断气源的阀门。

2. 工业建筑疏散楼梯间的设置形式

建筑高度大于32m且任一层人数超过10人的高层厂房，采用防烟楼梯间或室外楼梯。

甲、乙、丙类多层厂房和高层厂房的疏散楼梯采用封闭楼梯间或室外楼梯；高层仓库采用封闭楼梯间。

3. 民用建筑疏散楼梯间的设置形式

（1）地下或半地下建筑（室）

三层及以上或室内地面与室外出入口地坪高差大于10m的地下或半地下建筑（室），其疏散楼梯应采用防烟楼梯间；其他地下或半地下建筑（室），其疏散楼梯可采用封闭楼梯间。

（2）住宅

建筑高度不大于21m的住宅建筑可采用敞开楼梯间。

建筑高度大于 21m、不大于 33m 的住宅建筑采用封闭楼梯间；上述住宅建筑当户门采用乙级防火门时，仍可采用敞开楼梯间。

建筑高度大于 33m 的住宅建筑，采用防烟楼梯间；户门不宜直接开向前室，确有困难时，每层开向同一前室的户门不应大于 3 樘且应采用乙级防火门。

建筑高度大于 21m、不大于 33m 的住宅建筑应采用封闭楼梯间；当户门采用乙级防火门时，可采用敞开楼梯间。

（3）多层公共建筑

下列多层公共建筑的疏散楼梯，除与敞开式外廊直接相连的楼梯间外，均应采用封闭楼梯间：

① 医疗建筑、旅馆及类似使用功能的建筑；

② 设置歌舞娱乐放映游艺场所的建筑；

③ 商店、图书馆、展览建筑、会议中心及类似使用功能的建筑；

④ 六层及以上的其他建筑。

（4）高层公共建筑

一类高层公共建筑和建筑高度大于 32m 的二类高层公共建筑，应采用防烟楼梯间。

裙房和建筑高度不大于 32m 的二类高层公共建筑，应采用封闭楼梯间。

老年人照料设施的疏散楼梯或疏散楼梯间宜与敞开式外廊直接连通，不能与敞开式外廊直接连通的室内疏散楼梯应采用封闭楼梯间。建筑高度大于 24m 的老年人照料设施，其室内疏散楼梯应采用防烟楼梯间。

建筑高度大于 32m 的老年人照料设施，宜在 32m 以上部分增设能连通老年人居室和公共活动场所的连廊，各层连廊应直接与疏散楼梯、安全出口或室外避难场地连通。

**（二）检查方法**

通过查阅消防设计文件、建筑平面图和剖面图、竣工验收资料文件等相关资料，了解该建筑的性质、功能、耐火等级、层数高度等，核实疏散楼梯的设置形式和一般要求是否符合国家消防相关规范要求。

## 三、疏散楼梯的平面布置

### （一）检查内容要求

1. 封闭楼梯间

封闭楼梯间除应符合疏散楼梯间一般的规定外，尚应符合下列规定：

（1）不能自然通风或自然通风不能满足要求时，应设置机械加压送风系统或采用防烟楼梯间。

（2）除楼梯间的出入口和外窗外，楼梯间的墙上不应开设其他门、窗、洞口。

（3）高层建筑、人员密集的公共建筑、人员密集的多层丙类厂房、甲、乙类厂房，其封闭楼梯间的门应采用乙级防火门，并应向疏散方向开启；其他建筑，可采用双向弹簧门。

（4）楼梯间的首层可将走道和门厅等包括在楼梯间内形成扩大的封闭楼梯间，但应采用乙级防火门等与其他走道和房间分隔。

2. 防烟楼梯间

防烟楼梯间除应符合疏散楼梯间一般的规定外，尚应符合下列规定：

（1）应设置防烟设施。

（2）前室可与消防电梯间前室合用。

（3）前室的使用面积：公共建筑、高层厂房（仓库），不应小于6.0m²；住宅建筑，不应小于4.5m²。

与消防电梯间前室合用时，合用前室的使用面积：公共建筑、高层厂房（仓库），不应小于10.0m²；住宅建筑，不应小于6.0m²。

（4）疏散走道通向前室及前室通向楼梯间的门应采用乙级防火门。

（5）除住宅建筑的楼梯间前室外，防烟楼梯间和前室内的墙上不应开设除疏散门和送风口外的其他门、窗、洞口。

（6）楼梯间的首层可将走道和门厅等包括在楼梯间前室内形成扩大的前室，但应采用乙级防火门等与其他走道和房间分隔。

3. 剪刀楼梯间

高层公共建筑的疏散楼梯，当分散设置确有困难且从任一疏散门至最近疏散楼梯间入口的距离不大于10m时，可采用剪刀楼梯间，但应符合下列规定：

（1）楼梯间应为防烟楼梯间；

（2）梯段之间应设置耐火极限不低于1.00h的防火隔墙；

（3）楼梯间的前室应分别设置。

住宅单元的疏散楼梯，当分散设置确有困难且任一户门至最近疏散楼梯间入口的距离不大于10m时，可采用剪刀楼梯间，但应符合下列规定：

（1）应采用防烟楼梯间。

（2）梯段之间应设置耐火极限不低于1.00h的防火隔墙。

（3）楼梯间的前室不宜共用；共用时，前室的使用面积不应小于6.0m²。

（4）楼梯间的前室或共用前室不宜与消防电梯的前室合用；楼梯间的共用前室与消防电梯的前室合用时，合用前室的使用面积不应小于12.0m²，且短边不应小于2.4m。

4. 室外楼梯

（1）栏杆扶手的高度不应小于1.10m，楼梯的净宽度不应小于0.90m。

（2）倾斜角度不应大于45°。

（3）梯段和平台均应采用不燃材料制作。平台的耐火极限不应低于1.00h，梯段的耐火极限不应低于0.25h。

（4）通向室外楼梯的门应采用乙级防火门，并应向外开启。

（5）除疏散门外，楼梯周围2m内的墙面上不应设置门、窗、洞口。疏散门不应正对梯段。

**（二）检查方法**

通过查阅消防设计文件、建筑平面图和剖面图、防火门的质量证明文件、竣工验收资料文件等相关资料，了解该建筑的性质、功能、耐火等级、层数高度等，核实不同形式疏散楼梯的要求是否符合国家消防相关规范要求，楼梯的宽度高度和前室的面积的测量值的负偏差不得大于规定值的5%。

## 四、疏散楼梯的净宽度

### (一) 检查内容要求

疏散楼梯的净宽度是指梯段一侧的扶手中心线或墙面到梯段另一侧的扶手中心线或墙面之间的最小水平距离。

(1) 一般公共建筑疏散楼梯的净宽度不应小于 1.1m；高层医疗建筑疏散楼梯的净宽度不应小于 1.30m；其他高层公共建筑疏散楼梯的净宽度不应小于 1.20m。

(2) 住宅建筑疏散楼梯的净宽度不应小于 1.1m；当住宅建筑高度不大于 18m 且疏散楼梯一边设置栏杆时，其疏散楼梯的净宽度不应小于 1.0m。

(3) 厂房、汽车库、修车库的疏散楼梯的最小净宽度不应小于 1.10m。

### (二) 检查方法

通过查阅消防设计文件、建筑平面图和剖面图、竣工验收资料文件等相关资料，了解该建筑的性质、功能、耐火等级、层数、高度等，核实疏散楼梯的净宽度是否符合国家消防相关规范要求，楼梯的净宽度测量值的负偏差不得大于规定值的 5%。

# 第三节 避难走道和避难疏散设施

发生火灾时，如人员来不及疏散至室外安全地带，可以暂时疏散至避难区域等待消防员的救援。

## 一、避难走道

避难走道主要用于解决大型建筑中疏散距离过长，或难以按照规范要求设置直通室外的安全出口等问题。避难走道和防烟楼梯间的作用类似，疏散时人员只要进入避难走道，就可视为进入相对安全的区域。

### (一) 检查内容要求

避难走道的设置应符合下列规定：

(1) 避难走道防火隔墙的耐火极限不应低于 3.00h，楼板的耐火极限不应低于 1.50h。

(2) 避难走道直通地面的出口不应少于 2 个，并应设置在不同方向；当避难走道仅与一个防火分区相通且该防火分区至少有 1 个直通室外的安全出口时，可设置 1 个直通地面的出口。任一防火分区通向避难走道的门至该避难走道最近直通地面的出口的距离不应大于 60m。

(3) 避难走道的净宽度不应小于任一防火分区通向该避难走道的设计疏散总净宽度。

(4) 避难走道内部装修材料的燃烧性能应为 A 级。

(5) 防火分区至避难走道入口处应设置防烟前室，前室的使用面积不应小于 $6.0m^2$，开向前室的门应采用甲级防火门，前室开向避难走道的门应采用乙级防火门。

(6) 避难走道内应设置消火栓、消防应急照明、应急广播和消防专线电话。

**(二) 检查方法**

通过查阅消防设计文件、建筑平面图和剖面图、竣工验收资料文件等相关资料，了解该建筑的性质、功能、耐火等级、层数高度等，核实避难走道的设置是否符合国家消防相关规范要求，重点检查避难走道的耐火极限、直通地面的出口、避难走道的净宽度和防烟前室的面积及消防设施的配置，防烟前室面积的测量值的负偏差不得大于规定值的5%，任一防火分区通向避难走道的门至该避难走道最近直通地面的出口的距离的正偏差不得大于规定值的5%。

## 二、避难层

避难层是建筑内用于人员暂时躲避火灾及其烟气危害的楼层，同时避难层也可以作为行动有障碍的人员暂时避难等待救援的场所。

**(一) 检查内容要求**

建筑高度大于100m的公共建筑和建筑高度大于100m的住宅，应设置避难层(间)。避难层(间)应符合下列规定：

(1) 第一个避难层(间)的楼地面至灭火救援场地地面的高度不应大于50m，两个避难层(间)之间的高度不宜大于50m。

(2) 通向避难层(间)的疏散楼梯应在避难层分隔、同层错位或上下层断开。

(3) 避难层(间)的净面积应能满足设计避难人数避难的要求，并宜按5.0人/$m^2$计算。

(4) 避难层可兼作设备层。设备管道宜集中布置，其中的易燃、可燃液体或气体管道应集中布置，设备管道区应采用耐火极限不少于3.00h的防火隔墙与避难区分隔。管道井和设备间应采用耐火极限不少于2.00h的防火隔墙与避难区分隔，管道井和设备间的门不应直接开向避难区；确需直接开向避难区时，与避难层区出入口的距离不应小于5m，且应采用甲级防火门。

避难间内不应设置易燃、可燃液体或气体管道，不应开设除外窗、疏散门之外的其他开口。

(5) 避难层应设置消防电梯出口。

(6) 应设置消火栓和消防软管卷盘。

(7) 应设置消防专线电话和应急广播。

(8) 在避难层(间)进入楼梯间的入口处和疏散楼梯通向避难层(间)的出口处，应设置明显的指示标志。

(9) 应设置直接对外的可开启窗口或独立的机械防烟设施，外窗应采用乙级防火窗。

**(二) 检查方法**

通过查阅消防设计文件、建筑平面图和剖面图、竣工验收资料文件等相关资料，了解该建筑的性质、功能、耐火等级、层数、高度等，核实该建筑是否需要设置避难层。如需要设置避难层，应重点检查避难层的设置楼层、可供避难的净面积、防火分隔措施及消防设施的配置。测量可供避难的净面积时，其测量值的允许负偏差不得大于设计值的5%。

## 三、病房楼的避难间

发生火灾时，高层病房楼里病人自我疏散能力很差，应该在二层及以上楼层设置避难间，供病房人员暂时避难。

### （一）检查内容要求

高层病房楼应在二层及以上的病房楼层和洁净手术部设置避难间。避难间应符合下列规定：

（1）避难间服务的护理单元不应超过2个，其净面积应按每个护理单元不小于25.0$m^2$确定。

（2）避难间兼作其他用途时，应保证人员的避难安全，且不得减少可供避难的净面积。

（3）应靠近楼梯间，并应采用耐火极限不少于2.00h的防火隔墙和甲级防火门与其他部位分隔。

（4）应设置消防专线电话和消防应急广播。

（5）避难间的入口处应设置明显的指示标志。

（6）应设置直接对外的可开启窗口或独立的机械防烟设施，外窗应采用乙级防火窗。

### （二）检查方法

通过查阅消防设计文件、建筑平面图和剖面图、竣工验收资料文件等相关资料，了解该建筑的性质、功能、耐火等级、层数、高度等，核实该建筑是否需要设置避难间。如需要设置避难间，重点检查避难间的设置楼层、可供避难的净面积、防火分隔措施及消防设施的配置，测量可供避难的净面积时，其测量值的允许负偏差不得大于设计值的5%。

## 四、老年人照料设施的避难间

发生火灾时，老年人照料设施里的人员自我疏散能力很差，为满足老年人照料设施的避难要求，应设置满足要求的避难间。

### （一）检查内容要求

三层及三层以上总建筑面积大于3000$m^2$（包括设置在其他建筑内三层及以上楼层）的老年人照料设施，应在二层及以上各层老年人照料设施部分的每座疏散楼梯间的相邻部位设置1间避难间；当老年人照料设施设置与疏散楼梯或安全出口直接连通的开敞式外廊、与疏散走道直接连通且符合人员避难要求的室外平台等时，可不设置避难间。避难间内可供避难的净面积不应小于12$m^2$，避难间可利用疏散楼梯间的前室或消防电梯的前室。

供失能老年人使用且层数大于二层的老年人照料设施，应按核定使用人数配备简易防毒面具。

### （二）检查方法

通过查阅消防设计文件、建筑平面图和剖面图、竣工验收资料文件等相关资料，了解该建筑的性质、功能、耐火等级、层数、高度等，核实该老年人照料设施是否需要设置避难间。如需要设置避难间，重点检查避难间的设置楼层、可供避难的净面积、防火分隔措施及消防设施的配置，测量可供避难的净面积时，其测量值的允许负偏差不得大于设计值的5%。

# 第七章　建筑装修和保温系统检查

**学习要求**

通过本章的学习，应了解建筑装修的通用要求；熟悉特殊场所装修的不同要求；掌握不同形式保温系统的不同要求。

建筑装修包括室内装修和外墙的装饰，是指在一定区域和范围内进行的，包括水电施工、墙体、地板、顶棚、景观等所实现的，依据一定设计理念和美观规则形成的一整套施工方案和设计方案。建筑装修使用的材料和施工方法不同，对控制火灾的发生和限制火灾的蔓延程度也是千差万别的。

## 第一节　建筑内部装修和外墙装饰

建筑内部装修是为满足功能需求，对建筑内部空间所进行的修饰、保护及固定设施安装等活动。建筑外墙装饰是对建筑的外墙进行美化，对外墙装饰主要检查装饰材料的燃烧性能和广告牌的设置。

### 一、检查内容要求

#### （一）一般要求

进入施工现场的装修材料应完好，并应核查其燃烧性、防火性能型式检验报告、合格证书等技术文件是否符合防火设计要求。

装修材料进入施工现场后，应按有关规定，在监理单位或建设单位监督下，由施工单位有关人员现场取样，并应由具备相应资质的检验单位进行见证取样检验。

装修施工过程中，装修材料应远离火源，并应指派专人负责施工现场的防火安全。

建筑工程内部装修不得影响消防设施的使用功能。装修施工过程中，当确需变更防火设计时，应经原设计单位或具有相应资质的设计单位按有关规定进行。

装修施工过程中，应分阶段对所选用的防火装修材料按规定进行抽样检验。对隐蔽工程的施工，应在施工过程中及完工后进行抽样检验。现场进行阻燃处理、喷涂、安装作业的施工，应在相应的施工作业完成后进行抽样检验。

#### （二）工程质量验收

1. 建筑内部装修工程防火验收（简称工程验收）应检查下列文件和记录：

（1）建筑内部装修防火设计审核文件、申请报告、设计图纸、装修材料的燃烧性能设计要求、设计变更通知单、施工单位的资质证明等；

（2）进场验收记录，包括所用装修材料的清单、数量、合格证及防火性能型式检验报告；

（3）装修施工过程的施工记录；

（4）隐蔽工程施工防火验收记录和工程质量事故处理报告等；

（5）装修施工过程中所用防火装修材料的见证取样检验报告；

（6）装修施工过程中的抽样检验报告，包括隐蔽工程的施工过程中及完工后的抽样检验报告；

（7）装修施工过程中现场进行涂刷、喷涂等阻燃处理的抽样检验报告。

2. 工程质量验收应符合下列要求：

（1）技术资料应完整；

（2）所用装修材料或产品的见证取样检验结果应满足设计要求；

（3）装修施工过程中的抽样检验结果，包括隐蔽工程的施工过程中及完工后的抽样检验结果应符合设计要求；

（4）现场进行阻燃处理、喷涂、安装作业的抽样检验结果应符合设计要求；

（5）施工过程中的主控项目检验结果应全部合格；

（6）施工过程中的一般项目检验结果合格率应达到80%。

3. 工程质量验收应由建设单位项目负责人组织施工单位项目负责人、监理工程师和设计单位项目负责人等进行。

4. 工程质量验收时可对主控项目进行抽查。当有不合格项时，应对不合格项进行整改。

5. 工程质量验收时，应按相关要求填写有关记录。

6. 当装修施工的有关资料经审查全部合格、施工过程全部符合要求、现场检查或抽样检测结果全部合格时，工程验收应为合格。

7. 建设单位应建立建筑内部装修工程防火施工及验收档案。档案应包括防火施工及验收全过程的有关文件和记录。

8. 纺织织物子分部装修工程

下列材料应进行抽样检验：

（1）现场阻燃处理后的纺织织物，每种取 $2m^2$ 检验燃烧性能；

（2）施工过程中受湿浸、燃烧性能可能受影响的纺织织物，每种取 $2m^2$ 检验燃烧性能。

9. 木质材料子分部装修工程

下列材料应进行抽样检验：

（1）现场阻燃处理后的木质材料，每种取 $4m^2$ 检验燃烧性能；

（2）表面进行加工后的 $B_1$ 级木质材料，每种取 $4m^2$ 检验燃烧性能。

10. 高分子合成材料子分部装修工程

下列材料进场应进行见证取样检验：

（1）$B_1$、$B_2$ 级高分子合成材料；

（2）现场进行阻燃处理所使用的阻燃剂及防火涂料。

现场阻燃处理后的泡沫塑料应进行抽样检验，每种取 $0.1m^3$ 检验燃烧性能。

11. 复合材料子分部装修工程

下列材料进场应进行见证取样检验：

（1）$B_1$、$B_2$ 级复合材料；

（2）现场进行阻燃处理所使用的阻燃剂及防火涂料。

现场阻燃处理后的复合材料应进行抽样检验，每种取 $4m^2$ 检验燃烧性能。

12. 其他材料子分部装修工程

下列材料进场应进行见证取样检验：

（1）$B_1$、$B_2$ 级材料；

（2）现场进行阻燃处理所使用的阻燃剂及防火涂料。

13. 现场阻燃处理后的复合材料应进行抽样检验。

**（三）装修材料的分类和分级**

装修材料按其使用部位和功能，划分为顶棚装修材料、墙面装修材料、地面装修材料、隔断装修材料、固定家具、装饰织物、其他装修装饰材料七类。

注：其他装修装饰材料系指楼梯扶手、挂镜线、踢脚板、窗帘盒、暖气罩等。

装修材料按其燃烧性能应划分为四级，并应符合表 3-7-1 的规定。

**表 3-7-1　装修材料燃烧性能等级**

| 等级 | 装修材料燃烧性能 |
| --- | --- |
| A | 不燃性 |
| $B_1$ | 难燃性 |
| $B_2$ | 可燃性 |
| $B_3$ | 易燃性 |

**（四）特殊部位装修要求**

建筑内部装修不应擅自减少、改动、拆除、遮挡消防设施、疏散指示标志、安全出口、疏散出口、疏散走道和防火分区、防烟分区等。

建筑内部消火栓箱门不应被装饰物遮掩，消火栓箱门四周的装修材料颜色应与消火栓箱门的颜色有明显区别或在消火栓箱门表面设置发光标志。

疏散走道和安全出口的顶棚、墙面不应采用影响人员安全疏散的镜面反光材料。

地上建筑的水平疏散走道和安全出口的门厅，其顶棚应采用 A 级装修材料，其他部位应采用不低于 $B_1$ 级的装修材料；地下民用建筑的疏散走道和安全出口的门厅，其顶棚、墙面和地面均应采用 A 级装修材料。

疏散楼梯间和前室的顶棚、墙面和地面均应采用 A 级装修材料。

建筑物内设有上下层相连通的中庭、走马廊、开敞楼梯、自动扶梯时，其连通部位的顶棚、墙面应采用 A 级装修材料，其他部位应采用不低于 $B_1$ 级的装修材料。

建筑内部变形缝（包括沉降缝、伸缩缝、抗震缝等）两侧基层的表面装修应采用不低于 $B_1$ 级的装修材料。

无窗房间内部装修材料的燃烧性能等级除 A 级外，应在规定的基础上提高一级。

消防水泵房、机械加压送风排烟机房、固定灭火系统钢瓶间、配电室、变压器室、发电机房、储油间、通风和空调机房等，其内部所有装修均应采用 A 级装修材料。

消防控制室等重要房间，其顶棚和墙面应采用 A 级装修材料，地面及其他装修应

采用不低于 $B_1$ 级的装修材料。

建筑物内的厨房，其顶棚、墙面、地面均应采用 A 级装修材料。

经常使用明火器具的餐厅、科研实验室，其装修材料的燃烧性能等级除 A 级外，应在规定的基础上提高一级。

民用建筑内的库房或贮藏间，其内部所有装修除应符合相应场所规定外，应采用不低于 $B_1$ 级的装修材料。

展览性场所装修设计应符合下列规定：

（1）展台材料应采用不低于 $B_1$ 级的装修材料。

（2）在展厅设置电加热设备的餐饮操作区内，与电加热设备贴邻的墙面、操作台均应采用 A 级装修材料。

（3）展台与卤钨灯等高温照明灯具贴邻部位的材料应采用 A 级装修材料。

**（五）照明灯具和配电箱的安装**

1. 开关、插座、配电箱不得直接安装在低于 $B_1$ 级的装修材料上，安装在 $B_1$ 级以下的材料基座上时，必须采用具有良好隔热性能的不燃材料隔绝。

2. 白炽灯、卤钨灯、荧光高压汞灯、镇流器等不得直接设置在可燃装修材料或可燃构件上。

3. 照明灯具的高温部位，当靠近非 A 级装修材料时，采取隔热、散热等防火保护措施。灯饰所用材料的燃烧性能等级不得低于 $B_1$ 级。

**（六）装修材料燃烧性能判定**

安装在金属龙骨上燃烧性能达到 $B_1$ 级的纸面石膏板、矿棉吸声板，可作为 A 级装修材料使用。

单位面积质量小于 $300g/m^2$ 的纸质、布质壁纸，当直接粘贴在 A 级基材上时，可作为 $B_1$ 级装修材料使用。

施涂于 A 级基材上的无机装修涂料，可作为 A 级装修材料使用；施涂于 A 级基材上，湿涂覆比小于 $1.5kg/m^2$，且涂层干膜厚度不大于 1.0mm 的有机装修涂料，可作为 $B_1$ 级装修材料使用。

当使用多层装修材料时，各层装修材料的燃烧性能等级均应符合相关规定。复合型装修材料的燃烧性能等级应进行整体检测确定。

**（七）建筑外墙的装饰**

建筑外墙的装饰应符合如下规定：

1. 装饰材料的燃烧性能

建筑外墙的装饰层 A 级材料，当建筑高度不大于 50m 时，可采用 $B_1$ 级材料。

2. 广告牌的设置位置

不得设置在灭火救援窗或自然排烟窗外侧，在消防车登高面一侧的外墙上，不得设置凸出的广告牌，以免影响消防车登高操作。

3. 设置发光广告牌墙体的燃烧性能

户外发光广告牌不得直接设置在有可燃、难燃材料的墙体上。

## 二、检查方法

通过查阅消防设计文件、建筑平面图和剖面图、建筑内部装修图、装饰材料的燃烧性能检测报告等相关资料，了解该该建筑的性质、类别、耐火等级、装修范围等，对现场内部装修和外墙装饰进行检查，核实其采取的装修材料是否和设计文件一致，核实其外墙装饰是否满足国家消防技术的相关要求。

# 第二节 建筑保温系统

建筑保温系统主要包括建筑外墙外保温系统、外墙内保温系统、保温材料与两侧墙体构成无空腔复合保温结构体和屋面保温系统。其中，建筑外墙外保温系统主要包括与基层墙体、装饰层之间无空腔的建筑外墙外保温系统，与基层墙体、装饰层之间有空腔的建筑外墙外保温系统。

## 一、检查内容要求

### （一）一般要求

建筑的内、外保温系统，宜采用燃烧性能为 A 级的保温材料，不宜采用 $B_2$ 级保温材料，严禁采用 $B_3$ 级保温材料；设置保温系统的基层墙体或屋面板的耐火极限应符合有关规定。

### （二）电气线路和电器配件的安装

电气线路不得穿越或敷设在燃烧性能为 $B_1$ 级或 $B_2$ 级的保温材料中；对确需穿越或敷设的，应采取穿金属管并在金属管周围采用不燃隔热材料进行防火隔离等防火保护措施。设置开关、插座等电器配件的部位周围应采取不燃隔热材料进行防火隔离等防火保护措施，防止因电器使用年限长、绝缘老化或过负荷运行发热等引发火灾。现场采用钢针插入或剖开尺量防护层的厚度、水平防火隔离带的高度或宽度时，不允许有负偏差。

### （三）外保温系统

1. 采用外保温的建筑外墙

人员密集场所的建筑，其外墙外保温材料的燃烧性能应为 A 级。

与基层墙体、装饰层之间无空腔的建筑外墙外保温系统，其保温材料应符合下列规定：

（1）住宅建筑：

① 建筑高度大于 100m 时，保温材料的燃烧性能应为 A 级；

② 建筑高度大于 27m 但不大于 100m 时，保温材料的燃烧性能不应低于 $B_1$ 级；

③ 建筑高度不大于 27m 时，保温材料的燃烧性能不应低于 $B_2$ 级。

（2）除住宅建筑和设置人员密集场所的建筑外，其他建筑：

① 建筑高度大于 50m 时，保温材料的燃烧性能应为 A 级；

② 建筑高度大于 24m 但不大于 50m 时，保温材料的燃烧性能不应低于 $B_1$ 级；

③ 建筑高度不大于 24m 时，保温材料的燃烧性能不应低于 $B_2$ 级。

除设置人员密集场所的建筑外，与基层墙体、装饰层之间有空腔的建筑外墙外保温系统，其保温材料应符合下列规定：

① 建筑高度大于 24m 时，保温材料的燃烧性能应为 A 级；

② 建筑高度不大于 24m 时，保温材料的燃烧性能不应低于 $B_1$ 级。

建筑外墙外保温系统与基层墙体、装饰层之间的空腔，应在每层楼板处采用防火封堵材料封堵。

2. 采用内保温的建筑外墙

建筑外墙采用内保温系统时，保温系统应符合下列规定：

（1）对人员密集场所，用火、燃油、燃气等具有火灾危险性的场所，以及各类建筑内的疏散楼梯间、避难走道、避难间、避难层等场所或部位，应采用燃烧性能为 A 级的保温材料。

（2）对其他场所，应采用低烟、低毒且燃烧性能不低于 $B_1$ 级的保温材料。

（3）保温系统应采用不燃材料作防护层。采用燃烧性能为 $B_1$ 级的保温材料时，防护层的厚度不应小于 10mm。

3. 建筑外墙采用保温材料与两侧墙体构成无空腔复合保温结构体

建筑外墙采用保温材料与两侧墙体构成无空腔复合保温结构体时，该结构体的耐火极限应符合有关规定；当保温材料的燃烧性能为 $B_1$、$B_2$ 级时，保温材料两侧的墙体应采用不燃材料且厚度均不应小于 50mm。

4. 老年人照料设施

除上述第 3 条规定的情况外，下列老年人照料设施的内、外墙体和屋面保温材料应采用燃烧性能为 A 级的保温材料：

（1）独立建造的老年人照料设施；

（2）与其他建筑组合建造且老年人照料设施部分的总建筑面积大于 $500m^2$ 的老年人照料设施。

除上述第 3 条规定的情况外，当建筑的外墙外保温系统按本节规定采用燃烧性能为 $B_1$、$B_2$ 级的保温材料时，应符合下列规定：

（1）除采用 $B_1$ 级保温材料且建筑高度不大于 24m 的公共建筑或采用 $B_1$ 级保温材料且建筑高度不大于 27m 的住宅建筑外，建筑外墙上门、窗的耐火完整性不应低于 0.50h。

（2）应在保温系统中每层设置水平防火隔离带。防火隔离带应采用燃烧性能为 A 级的材料，防火隔离带的高度不应小于 300mm。

**（四）屋面外保温系统**

建筑的屋面外保温系统，当屋面板的耐火极限不低于 1.00h 时，保温材料的燃烧性能不应低于 $B_2$ 级；当屋面板的耐火极限低于 1.00h 时，不应低于 $B_1$ 级。采用 $B_1$、$B_2$ 级保温材料的外保温系统应采用不燃材料作防护层，防护层的厚度不应小于 10mm。

**（五）保温材料及厚度要求**

建筑的外墙外保温系统应采用不燃材料在其表面设置防护层，防护层应将保温材料完全包覆。除第（三）中第3条中规定的情况外，当按本节规定采用$B_1$、$B_2$级保温材料时，防护层厚度首层不应小于15mm，其他层不应小于5mm。

当建筑的屋面和外墙外保温系统均采用$B_1$、$B_2$级保温材料时，屋面与外墙之间应采用宽度不小于500mm的不燃材料设置防火隔离带进行分隔。

电气线路不应穿越或敷设在燃烧性能为$B_1$或$B_2$级的保温材料中；确需穿越或敷设时，应采取穿金属管并在金属管周围采用不燃隔热材料进行防火隔离等防火保护措施。设置开关、插座等电器配件的部位周围应采取不燃隔热材料进行防火隔离等防火保护措施。

## 二、检查方法

通过查阅消防设计文件、建筑平面图和剖面图、施工记录、保温材料的燃烧性能检测报告等相关资料，了解该建筑的性质、类别、耐火等级、保温形式等，对现场保温系统进行检查，核实其采取的保温材料是否和设计文件一致，核实其防护层的厚度、防火隔离带的高度或宽度是否满足国家消防技术的相关要求。

# 第八章　建筑电气防爆检查

**学习要求**

通过本章的学习，应了解建筑爆炸区域的分级；熟悉电气防爆和建筑防爆的要求；掌握不同建筑应该采取哪些不同的防爆措施。

## 第一节　建筑防爆

建筑防爆是对有发生爆炸可能性的建筑物所做的防爆设计和采取防爆、泄爆的构造措施。建筑防爆是对有爆炸危险的厂房、库房等建筑进行的防爆设计。有爆炸危险性的建筑宜为单层，当必须为多层时应将爆炸危险生产部位放在顶层。此部位宜靠外墙设置，还应以防爆墙把爆炸危险部位与有明火部位及其他部位分隔开，防爆墙上必须设洞口时应安装防爆门窗。该建筑耐火等级应为一级或二级，并宜采用钢筋混凝土结构，如采用钢结构，应有耐火保护层。当建筑体积小和爆炸介质威力均较小时也可采用混合结构，但应有壁柱、圈梁等加固措施。

### 一、检查内容要求

#### （一）爆炸危险区域的确定

爆炸性气体环境应根据爆炸性气体混合物出现的频繁程度和持续时间分为 0 区、1 区、2 区，分区应符合下列规定：

（1）0 区应为连续出现或长期出现爆炸性气体混合物的环境；

（2）1 区应为在正常运行时可能出现爆炸性气体混合物的环境；

（3）2 区应为在正常运行时不太可能出现爆炸性气体混合物的环境，或即使出现也仅是短时存在的爆炸性气体混合物的环境。

#### （二）有爆炸危险厂房的总体布局

有爆炸危险厂房的总体布局应符合下列规定：

（1）有爆炸危险的甲、乙类厂房宜独立设置。

（2）有爆炸危险的甲、乙类厂房的总控制室需独立设置；分控制室宜独立设置，当采用耐火极限不低于 3.00h 的防火隔墙与其他部位分隔时，可贴邻外墙设置。

（3）除尘器、过滤器宜布置在厂外的独立建筑内，且建筑外墙和所属厂房防火间距不小于 10m，符合条件可设置在厂房内的独立房间，但两者需采用耐火极限不低于 3.00h 的防火隔墙的耐火极限不低于 1.50h 的楼板分隔。

#### （三）有爆炸危险厂房的平面布置

有爆炸危险厂房的平面布置应符合下列规定：

（1）有爆炸危险的甲、乙类生产部位，布置在单层厂房靠外墙的泄压设施或多层厂房顶层靠外墙的泄压设施附近。

（2）有爆炸危险的设备避开厂房的梁、柱等主要承重构件布置。

（3）在爆炸危险区域内的楼梯间、室外楼梯或与相邻区域连通处，设置门斗等防护措施。门斗的隔墙采用耐火极限不低于2.00h的防火隔墙，门采用甲级防火门并与楼梯间的门错位设置。

（4）办公室、休息室不得布置在有爆炸危险的甲、乙类厂房内。如须贴邻，耐火等级不低于二级，并采用耐火极限不低于3.00h防爆墙且独立安全出口。

（5）排除有燃烧或爆炸危险气体、蒸气和粉尘的排风系统的排风设备不得布置在地下或半地下建筑（室）内。

（6）变、配电所不应设置在甲、乙类厂房内或贴邻，供甲乙类厂房专用的10kV及以下的变、配电站，采用无开口的防火墙分隔可一面贴邻。乙类厂房配电站确需在防火墙上开窗时，应用甲级固定防火窗（如氨压缩机房的配电站）。

（7）有爆炸危险的甲、乙类厂房的总控制室应独立设置，分控制室宜独立设置，当贴邻外墙设置时，应采用耐火极限不低于3.00h的防火隔墙与其他部位分隔。

**（四）防爆措施**

有爆炸危险的厂房应采取如下措施：

（1）散发较空气重的可燃气体、可燃蒸气的甲类厂房和有粉尘、纤维爆炸危险的乙类厂房，其地面采用不发火花的地面。当采用绝缘材料作为整体面层时，应采取防静电措施。散发可燃粉尘、纤维的厂房内地面应平整、光滑，并易于清扫。

（2）甲、乙、丙类液体仓库设置防止液体流散的设施，例如，在桶装仓库门洞处修筑高为150～300mm的慢坡；也可以在仓库门口砌筑高度为150～300mm的门槛，再在门槛两边填沙土形成慢坡，便于装卸。

（3）遇湿会发生燃烧爆炸的物品仓库应采取防止水浸渍的措施，例如，使室内地面高出室外地面、仓库屋面严密遮盖，防止渗漏雨水，装卸这类物品的仓库栈台应设防雨水的遮挡等。

**（五）泄压设施的设置**

有爆炸危险的厂房应采取如下泄压措施：

（1）有爆炸危险的甲、乙类厂房宜采用敞开或半敞开式，承重结构宜采用钢筋混凝土或钢框架、排架结构。

（2）泄压设施的材质宜采用轻质屋面板、轻质墙体和易于泄压的门、窗等，并采用安全玻璃等在爆炸时不产生尖锐碎片的材料。作为泄压设施的轻质屋面板和墙体每平方米的质量不宜大于60kg。

（3）泄压设施的设置应避开人员密集场所和主要交通道路，并宜靠近有爆炸危险的部位。有粉尘爆炸危险的筒仓，其泄压设施设置在顶部盖板。屋顶上的泄压设施采取防冰雪积聚措施。

（4）散发较空气轻的可燃气体、可燃蒸气的甲类厂房，宜采用轻质屋面板作为泄压面积。顶棚尽量平整、无死角，厂房上部空间保证通风良好。

（5）厂房的泄压面积宜按下式计算，但当厂房的长径比大于3时，宜将建筑划分为长径比不大于3的多个计算段，各计算段中的公共截面不得作为泄压面积：

$$A=10CV^{2/3}$$

式中 $A$——泄压面积（$m^2$）；

$V$——厂房的容积（$m^3$）；

$C$——泄压比，可按表3-8-1选取（$m^2/m^3$）。

**表3-8-1 厂房内爆炸性危险物质的类别与泄压比规定值** $m^2/m^3$

| 厂房内爆炸性危险物质的类别 | $C$ |
| --- | --- |
| 氨、粮食、纸、皮革、铅、铬、铜等 $K_{尘}<10MPa\cdot m/s$ 的粉尘 | ≥0.030 |
| 木屑、炭屑、煤粉、锑、锡等 $10MPa\cdot m/s\leqslant K_{尘}\leqslant 30MPa\cdot m/s$ 的粉尘 | ≥0.055 |
| 丙酮、汽油、甲醇、液化石油气、甲烷、喷漆间或干燥室，苯酚树脂、铝、镁、锆等 $K_{尘}>30MPa\cdot m/s$ 的粉尘 | ≥0.110 |
| 乙烯 | ≥0.160 |
| 乙炔 | ≥0.200 |
| 氢 | ≥0.250 |

注：1. 长径比为建筑平面几何外形尺寸中的最长尺寸与其横截面周长的积和4.0倍的建筑横截面面积之比。
2. $K_{尘}$是指粉尘爆炸指数。

长径比为建筑平面几何外形尺寸中的最长尺寸与其横截面周长的积和4.0倍的该建筑横截面面积之比。

## 二、检查方法

通过查阅消防设计文件、建筑平面图和剖面图、施工资料、竣工验收资料文件等相关资料，了解该工业建筑的性质、功能、耐火等级、层数高度等，对存在爆炸危险的类别进行判别，核实其采取的防爆措施的有效性，确定需要泄压的面积是否满足国家消防技术的相关要求。

# 第二节 电气防爆和设施防爆

## 一、检查内容要求

### （一）电气防爆

1. 一般要求

（1）导线材质：不得选用铝质的，而选用铜芯绝缘导线或电缆。铜芯导线或电缆的截面在1区为2.5$mm^2$以上，2区为1.5$mm^2$以上。

（2）导线允许载流量：绝缘电线和电缆的允许载流量不得小于熔断器熔体额定电流的1.25倍和断路器长延时过电流脱扣器整定电流的1.25倍。

（3）线路的敷设方式：

① 当爆炸环境中气体、蒸气的密度比空气大时，电气线路敷设在高处或埋入地下。

架空敷设时选用电缆桥架；电缆沟敷设时沟内填充沙并设置有效的排水措施。

② 当爆炸环境中气体、蒸气的密度比空气小时，电气线路敷设在较低处或用电缆沟敷设。敷设电气线路的沟道、钢管或电缆，在穿过不同区域之间墙或楼板处的孔洞时，采用非燃性材料严密堵塞，防止爆炸性混合物或蒸气沿沟道、电缆管道流动。

（4）线路的连接：电气线路之间在原则上不直接连接，如必须连接，检查是否采用压接、钎焊、熔焊，保证接触良好，防止局部过热。线路与电气设备连接时，特别是铜铝线连接时，应采用过渡接头。

《爆炸危险环境电力装置设计规范》（GB 50058—2014）相关规定：

（1）对可燃物质比空气密度大的爆炸性气体环境，位于爆炸危险区附加 2 区的变电所、配电所和控制室的电气和仪表的设备层地面应高出室外地面 0.6m。

（2）当高挥发性液体可能大量释放并扩散到 15m 以外时，爆炸危险区域的范围应划分为附加 2 区。

《建筑设计防火规范》（GB 50016—2014）（2018 年版）相关规定：

开关、插座和照明灯具靠近可燃物时，应采取隔热、散热等防火措施。

卤钨灯和额定功率不小于 100W 的白炽灯泡的吸顶灯、槽灯、嵌入式灯，其引入线应采用瓷管、矿棉等不燃材料做隔热保护。

额定功率不小于 60W 的白炽灯、卤钨灯、高压钠灯、金属卤化物灯、荧光高压汞灯（包括电感镇流器）等，不应直接安装在可燃物体上或采取其他防火措施。

2. 线路的敷设方式

主要检查电气线路的敷设方式是否与爆炸环境中气体、蒸气的密度相适应。检查要求如下：

（1）当爆炸环境中气体、蒸气的密度比空气大时，电气线路应敷设在高处或埋入地下。架空敷设时选用电缆桥架；电缆沟敷设时沟内应填充沙并设置有效的排水措施。

（2）当爆炸环境中气体、蒸气的密度比空气小时，电气线路应敷设在较低处或用电缆沟敷设。敷设电气线路的沟道、钢管或电缆，在穿过不同区域之间墙或楼板处的孔洞时，应采用不燃材料严密堵塞，防止爆炸性混合物或蒸气沿沟道、电缆管道流动。

3. 爆炸释放源区域的划分

《爆炸危险环境电力装置设计规范》（GB 50058—2014）相关要求：

爆炸危险区域的划分应按释放源级别和通风条件确定，存在连续级释放源的区域可划为 0 区，存在一级释放源的区域可划为 1 区，存在二级释放源的区域可划为 2 区，并应根据通风条件按下列规定调整区域划分：

（1）当通风良好时，可降低爆炸危险区域等级；当通风不良时，应提高爆炸危险区域等级。

（2）局部机械通风在降低爆炸性气体混合物浓度方面比自然通风和一般机械通风更为有效时，可采用局部机械通风降低爆炸危险区域等级。

（3）在障碍物、凹坑和死角处，应局部提高爆炸危险区域等级。

（4）利用堤或墙等障碍物，限制比空气密度大的爆炸性气体混合物的扩散，可缩小爆炸危险区域的范围。

4. 粉尘释放源区域的划分

《爆炸危险环境电力装置设计规范》(GB 50058—2014)相关规定:

爆炸危险区域的划分应按爆炸性粉尘的量、爆炸极限和通风条件确定。

粉尘释放源应按爆炸性粉尘释放频繁程度和持续时间长短分为连续级释放源、一级释放源、二级释放源，释放源应符合下列规定:

(1) 连续级释放源应为粉尘云持续存在或预计长期或短期经常出现的部位。

(2) 一级释放源应为在正常运行时预计可能周期性或偶尔释放的释放源。

(3) 二级释放源应为在正常运行时，预计不可能释放，如果释放也仅是不经常地并且是短期地释放。

5. 爆炸性环境内设备的保护接地

爆炸性环境内设备的保护接地应符合下列规定:

(1) 在爆炸危险环境内，设备的外露可导电部分应可靠接地。爆炸性环境1区、20区、21区内的所有设备，以及爆炸性环境2区、22区内除照明灯具以外的其他设备，应采用专用的接地线。该接地线若与相线敷设在同一保护管内，应具有与相线相同的绝缘。爆炸性环境2区、22区内的照明灯具，可利用有可靠电气连接的金属管线系统作为接地线，但不得利用输送可燃物质的管道。

(2) 在爆炸危险区域不同方向，接地干线应不少于两处与接地体连接。

**(二) 设施防爆**

1. 通风、空调系统

(1) 通风和空气调节系统横向宜按防火分区设置，竖向不宜超过5层。当管道设置防止回流设施或防火阀时，管道布置可不受此限制。竖向风管应设置在管井内。

(2) 厂房内有爆炸危险场所的排风管道，严禁穿过防火墙和有爆炸危险的房间隔墙。

(3) 甲、乙、丙类厂房内的送、排风管道宜分层设置。当水平或竖向送风管在进入生产车间处设置防火阀时，各层的水平或竖向送风管可合用一个送风系统。

(4) 空气中含有易燃、易爆危险物质的房间，其送、排风系统应采用防爆型的通风设备。当送风机布置在单独分隔的通风机房内且送风干管上设置防止回流设施时，可采用普通型的通风设备。

(5) 含有燃烧和爆炸危险粉尘的空气，在进入排风机前应采用不产生火花的除尘器进行处理。对遇水可能形成爆炸的粉尘，严禁采用湿式除尘器。

(6) 处理有爆炸危险粉尘的除尘器、排风机的设置应与其他普通型的风机、除尘器分开，并宜按单一粉尘分组布置。

净化有爆炸危险粉尘的干式除尘器和过滤器宜布置在厂房外的独立建筑内，建筑外墙与所属厂房的防火间距不应小于10m。

具备连续清灰功能，或具有定期清灰功能且风量不大于15000$m^3$/h、集尘斗的储尘量小于60kg的干式除尘器和过滤器，可布置在厂房内的单独房间内，但应采用耐火极限不低于3.00h的防火隔墙和耐火极限不低于1.50h的楼板与其他部位分隔。

(7) 净化或输送有爆炸危险粉尘和碎屑的除尘器、过滤器或管道，均应设置泄压装置。净化有爆炸危险粉尘的干式除尘器和过滤器应布置在系统的负压段上。

（8）排除有燃烧或爆炸危险气体、蒸气和粉尘的排风系统，应符合下列规定：

① 排风系统应设置导除静电的接地装置；

② 排风设备不应布置在地下或半地下建筑（室）内；

③ 排风管应采用金属管道，并应直接通向室外安全地点，不应暗设。

（9）排除和输送温度超过 80℃ 的空气或其他气体及易燃碎屑的管道，与可燃或难燃物体之间的间隙不应小于 150mm，或采用厚度不小于 50mm 的不燃材料隔热；当管道上下布置时，表面温度较高者应布置在上面。

（10）通风、空气调节系统的风管在下列部位应设置公称动作温度为 70℃ 的防火阀：

① 穿越防火分区处；

② 穿越通风、空气调节机房的房间隔墙和楼板处；

③ 穿越重要或火灾危险性大的场所的房间隔墙和楼板处；

④ 穿越防火分隔处的变形缝两侧；

⑤ 竖向风管与每层水平风管交接处的水平管段上。

注：当建筑内每个防火分区的通风、空气调节系统均独立设置时，水平风管与竖向总管的交接处可不设置防火阀。

公共建筑的浴室、卫生间和厨房的竖向排风管，应采取防止回流措施并宜在支管上设置公称动作温度为 70℃ 的防火阀。

公共建筑内厨房的排油烟管道宜按防火分区设置，且在与竖向排风管连接的支管处应设置公称动作温度为 150℃ 的防火阀。

（11）防火阀的设置应符合下列规定：

① 防火阀宜靠近防火分隔处设置；

② 防火阀暗装时，应在安装部位设置方便维护的检修口；

③ 在防火阀两侧各 2.0m 范围内的风管及其绝热材料应采用不燃材料；

④ 防火阀应符合现行国家标准《建筑通风和排烟系统用防火阀门》（GB 15930）的规定。

（12）除下列情况外，通风、空气调节系统的风管应采用不燃材料：

① 接触腐蚀性介质的风管和柔性接头可采用难燃材料；

② 体育馆、展览馆、候机（车、船）建筑（厅）等大空间建筑，单、多层办公建筑和丙、丁、戊类厂房内通风、空气调节系统的风管，当不跨越防火分区且在穿越房间隔墙处设置防火阀时，可采用难燃材料。

（13）设备和风管的绝热材料、用于加湿器的加湿材料、消声材料及其胶粘剂，宜采用不燃材料，确有困难时，可采用难燃材料。

风管内设置电加热器时，电加热器的开关应与风机的启停联锁控制。电加热器前后各 0.8m 范围内的风管和穿过有高温、火源等容易起火房间的风管，均应采用不燃材料。

（14）燃油或燃气锅炉房应设置自然通风或机械通风设施。燃气锅炉房应选用防爆型的事故排风机。当采取机械通风时，机械通风设施应设置导除静电的接地装置，通风量应符合下列规定：

① 燃油锅炉房的正常通风量应按换气次数不少于 3 次/h 确定，事故排风量应按换气次数不少于 6 次/h 确定；

② 燃气锅炉房的正常通风量应按换气次数不少于 6 次/h 确定，事故排风量应按换气次数不少于 12 次/h 确定。

2. 供暖系统

（1）在散发可燃粉尘、纤维的厂房内，散热器表面平均温度不应超过 82.5℃。输煤廊的散热器表面平均温度不应超过 130℃。

（2）甲、乙类厂房（仓库）内严禁采用明火和电热散热器供暖。

（3）下列厂房应采用不循环使用的热风供暖：

① 生产过程中散发的可燃气体、蒸气、粉尘或纤维与供暖管道、散热器表面接触能引起燃烧的厂房；

② 生产过程中散发的粉尘受到水、水蒸气的作用能引起自燃、爆炸或产生爆炸性气体的厂房。

（4）供暖管道不应穿过存在与供暖管道接触能引起燃烧或爆炸的气体、蒸气或粉尘的房间，确需穿过时，应采用不燃材料隔热。

（5）供暖管道与可燃物之间应保持一定距离，并应符合下列规定：

① 当供暖管道的表面温度大于 100℃时，不应小于 100mm 或采用不燃材料隔热；

② 当供暖管道的表面温度不大于 100℃时，不应小于 50mm 或采用不燃材料隔热。

（6）建筑内供暖管道和设备的绝热材料应符合下列规定：

① 对甲、乙类厂房（仓库），应采用不燃材料；

② 对其他建筑，宜采用不燃材料，不得采用可燃材料。

## 二、检查方法

通过查阅消防设计文件、建筑平面图和剖面图、电气设备材料清单、施工调试记录文件等相关资料，了解该工业建筑的性质、功能、耐火等级、层数高度等，对存在爆炸危险的类别进行判别，核实其采取的防爆措施的有效性，对现场电气防爆设备进行检查，核实其是否满足国家防爆技术的相关要求。

# 第四篇　建筑消防水灭火系统

## 第一章　消防给水系统

**学习要求**

通过本章的学习，了解消防给水系统的分类、组成、用途、功能，熟悉消防给水系统各部件安装前的检查，掌握消防给水系统安装、调试、检测、验收程序及维护管理的规定。

### 第一节　消防给水系统分类、组件进场检验

#### 一、消防给水系统的分类

建筑消防给水系统是指为建筑消火栓给水系统、自动喷水灭火系统等水灭火系统提供可靠的消防用水的供水系统。消防给水系统主要由消防水源（市政给水、消防水池、高位消防水池和天然水源等）、供水设施设备（消防水泵、消防稳压设施、水泵接合器）、给水管网和阀门等构成。消防给水系统如图 4-1-1 所示。

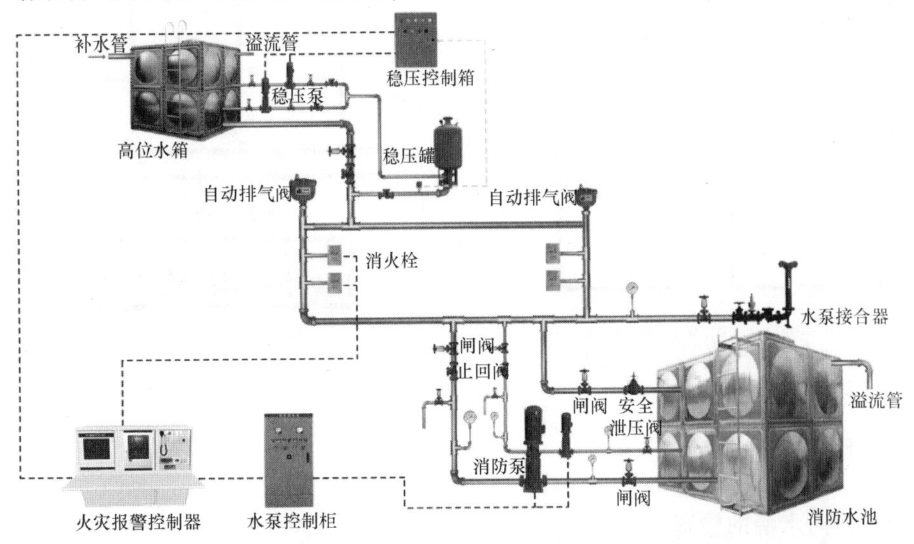


图 4-1-1　消防给水系统

消防给水系统的分类见表 4-1-1。

**表 4-1-1 消防给水系统的分类**

| 分类 | 系统名称 | 特点 |
| --- | --- | --- |
| 按水压分类 | 高压消防给水系统 | 能始终保持水灭火系统所需的工作压力和流量，火灾时无须启动消防水泵直接加压的消防给水系统 |
| | 临时高压消防给水系统 | 平时不能满足水灭火所需的工作压力和流量。火灾时自动启动消防水泵，以满足水灭火系统所需的工作压力和流量的消防给水系统 |
| | 低压消防给水系统 | 能满足车载或手抬移动消防水泵等取水所需的工作压力和流量的消防给水系统 |
| 按给水范围分类 | 独立消防给水系统 | 在一栋建筑内自成体系，独立工作的消防给水系统 |
| | 区域（集中）消防给水系统 | 两栋及两栋以上的建筑共用消防给水系统 |

高压消防给水系统和临时高压消防给水系统如图 4-1-2 和图 4-1-3 所示。

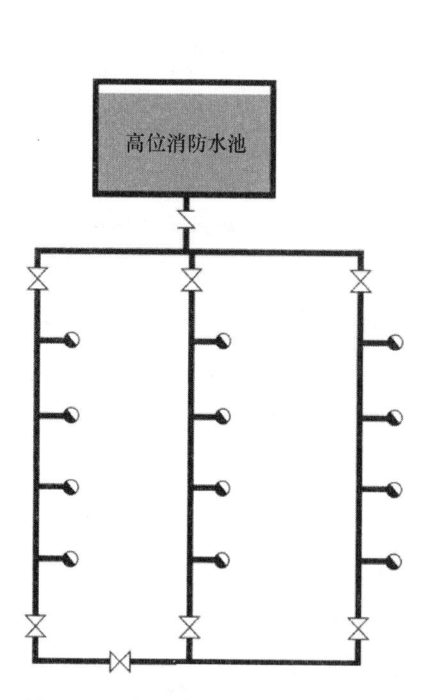


图 4-1-2 高压消防给水系统示意图

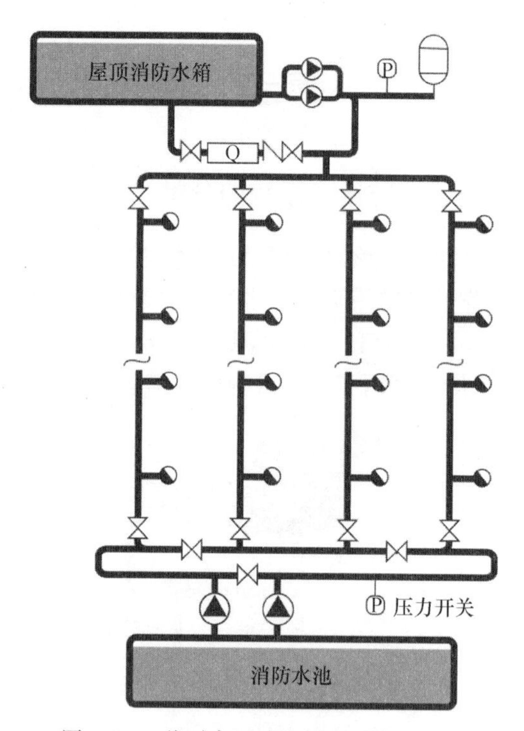


图 4-1-3 临时高压消防给水系统示意图

## 二、组件进场检验

### （一）消防水源的检查

消防给水系统的水源应无污染、无腐蚀、无悬浮物，水的 pH 值应为 6.0～9.0。给水水源的水质不应堵塞消火栓、报警阀、喷头等消防设施，影响其运行。通常，消防给水系统的水质基本上要达到生活水质的要求，消防水源的水量应充足、可靠。

1. 市政给水管网作为消防水源的条件

(1) 市政给水管网可以连续供水。

(2) 用作两路消防供水的市政给水管网应符合下列规定：

① 市政给水厂至少有两条输水干管向市政给水管网输水。

② 市政给水管网布置成环状管网。

③ 有不同市政给水干管上不少于两条引入管向消防给水系统供水。当其中一条发生故障时，其余引入管应仍能保证全部消防用水量。

若达不到以上的两路消防供水条件，则应视为一路消防供水。

市政给水管网作为消防水源如图 4-1-4 所示。

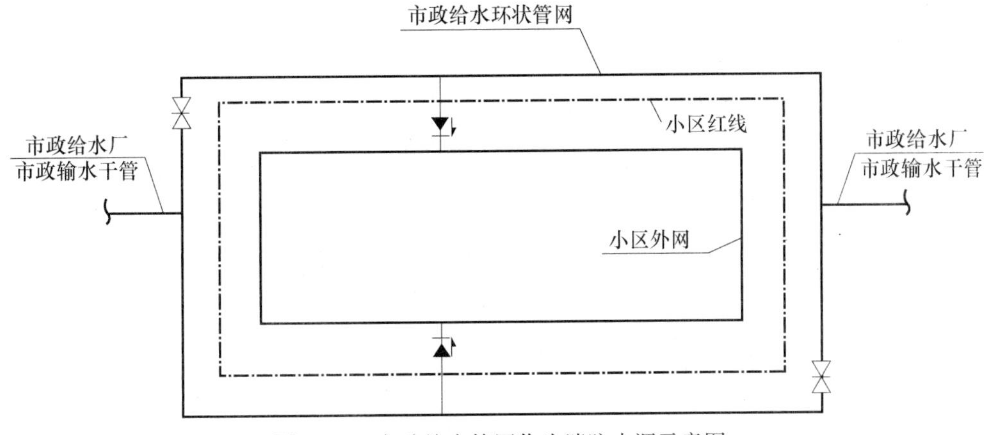


图 4-1-4　市政给水管网作为消防水源示意图

2. 消防水池作为消防水源的条件

(1) 消防水池有足够的有效容积。只有在能可靠补水的情况下（两路进水），才可减去持续灭火时间内的补水容积。

(2) 供消防车取水的消防水池应设取水口（井）。

(3) 在与生活或其他用水合用时，应有确保消防用水量不做他用的技术措施。消防用水量不做他用的技术措施如图 4-1-5 所示。

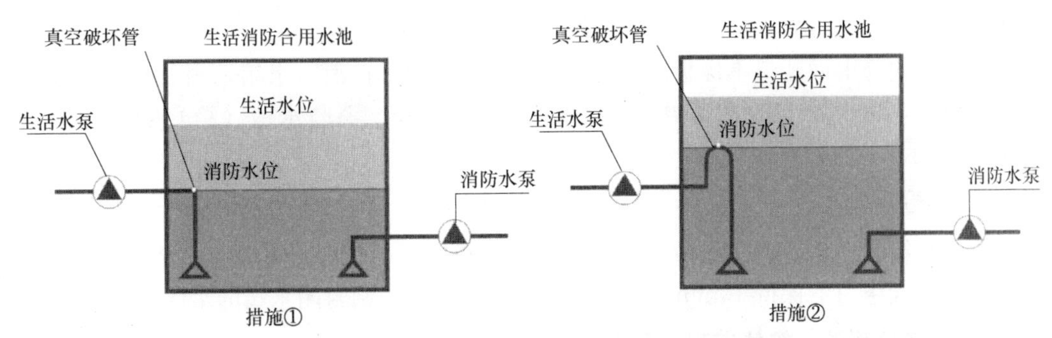


图 4-1-5　消防用水量不做他用的技术措施示意图

**（二）消防供水设施（设备）检查**

1. 消防水泵

（1）消防水泵的外观质量要求

泵体及各种外露的罩壳、箱体均应喷涂大红漆。

（2）消防水泵的材料要求

水泵外壳宜为球墨铸铁；水泵叶轮宜为青铜或不锈钢。

（3）消防水泵的结构要求

① 消防泵体上应铸出表示旋转方向的箭头。

② 泵应设置放水旋塞，放水旋塞应处于泵的最低位置以便排尽泵内余水。

2. 消防气压水罐

（1）气压水罐应有水位指示器。

（2）气压水罐应喷涂大红漆。

3. 水泵接合器

（1）设置位置应在室外便于消防车接近和使用的地点。

（2）检查水泵接合器的外形与室外消火栓是否雷同，以免混淆而延误灭火。

## 第二节　消防给水系统安装调试和检测验收

### 一、消防水池、水箱的施工安装与检测验收

**（一）施工安装**

1. 消防水池、消防水箱的溢流管、泄水管不得与生产或生活用水的排水系统直接相连，应采用间接排水方式。

2. 消防水池和消防水箱出水管或水泵吸水管要满足最低有效水位出水不掺气的技术要求。

消防水池的外观和消防的水池组成如图 4-1-6、图 4-1-7 所示。

安装时，消防水池（箱）外壁与建筑本体结构墙面或其他池壁之间的净距，应满足施工或装配的需要。无管道的侧面，净距不宜小于 0.7m；安装有管道的侧面，净距不宜小于 1.0m，且管道外壁与建筑本体墙面之间的通道宽度不宜小于 0.6m；设有人孔的池顶，顶板面与上面建筑本体板底的净空不应小于 0.8m；消防水箱采用非钢筋混凝土类的材料时，宜设置支墩，支墩高度不宜小于 600mm。消防水池（箱）安装净距如图 4-1-8所示。

**（二）检测验收**

敞口水箱装满水静置 24h 后观察，若不渗不漏，则敞口水箱的满水试验合格；而封闭水箱在试验压力下保持 10min，压力不降、不渗不漏，则封闭水箱的水压试验合格。

**（三）高位消防水箱的容积及静水压力**

高位消防水箱的外观如图 4-1-9 所示。

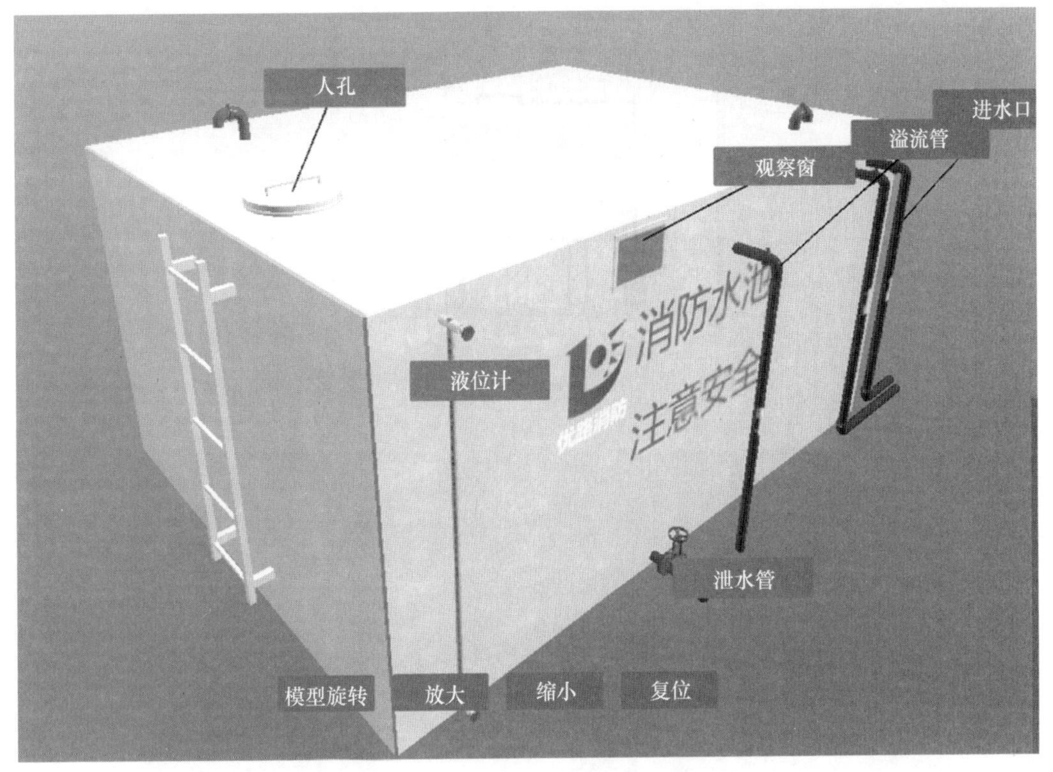


图 4-1-6　消防水池的外观示意图

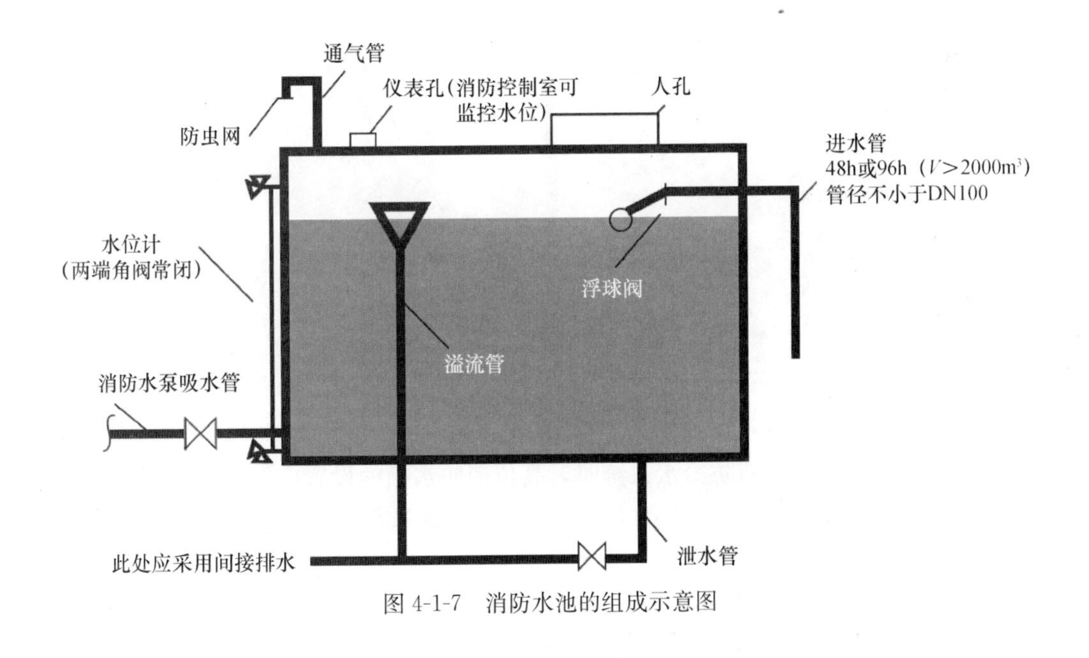


图 4-1-7　消防水池的组成示意图

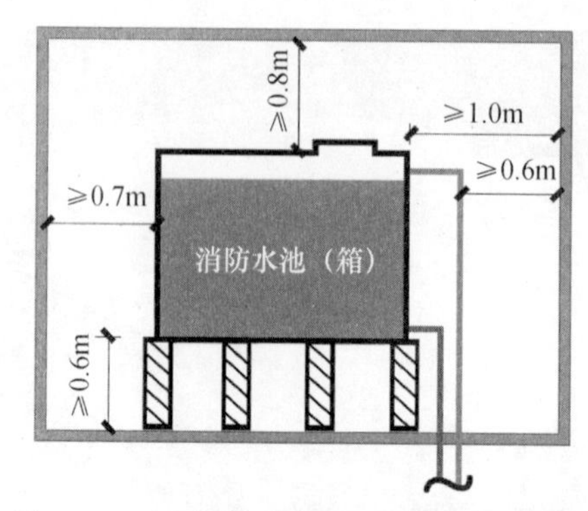


图 4-1-8　消防水池（箱）安装净距示意图

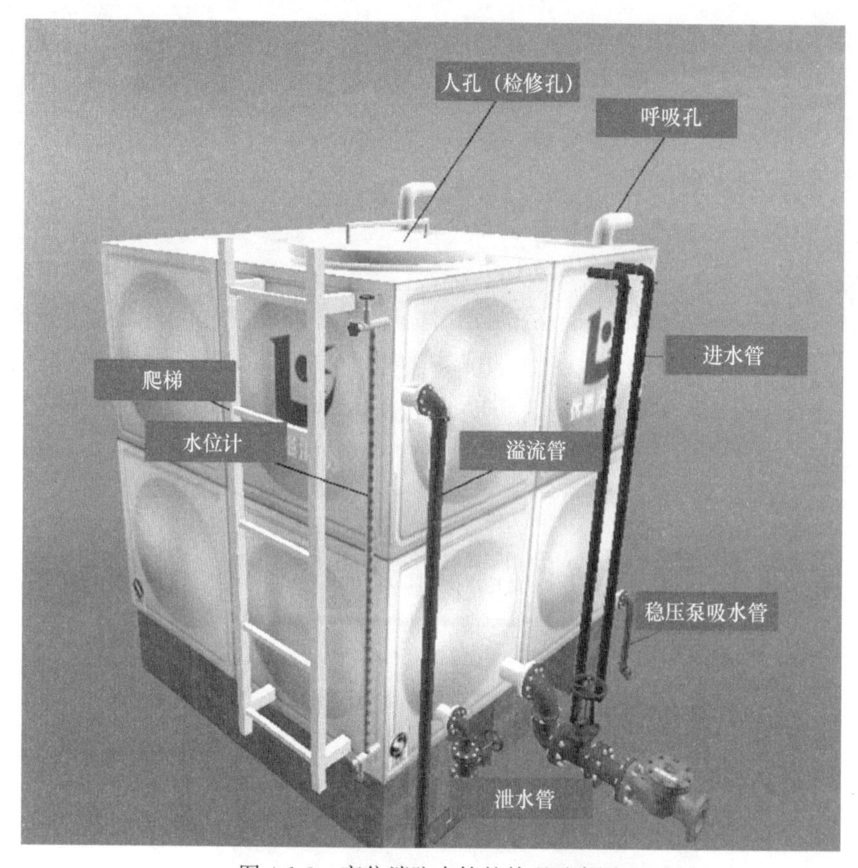


图 4-1-9　高位消防水箱的外观示意图

1. 室内采用临时高压消防给水系统时，高位消防水箱的设置应符合下列规定：

（1）高层民用建筑、总建筑面积大于 10000m² 且层数超过 2 层的公共建筑和其他重要建筑，必须设置高位消防水箱；

（2）其他建筑应设置高位消防水箱，但当设置高位消防水箱确有困难且采用安全可靠的消防给水形式时，可不设高位消防水箱，但应设稳压泵。

2. 临时高压消防给水系统的高位消防水箱的有效容积应满足初期火灾消防用水量

的要求，并应符合下列规定：

（1）一类高层公共建筑，不应小于 $36m^3$，但当建筑高度大于 100m 时，不应小于 $50m^3$，当建筑高度大于 150m 时，不应小于 $100m^3$；

（2）多层公共建筑、二类高层公共建筑和一类高层住宅，不应小于 $18m^3$，当一类高层住宅建筑高度超过 100m 时，不应小于 $36m^3$；

（3）二类高层住宅，不应小于 $12m^3$；

（4）建筑高度大于 21m 的多层住宅，不应小于 $6m^3$；

（5）工业建筑室内消防给水设计流量小于或等于 25L/s 时不应小于 $12m^3$，大于 25L/s 时不应小于 $18m^3$；

（6）总建筑面积大于 $10000m^2$ 且小于 $30000m^2$ 的商店建筑，不应小于 $36m^3$，总建筑面积大于 $30000m^2$ 的商店，不应小于 $50m^3$，当与本条第 1 款规定不一致时应取其较大值。

3. 高位消防水箱的设置位置应高于其所服务的水灭火设施，且最低有效水位应满足水灭火设施最不利点处的静水压力，并应按下列规定确定：

（1）一类高层公共建筑，不应低于 0.10MPa，但当建筑高度超过 100m 时，不应低于 0.15MPa；

（2）高层住宅、二类高层公共建筑、多层公共建筑，不应低于 0.07MPa，多层住宅不宜低于 0.07MPa；

（3）工业建筑不应低于 0.10MPa，当建筑体积小于 $20000m^3$ 时，不宜低于 0.07MPa；

（4）自动喷水灭火系统等自动水灭火系统应根据喷头灭火需求压力确定，但不应小于 0.10MPa；

（5）当高位消防水箱不能满足（1）～（4）的静压要求时，应设稳压泵。

4. 高位消防水箱应符合下列规定：

（1）进水管的管径应满足消防水箱 8h 充满水的要求，但管径不应小于 DN32，进水管宜设置液位阀或浮球阀。

（2）溢流管的直径不应小于进水管直径的 2 倍，且不应小于 DN100，溢流管的喇叭口直径宜为溢流管直径的 1.5～2.5 倍。

（3）高位消防水箱出水管管径应满足消防给水设计流量的出水要求，且不应小于 DN100。

（4）高位消防水箱出水管应位于高位消防水箱最低水位以下，并应设置防止消防用水进入高位消防水箱的止回阀。

## 二、消防水泵的安装调试与检测验收

### （一）消防水泵的安装调试

消防水泵是通过叶轮的旋转将能量传递给水，从而增加水的动能、压力能，并将其输送到灭火设备处，以满足各种灭火设备的水量、水压要求，它是消防给水系统的心脏。目前，消防给水系统中使用的水泵多为离心泵。消防水泵的安装如图 4-1-10 所示。

图 4-1-10 消防水泵的安装示意图

1. 消防水泵的安装应符合下列要求：

(1) 当消防水泵和消防水池位于独立的两个基础上且相互为刚性连接时，吸水管上应加设柔性连接管。

(2) 吸水管水平管段上不应有气囊和漏气现象。变径连接时，应采用偏心异径管件并采用管顶平接。

(3) 消防水泵出水管上应安装消声止回阀、控制阀和压力表；系统的总出水管上还应安装压力表和压力开关；安装压力表时应加设缓冲装置。压力表和缓冲装置之间应安装旋塞；压力表量程在没有设计要求时，应为系统工作压力的 2～2.5 倍。

2. 消防水泵调试应符合下列要求：

(1) 以自动直接启动或手动直接启动消防水泵时，消防水泵应在 55s 内投入正常运行，且应无不良噪声和振动；

(2) 以备用电源切换方式或备用泵切换启动消防水泵时，消防水泵应分别在 1min 或 2min 内投入正常运行；

(3) 消防水泵安装后应进行现场性能测试，其性能应与生产厂商提供的数据相符，并应满足消防给水设计流量和压力的要求；

(4) 消防水泵零流量时的压力不应超过设计工作压力的 140%；当出流量为设计工作流量的 150%时，其出口压力不应低于设计工作压力的 65%。

**(二) 消防水泵的检测验收**

1. 消防水泵运转应平稳，应无不良噪声和振动。

2. 吸水管、出水管上的控制阀应锁定在常开位置，并有明显标记。

3. 消防水泵应采用自灌式引水，并保证全部有效储水被有效利用。

4. 分别开启系统中的每一个末端试水装置、试水阀和试验消火栓，水流指示器、压力开关、低压压力开关、高位消防水箱流量开关等信号的功能，均应符合设计要求。

5. 打开消防水泵出水管上试水阀，当采用主电源启动消防水泵时，消防水泵应启动正常；关掉主电源，主、备电源应能正常切换；消防水泵就地和远程启停功能应正常，并向消防控制室反馈状态信号。

6. 消防水泵停泵时，水锤消除设施后的压力不应超过水泵出口设计工作压力的 1.4 倍。

7. 采用固定式和移动式流量计、压力表测试消防水泵的性能，水泵性能应能满足设计要求。

8. 消防水泵启动控制应置于自动启动挡。

9. 消防水泵吸水应符合下列规定：

(1) 消防水泵应采取自灌式吸水；立式和卧式消防水泵吸水如图 4-1-11、图 4-1-12 所示。

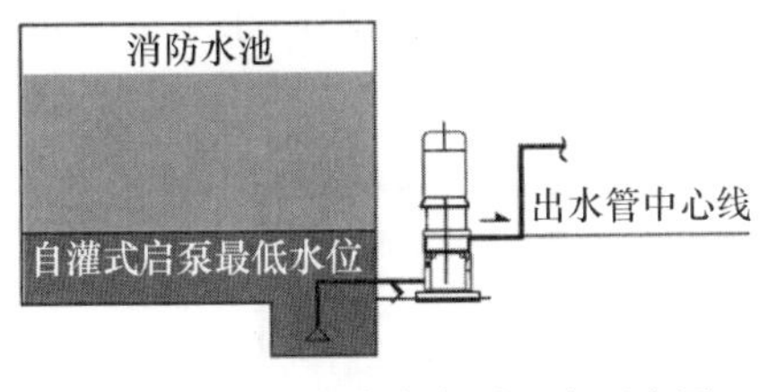


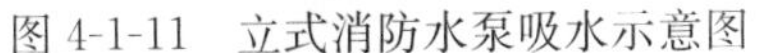
图 4-1-11　立式消防水泵吸水示意图

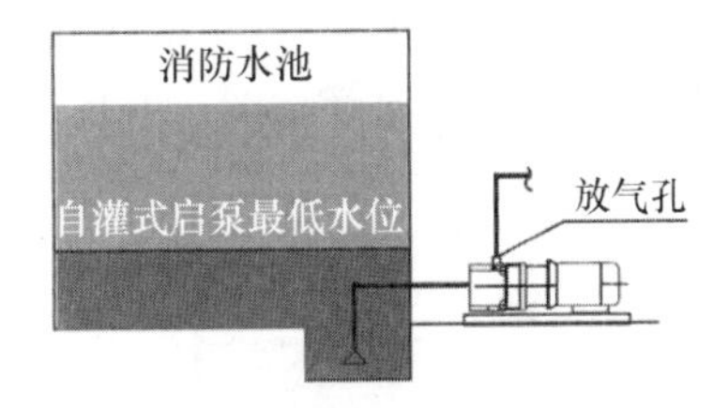


图 4-1-12　卧式消防水泵吸水示意图

(2) 消防水泵从市政管网直接抽水时，应在消防水泵出水管上设置有空气隔断的倒流防止器；倒流防止器安装位置如图 4-1-13 所示。

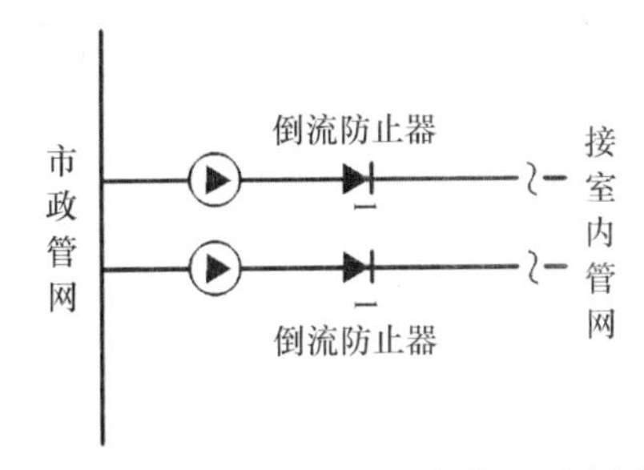


图 4-1-13　倒流防止器安装位置示意图

(3) 当吸水口处无吸水井时，吸水口处应设置旋流防止器。

10. 离心式消防水泵吸水管、出水管和阀门等，应符合下列规定：

(1) 一组消防水泵，吸水管不应少于两条，当其中一条损坏或检修时，其余吸水管应仍能通过全部消防给水设计流量，消防水泵吸水箱如图 4-1-14 所示。

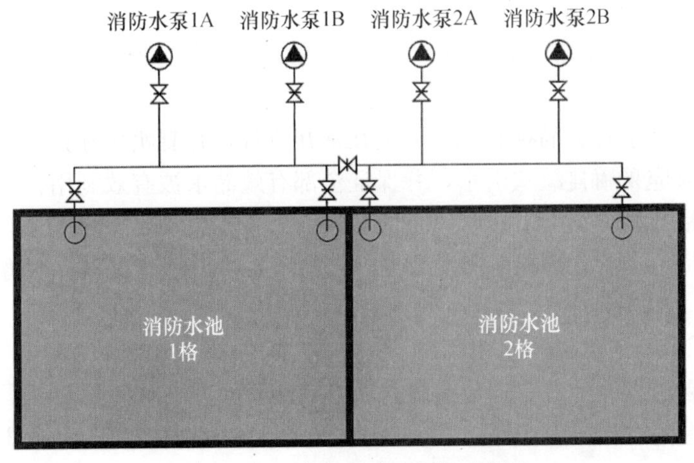


图 4-1-14　消防水泵吸水管示意图

（2）消防水泵吸水管布置应避免形成气囊。

（3）一组消防水泵应设不少于两条的输水干管与消防给水环状管网连接，当其中一条输水管检修时，其余输水管应仍能供应全部消防给水设计流量。

（4）消防水泵吸水口的淹没深度应满足消防水泵在最低水位运行安全的要求，吸水管喇叭口在消防水池最低有效水位下的淹没深度应根据吸水管喇叭口的水流速度和水力条件确定，但不应小于600mm，当采用旋流防止器时，淹没深度不应小于200mm，消防水泵吸水口的淹没深度如图4-1-15、图4-1-16所示。

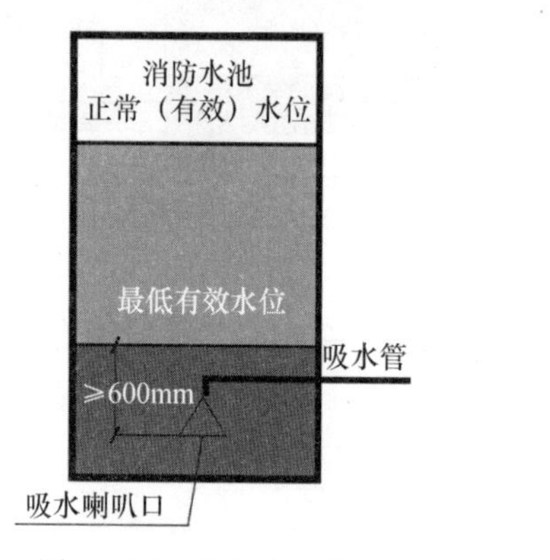


图4-1-15　消防水泵吸水口淹没深度（一）

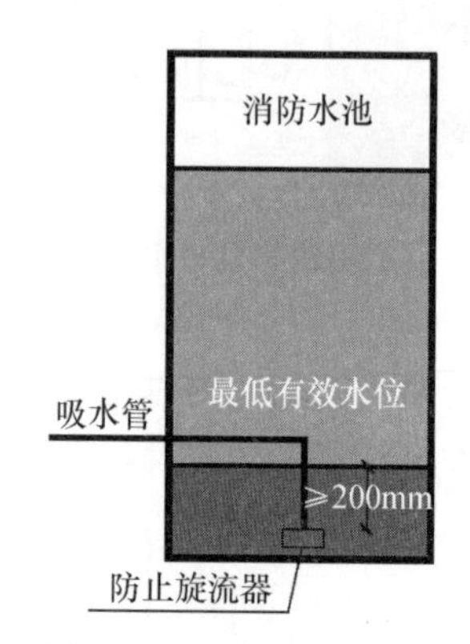


图4-1-16　消防水泵吸水口淹没深度（二）

（5）消防水泵的吸水管上应设置明杆闸阀或带自锁装置的蝶阀，但当设置暗杆阀门时应设有开启刻度和标志；当管径超过DN300时，宜设置电动阀门。

（6）消防水泵的出水管上应设止回阀、明杆闸阀；当采用蝶阀时，应带有自锁装置；当管径大于DN300时，宜设置电动阀门。

## 三、稳压泵的验收要求

### （一）稳压泵

1. 稳压泵的控制符合设计要求，并有防止稳压泵频繁启动的技术措施。

2. 稳压泵在1h内的启停次数符合设计要求，并不宜大于15次/h。

3. 稳压泵供电应正常，自动手动启停应正常；关掉主电源，主、备电源能正常切换。

4. 稳压泵吸水管应设置明杆闸阀，稳压泵出水管应设置消声止回阀和明杆闸阀。

5. 稳压泵流量的确定

消防给水系统消防稳压泵的设计流量不应小于消防给水系统管网的正常泄漏量和系统自动启动流量。当没有管网泄漏量数据时，稳压泵的设计流量宜按消防给水设计流量的1%～3%计，且不宜小于1L/s。

6. 稳压泵设计压力的确定

（1）稳压泵的设计压力应满足系统自动启动和管网充满水的要求。

（2）稳压泵的设计压力应保持系统自动启泵压力设置点处的压力在准工作状态时大于系统设置自动启泵压力，且增加值宜为0.07～0.10MPa。

（3）稳压泵的设计压力应保持系统最不利点处水灭火设施在准工作状态时的静水压力大于 0.15MPa。

7. 稳压泵的供电要求

消防稳压泵的供电要求同消防泵的供电要求，应设置备用泵。

**（二）气压罐**

为了避免稳压泵频繁启动，稳压泵常与气压罐配合使用。设置稳压泵的临时高压消防给水系统应设置防止稳压泵频繁启停的技术措施，当采用气压水罐时，其调节容积应根据稳压泵启泵次数不大于 15 次/h 计算确定，但有效储水容积不宜小于 150L。稳压泵和气压罐如图 4-1-17 所示，气压罐的容积如图 4-1-18 所示。

图 4-1-17　稳压泵和气压罐示意图

图 4-1-18　气压罐的容积示意图

## 四、消防水泵接合器的施工安装要求

消防水泵接合器的安装应符合下列规定：

（1）消防水泵接合器的安装，应按接口、本体、连接管、止回阀、安全阀、放空管、控制阀的顺序进行，止回阀的安装方向应使消防用水能从消防水泵接合器进入系统，整体式消防水泵接合器的安装，应按其使用安装说明书进行。消防水泵接合器的组成如图 4-1-19 所示。

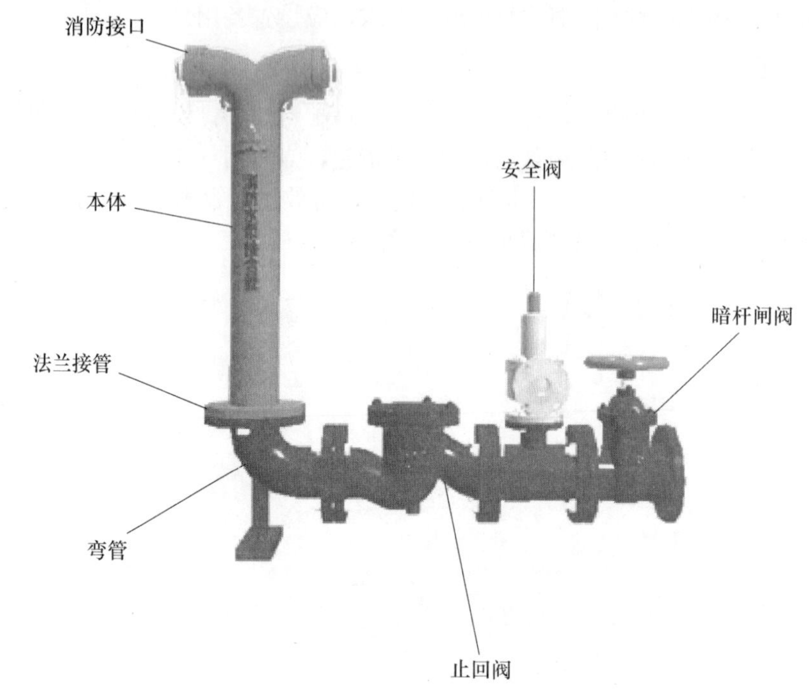


图 4-1-19　消防水泵接合器的组成示意图

（2）消防水泵接合器永久性固定标志应能识别其所对应的消防给水系统或水灭火系统，当有分区时应有分区标识。

（3）地下消防水泵接合器应采用铸有“消防水泵接合器”标志的铸铁井盖，并应在其附近设置指示其位置的永久性固定标志。

（4）墙壁消防水泵接合器的安装应符合设计要求。设计无要求时，其安装高度距地面宜为 0.7m；与墙面上的门、窗、孔、洞的净距离不应小于 2.0m，且不应安装在玻璃幕墙下方。

（5）地下消防水泵接合器的安装，应使进水口与井盖底面的距离不大于 0.4m，且不应小于井盖的半径，地下水泵接合器的安装如图 4-1-20 所示。

## 五、管网支吊架的安装

1. 下列部位应设置固定支架或防晃支架：

（1）配水管宜在中点设一个防晃支架，当管径小于 DN50 时可不设。

（2）配水干管及配水管、配水支管的长度超过 15m，每 15m 长度内应至少设一个防晃支架，当管径不大于 DN40 时可不设。

（3）管径大于 DN50 的管道拐弯、三通及四通位置处应设一个防晃支架。

2. 架空管道每段管道设置的防晃支架不应少于 1 个；当管道改变方向时，应增设防晃支架；立管应在其始端和终端设防晃支架或采用管卡固定。

3. 架空管道的支吊架应符合下列规定：

(1) 设计的吊架在管道的每一支撑点处应能承受5倍于充满水的管质量，且管道系统支撑点应支撑整个消防给水系统；

(2) 管道支架的支撑点宜设在建筑物的结构上，其结构在管道悬吊点应能承受充满水管道的质量另加至少114kg的阀门、法兰和接头等附加荷载；

(3) 当管道穿梁安装时，穿梁处宜作为一个吊架。

4. 沟槽连接件（卡箍）连接应符合下列规定：

(1) 机械三通连接时，应检查机械三通与孔洞的间隙，各部位应均匀，然后紧固到位；机械三通开孔间距不应小于1m，机械四通开孔间距不应小于2m。

(2) 配水干管（立管）与配水管（水平管）连接，应采用沟槽式管件，不应采用机械三通。机械三通如图4-1-21所示。

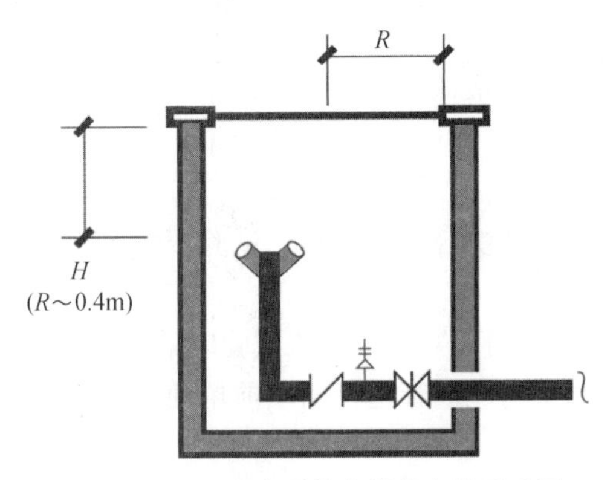


图4-1-20　地下水泵接合器的安装示意图

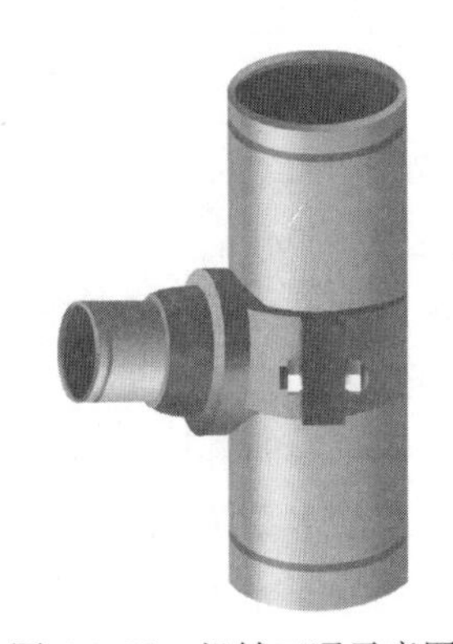

图4-1-21　机械三通示意图

## 六、管网的试压与冲洗

1. 管网安装完毕后，应对其进行强度试验、冲洗和严密性试验。

2. 强度试验和严密性试验宜用水进行。

3. 系统试压完成后，要及时拆除所有临时盲板及试验用的管道，并与记录核对无误。

4. 管网冲洗在试压合格后分段进行。冲洗顺序：先室外，后室内；先地下，后地上；室内部分的冲洗应按配水干管、配水管、配水支管的顺序进行。

5. 系统试压前应具备下列条件：

(1) 试压用的压力表不少于两只；精度不低于1.5级，量程为试验压力值的1.5～2倍。

(2) 试压冲洗方案已经批准。

(3) 对不能参与试压的设备、仪表、阀门及附件要加以隔离或拆除；加设的临时盲板具有突出于法兰的边耳，且应做明显标志，并记录临时盲板的数量。

6. 系统试压过程中，当出现泄漏时，要停止试压，并放空管网中的试验介质，消除缺陷后，重新再试。

7. 管网冲洗宜用水进行。冲洗前，应对系统的仪表采取保护措施。

8. 冲洗管道直径大于 DN100 时，应对其死角和底部进行敲打，但不得损伤管道。

9. 水压试验和水冲洗宜采用生活用水进行，不得使用海水或含有腐蚀性化学物质的水。

10. 水压强度试验压力应符合表 4-1-2 的规定。

**表 4-1-2 水压强度试验压力**

| 管材类型 | 系统工作压力 $P$（MPa） | 试验压力（MPa） |
|---|---|---|
| 钢管 | ≤1.0 | 1.5$P$，且不应小于 1.4 |
| | >1.0 | $P$+0.4 |
| 球墨铸铁管 | ≤0.5 | 2$P$ |
| | >0.5 | $P$+0.5 |
| 钢丝网骨架塑料管 | $P$ | 1.5$P$，且不应小于 0.8 |

11. 水压强度试验的测试点应设在系统管网的最低点。对管网注水时，应将管网内的空气排净，并缓慢升压，达到试验压力后，稳压 30min，管网无泄漏、无变形，且压力降不大于 0.05MPa。

12. 水压严密性试验在水压强度试验和管网冲洗合格后进行。试验压力为系统工作压力，稳压 24h，应无泄漏。

13. 水压试验时环境温度不宜低于 5℃，当低于 5℃时，水压试验应采取防冻措施。

14. 消防给水系统的水源干管、进户管和室内埋地管道在回填前单独或与系统一起进行水压强度试验和水压严密性试验。

15. 气压严密性试验的介质宜采用空气或氮气，试验压力应为 0.28MPa，且稳压 24h，压力降不大于 0.01MPa。

16. 管网冲洗的水流流速、流量不应小于系统设计的水流流速、流量；管网冲洗宜分区、分段进行；水平管网冲洗时，其排水管位置低于冲洗管网。

17. 管网冲洗的水流方向要与灭火时管网的水流方向一致。

18. 管网冲洗应连续进行。当出口处水的颜色、透明度与入口处水的颜色、透明度基本一致时，冲洗方可结束。

19. 管网冲洗宜设临时专用排水管道，其排放应畅通和安全。排水管道的截面面积不应小于被冲洗管道截面面积的 60%。

20. 干式消火栓系统管网冲洗结束，管网内水排除干净后，宜采用压缩空气吹干。

## 第三节 消防给水系统的维护管理

### 一、消防水源的维护管理

消防水源的维护管理应符合下列规定：

（1）每季度应监测市政给水管网的压力和供水能力。

（2）每年应对天然河湖等地表水消防水源的常水位、枯水位、洪水位，以及枯水位流量或蓄水量等进行一次检测。

（3）每年应对水井等地下水消防水源的常水位、最低水位、最高水位和出水量等进行一次测定。

（4）每月应对消防水池、高位消防水池、高位消防水箱等消防水源设施的水位等进行一次检测；消防水池（箱）玻璃水位计两端的角阀在不进行水位观察时应关闭。

（5）在冬季，每天应对消防储水设施进行室内温度和水温检测，当结冰或室内温度低于5℃时，应采取确保不结冰和室温不低于5℃的措施。

## 二、供水设施设备的维护管理

消防水泵和稳压泵等供水设施的维护管理应符合下列规定：

（1）每月应手动启动消防水泵运转一次，并应检查供电电源的情况。

（2）每周应模拟消防水泵自动控制的条件自动启动消防水泵运转一次，且应自动记录自动巡检情况，每月应检测记录。

（3）每日应对稳压泵的停泵启泵压力和启泵次数等进行检查和记录运行情况。

（4）每日应对柴油机消防水泵的启动电池的电量进行检测，每周应检查储油箱的储油量，每月应手动启动柴油机消防水泵运行一次。

（5）每季度应对消防水泵的出流量和压力进行一次试验。

（6）每月应对气压水罐的压力和有效容积等进行一次检测。

## 三、管网阀门的维护管理

1. 减压阀的维护管理应符合下列规定：

（1）每月应对减压阀组进行一次放水试验，并应检测和记录减压阀前后的压力，当不符合设计值时应采取满足系统要求的调试和维修等措施；

（2）每年应对减压阀的流量和压力进行一次试验。

2. 阀门的维护管理应符合下列规定：

（1）雨淋阀的附属电磁阀应每月检查并应做启动试验，动作失常时应及时更换；

（2）每月应对电动阀和电磁阀的供电和启闭性能进行检测；

（3）系统上所有的控制阀门均应采用铅封或锁链固定在开启或规定的状态，每月应对铅封、锁链进行一次检查，当有破坏或损坏时应及时修理更换；

（4）每季度应对室外阀门井中，进水管上的控制阀门进行一次检查，并应核实其处于全开启状态；

（5）每天应对水源控制阀、报警阀组进行外观检查，并应保证系统处于无故障状态；

（6）每季度应对系统所有的末端试水阀和报警阀的放水试验阀进行一次放水试验，并应检查系统启动、报警功能及出水情况是否正常；

（7）在市政供水阀门处于完全开启状态时，每月应对倒流防止器的压差进行检测。

# 第二章　消火栓系统

**学习要求**

通过本章的学习，了解消火栓系统的分类、组成、用途、功能，熟悉消火栓系统各部件安装前的检查，掌握消火栓系统安装、调试、检测、验收程序及维护管理规定。

## 第一节　消火栓系统安装前检查

消火栓系统由供水设施、消火栓、配水管网和阀门等组成。消火栓系统按照应用场所可分为市政消火栓和建筑室外消火栓系统、室内消火栓系统，按照应用方式也可分为湿式消火栓系统和干式消火栓系统。

市政消火栓系统设置在市政给水管网上，室外消火栓系统设置在建筑外室外给水管网上，其主要作用都是供消防车取水，经增压后向建筑内的供水管网供水或实施灭火，也可以直接连接水带、水枪出水灭火。市政消火栓如图 4-2-1 所示。

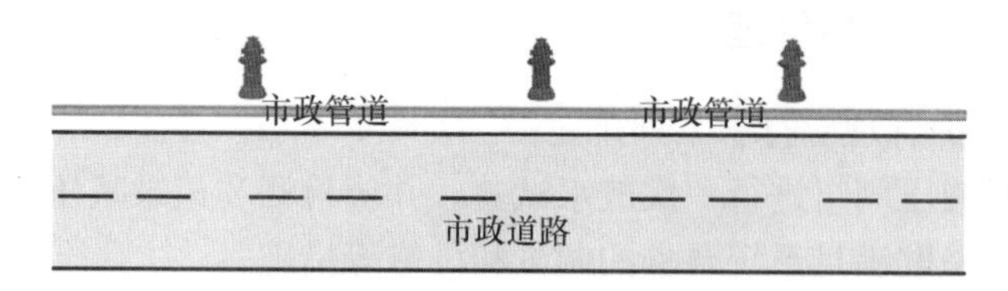


图 4-2-1　市政消火栓示意图

建筑室外消火栓系统主要由市政供水管网或室外消防给水管网、消防水池、消防水泵和室外消火栓组成。

室内消火栓系统是扑救建筑内火灾的主要设施，通常安装在消火栓箱内，与消防水带和水枪等器材配套使用，是使用最普遍的消防设施之一，在消防灭火的使用中因性能可靠、成本低廉而被广泛采用。室内消火栓系统如图 4-2-2 所示。

湿式消火栓系统是指平时配水管网内充满水的消火栓系统。干式消火栓系统是指平时配水管网内不充水，火灾时向配水管网充水的消火栓系统。

### 一、室外消火栓的安装前检查

1. 室外消火栓的分类

（1）消火栓按其安装场合可分为地上式、地下式和折叠式。地上式和地下式消火栓如图 4-2-3、图 4-2-4 所示。

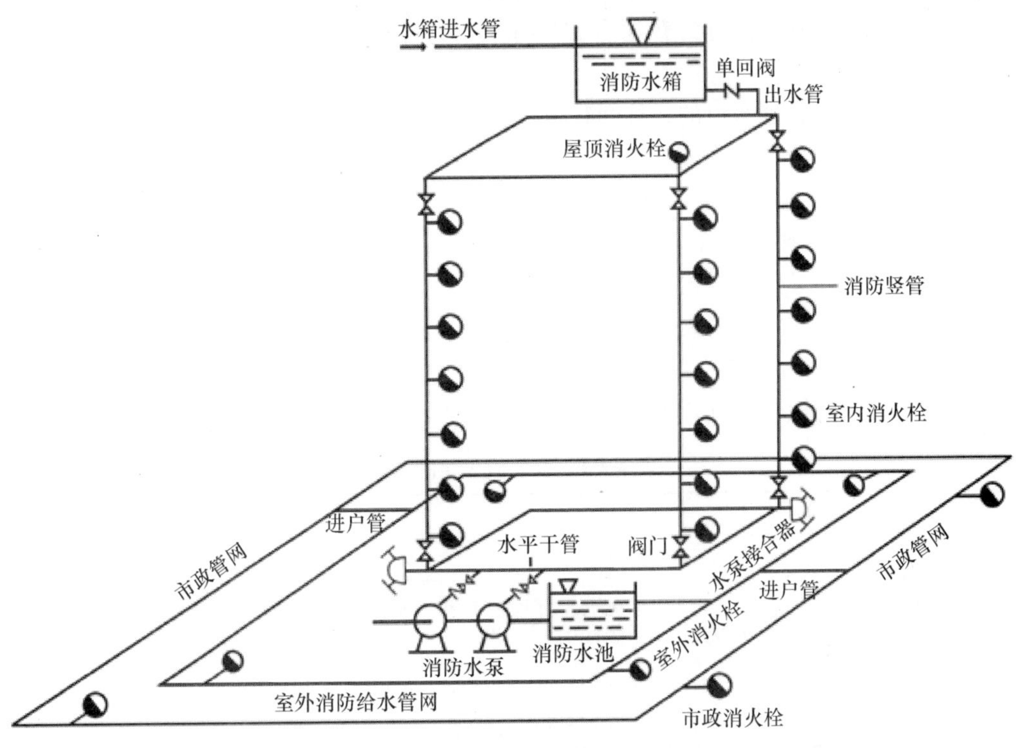


图 4-2-2　室内消火栓系统示意图

图 4-2-3　地上式消火栓示意图

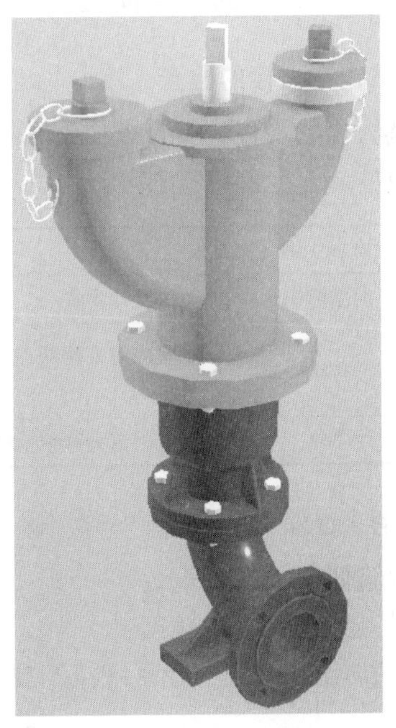

图 4-2-4　地下式消火栓示意图

（2）消火栓按其进水口连接形式可分为法兰式和承插式。

（3）消火栓按其用途分为普通型和特殊型，特殊型分为泡沫型、防撞型、调压型、减压稳压型等。

（4）消火栓按其进水口的公称通径可分为100mm和150mm两种。

（5）消火栓的公称压力可分为1.0MPa和1.6MPa两种，其中承插式的消火栓为1.0MPa、法兰式的消火栓为1.6MPa。

2. 室外消火栓适用范围

地上式消防栓又分为湿式消火栓和干式消火栓。地上湿式室外消火栓适用于气温较高的地区，地上干式室外消火栓和地下式室外消火栓适用于气温较寒冷的地区。

3. 室外消火栓的检查

室外消火栓的检查应符合表4-2-1的规定。

**表4-2-1　室外消火栓的检查**

| 序号 | 检查项目 | 具体检查要求 |
|---|---|---|
| 1 | 产品标识 | 目测一致性 |
| 2 | 消防接口 | 用小刀轻刮外螺纹固定接口和吸水管接口，本体材料应由铜质或不锈钢材料制造。不合格的为铁或镀铜 |
| 3 | 材料 | 打开室外消火栓，目测，栓阀座应用铸造铜合金，阀杆螺母材料不低于黄铜 |
| 4 | 排放余水装置 | 目测室外消火栓应有自动排放余水装置 |

## 二、室内消火栓的安装前检查

### （一）室内消火栓的检查

室内消火栓的检查应符合表4-2-2的规定。

**表4-2-2　室内消火栓的检查**

| 序号 | 检查项目 | 具体检查要求 |
|---|---|---|
| 1 | 产品标识 | 一致性检查 |
| 2 | 材料 | 室内消火栓阀座及阀杆螺母材料应不低于黄铜，阀杆本体材料应不低于铅黄铜 |
| 3 | 手轮 | 室内消火栓手轮轮缘上应明显地铸出标示开关方向的箭头和字样 |

### （二）消火栓箱

消火栓箱如图4-2-5所示。

1. 消火栓箱箱门开启角度：

（1）《消防给水及消火栓系统技术规范》（GB 50974—2014）规定火栓箱门的开启不应小于120°。

（2）《消火栓箱》（GB 14561—2019）规定消火栓箱门的开启角度不应小于160°。

2. 消火栓按钮不宜作为直接启动消防水泵的开关，但可作为发出报警信号的开关或启动干式消火栓系统的快速启闭装置等。

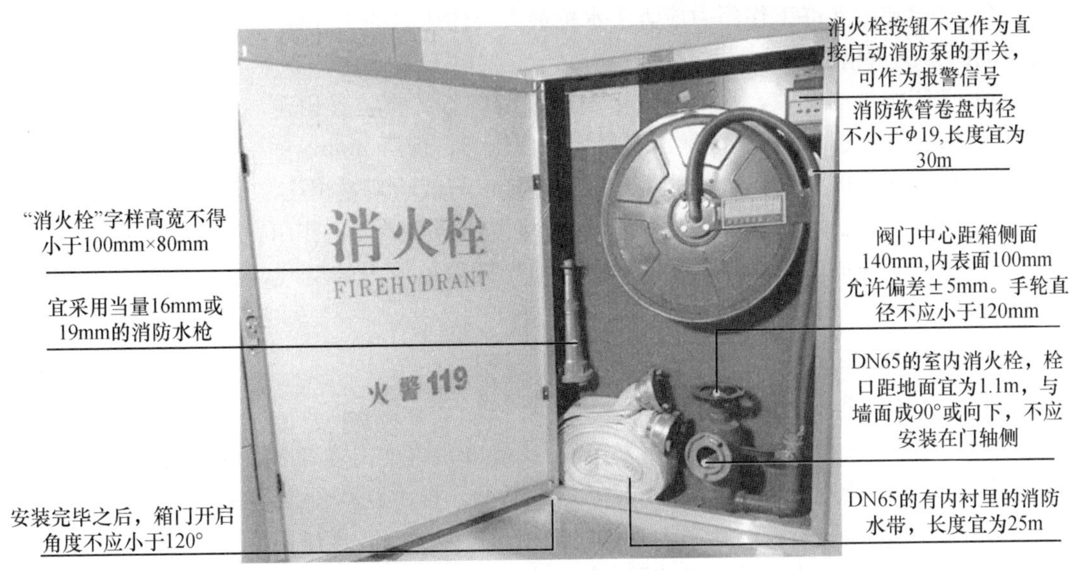


图 4-2-5　消火栓箱示意图

## 三、消防水带、水枪、消防接口的安装前检查

### （一）消防水带

1. 消防水带长度

用卷尺测量，消防水带长度小于其规格 1m 以上的，可以判为该产品为不合格。

2. 压力试验

截取 1.2m 长的消防水带，使用手动试压泵或电动试压泵平稳加压至试验压力，保压 5min，检查是否有渗漏现象，有渗漏则不合格。在试验压力状态下，继续加压，升压至试样爆破，其爆破时压力应不小于消防水带工作压力的 3 倍。

### （二）消防水枪

1. 抗跌落性能

将水枪（旋转开关处于关闭位置）以喷嘴垂直朝上、喷嘴垂直朝下，以及水枪轴线处于水平（若有开关时，开关处于水枪轴线之下处并处于关闭位置）三个位置，从离地（2.0±0.02）m 高处（从水枪的最低点算起）自由跌落到混凝土地面上，水枪在每个位置各跌落两次，然后检查，如消防接口跌落后出现断裂或不能正常操纵使用的，则判该产品为不合格。

2. 消防水枪的密封性能和耐水压强度试验

注：本知识点直接引用国家标准《消防水枪》（GB 8181—2005）原文。

（1）密封性能：水枪按 6.5.2 与 6.5.3 规定的条件进行密封性能试验，枪体及各密封部位不允许渗漏。

（2）耐水压强度：水枪按 6.5.4 规定的条件进行耐水压强度试验，水枪不应出现裂纹、断裂或影响正常使用的残余变形。

（3）密封性能、耐水压强度试验：

1）试验装置允许工作压力应大于水枪最大工作压力的1.6倍，稳压精度±2%。装置中的压力测量精度不低于1.5级。

2）关闭水枪的开关，水枪的进水端通过接口与试验装置相连，加压过程中必须先排除枪体内的空气，然后缓慢加压至最大工作压力，保压2min。

3）打开水枪的开关，水枪的进水端通过接口与试验装置相连，封闭水枪的出水端。加压过程中必须先排除枪体内的空气，然后缓慢加压至最大工作压力，保压2min。

4）水枪状态同6.5.3，加压过程中必须先排除枪体内的空气，然后缓慢加压至最大工作压力的1.5倍，保压2min。

**（三）消防接口**

1. 抗跌落性能

内扣式接口以扣爪垂直朝下的位置，卡式接口和螺纹式接口以接口的轴线呈水平状态，将接口的最低点离地面（1.5±0.05）m高度，自由跌落到混凝土地面上。反复进行5次后，检查接口是否有断裂，是否能与相同口径的消防接口正常连接。如消防接口跌落后出现断裂或不能正常操纵使用的，则判该产品为不合格。

2. 密封性能试验

消火栓固定接口应进行密封性能试验，应以无渗漏、无损伤为合格。试验数量宜从每批中抽查1%，但不应少于5个，应缓慢而均匀地升压1.6MPa并保压2min。当两个及两个以上不合格时，不应使用该批消火栓。当仅有1个不合格时，应再抽查2%，但不应少于10个，并应重新进行密封性能试验；当仍有不合格时，亦不应使用该批消火栓。

## 第二节　消火栓系统的安装调试与检测验收

### 一、室外消火栓的安装调试与检测验收

1. 市政消火栓宜采用地上式室外消火栓；在严寒、寒冷等冬季结冰地区宜采用干式地上式室外消火栓，严寒地区宜增置消防水鹤。当采用地下式室外消火栓，地下消火栓井的直径不宜小于1.5m，且当地下式室外消火栓的取水口在冰冻线以上时，应采取保温措施。

2. 地下式消火栓顶部与消防井盖底面的距离不应大于0.4m，井内应有足够的操作空间，并应做好防水措施。

3. 地上式室外消火栓安装时，消火栓顶距地面高为0.64m，立管应垂直、稳固，控制阀门井距消火栓不应超过1.5m，消火栓弯管底部应设支墩或支座。

4. 当市政给水管网设有市政消火栓时，其平时运行工作压力不应小于0.14MPa，火灾时水力最不利市政消火栓的出流量不应小于15L/s，且供水压力从地面算起不应小于0.10MPa。

5. 建筑室外消火栓的数量应根据室外消火栓设计流量和保护半径经计算确定，保护半径不应大于150.0m，每个室外消火栓的出流量宜按10～15L/s计算。

6. 火灾时消防水鹤的出流量不宜低于30L/s，且供水压力从地面算起不小于0.10MPa。

## 二、室内消火栓的安装调试与检测验收

1. 室内消火栓及消防软管卷盘或轻便水龙的安装应符合下列规定：

（1）室内消火栓及消防软管卷盘和轻便水龙的选型、规格应符合设计要求；

（2）同一建筑物内设置的消火栓、消防软管卷盘和轻便水龙应采用统一规格的栓口、消防水枪和水带及配件；

（3）试验用消火栓栓口处应设置压力表；

（4）室内消火栓及消防软管卷盘和轻便水龙应设置明显的永久性固定标志，当室内消火栓因美观要求需要隐蔽安装时，应有明显的标志，并应便于开启使用；

（5）消火栓栓口出水方向宜向下或与设置消火栓的墙面成90°，栓口不应安装在门轴侧；

（6）消火栓栓口中心距地面应为1.1m，特殊地点的高度可特殊对待，允许偏差±20mm。

2. 室内消火栓的配置应符合下列要求：

（1）应采用DN65室内消火栓，并可与消防软管卷盘或轻便水龙设置在同一箱体内。

（2）应配置公称直径为65mm有内衬里的消防水带，长度不宜超过25.0m；消防软管卷盘应配置内径不小于$\phi$19的消防软管，其长度宜为30.0m；轻便水龙应配置公称直径为25mm有内衬里的消防水带，长度宜为30.0m。

（3）宜配置当量喷嘴直径为16mm或19mm的消防水枪，但当消火栓设计流量为2.5L/s时宜配置当量喷嘴直径为11mm或13mm的消防水枪；消防软管卷盘和轻便水龙应配置当量喷嘴直径为6mm的消防水枪。

3. 设置室内消火栓的建筑，包括设备层在内的各层均应设置消火栓。

4. 室内消火栓栓口压力和消防水枪充实水柱，应符合下列规定：

（1）消火栓栓口动压力不应大于0.50MPa，当大于0.70MPa时必须设置减压装置；

（2）高层建筑、厂房、库房和室内净空高度超过8m的民用建筑等场所，消火栓栓口动压不应小于0.35MPa，且消防水枪充实水柱应按13m计算；其他场所，消火栓栓口动压不应小于0.25MPa，且消防水枪充实水柱应按10m计算。

消防水枪充实水柱如图4-2-6所示。

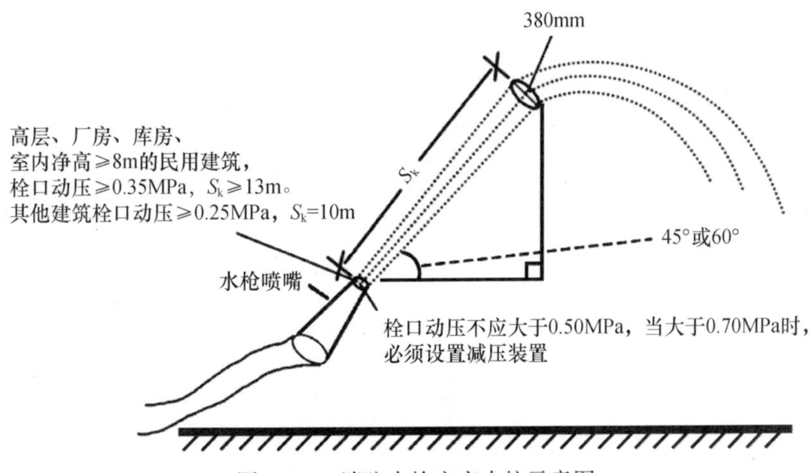


图4-2-6　消防水枪充实水柱示意图

## 第三节 消火栓系统的维护管理

消火栓系统的维护管理要求如下：

1. 每季度应对消火栓进行一次外观和漏水检查，发现有不正常的消火栓应及时更换。

2. 每季度应对消防水泵接合器的接口及附件检查一次，并应保证接口完好、无渗漏、闷盖齐全。

3. 每年应对系统过滤器进行至少一次排渣，并应检查过滤器是否处于完好状态，当堵塞或损坏时应及时检修。

4. 每年应检查消防水池、消防水箱等蓄水设施的结构材料是否完好，发现问题时应及时处理。

# 第三章　自动喷水灭火系统

**学习要求**

通过本章的学习，了解自动喷水灭火系统的分类、组成、用途、功能，熟悉自动喷水灭火系统各部件安装前的检查，掌握自动喷水灭火系统安装、调试、检测、验收程序及维护管理规定。

## 第一节　系统工作原理与分类

自动喷水灭火系统是由洒水喷头、报警阀组、水流报警装置（水流指示器或压力开关）等组件，以及管道、供水设施等组成，能在发生火灾时喷水的自动灭火系统。其系统分类如图 4-3-1 所示。

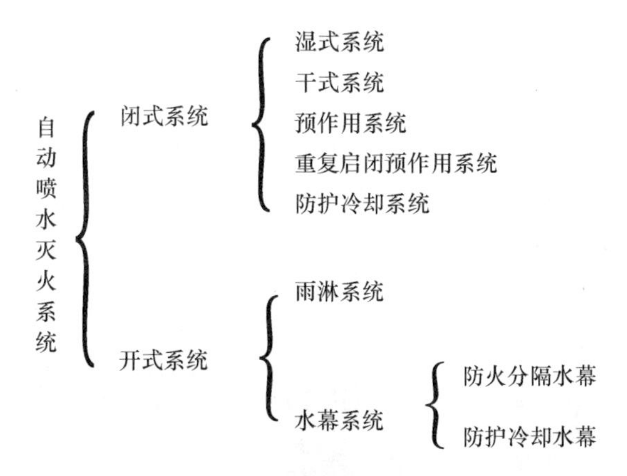


图 4-3-1　自动喷水灭火系统分类图

闭式系统是采用闭式洒水喷头的自动喷水灭火系统。开式系统是采用开式洒水喷头的自动喷水灭火系统。闭式喷头和开式喷头如图 4-3-2、图 4-3-3 所示。

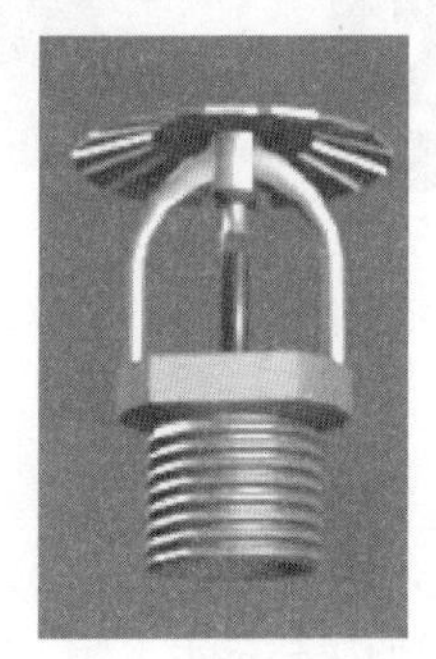

图 4-3-2　闭式喷头示意图

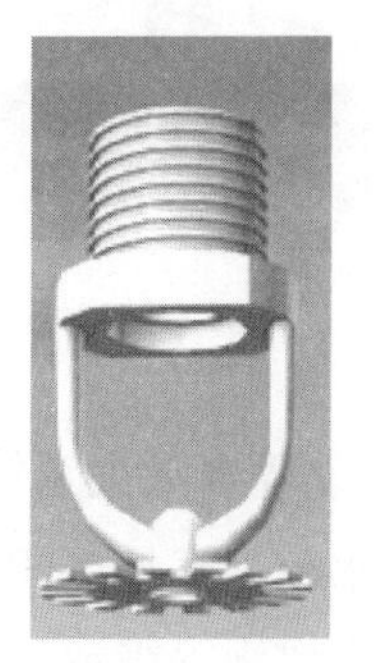

图 4-3-3　开式喷头示意图

## （一）湿式自动喷水灭火系统

湿式自动喷水灭火系统由闭式喷头、湿式报警阀组、水流指示器或压力开关、供水与配水管道及供水设施等组成，在准工作状态时，配水管道内充满用于启动系统的有压水。湿式自动喷水灭火系统如图 4-3-4 所示。

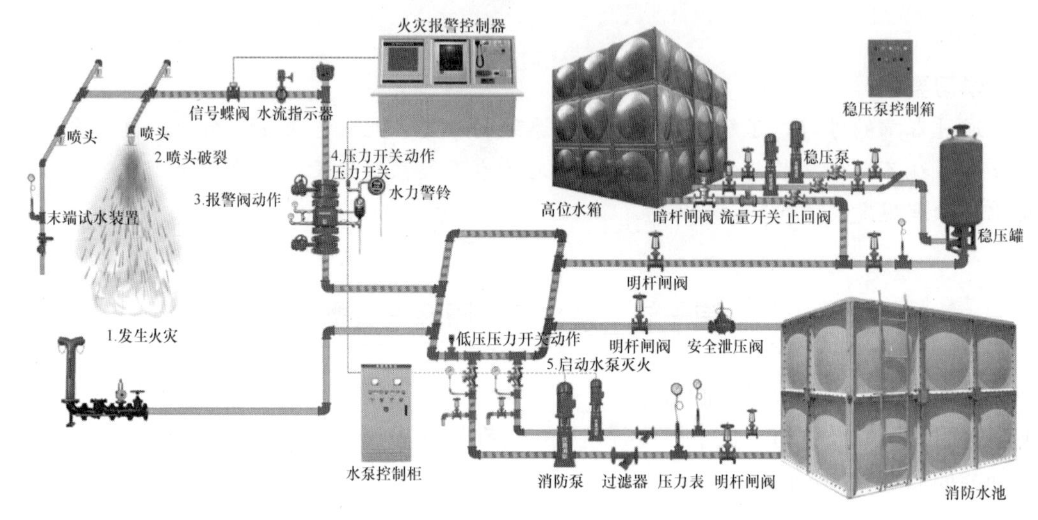


图 4-3-4　湿式自动喷水灭火系统示意图

## （二）干式自动喷水灭火系统

干式自动喷水灭火系统由闭式喷头、干式报警阀组、水流指示器或压力开关、供水与配水管道、充气设备及供水设施等组成，在准工作状态时，配水管道内充满用于启动系统的有压气体。干式自动喷水灭火系统如图 4-3-5 所示。

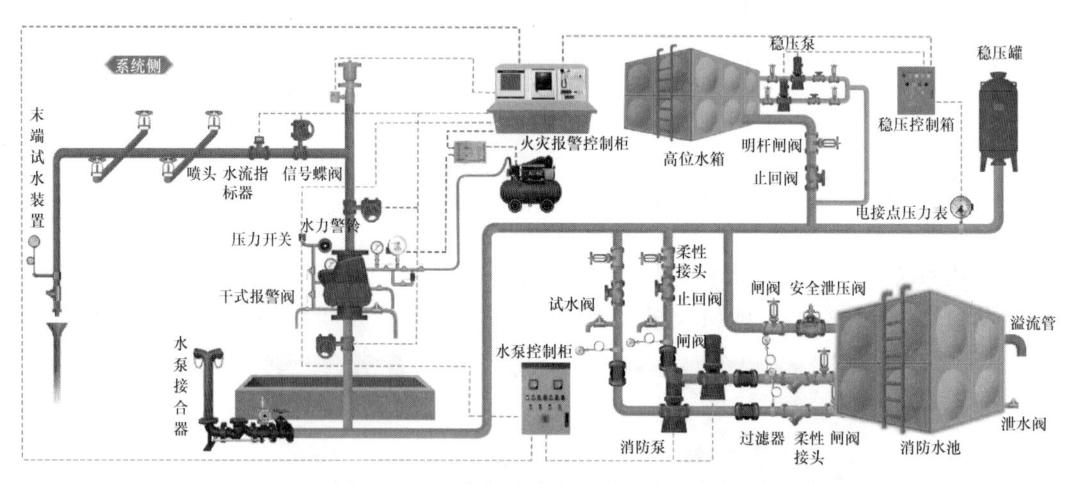


图 4-3-5　干式自动喷水灭火系统示意图

## （三）预作用自动喷水灭火系统

预作用自动喷水灭火系统由闭式喷头、预作用装置、水流报警装置、供水与配水管道、充气设备和供水设施等组成。准工作状态时配水管道内不充水，发生火灾时由火灾自动报警系统、充气管道上的压力开关联锁控制预作用装置和启动消防水泵，向配水管道供水的闭式系统。预作用自动喷水灭火系统如图 4-3-6 所示。

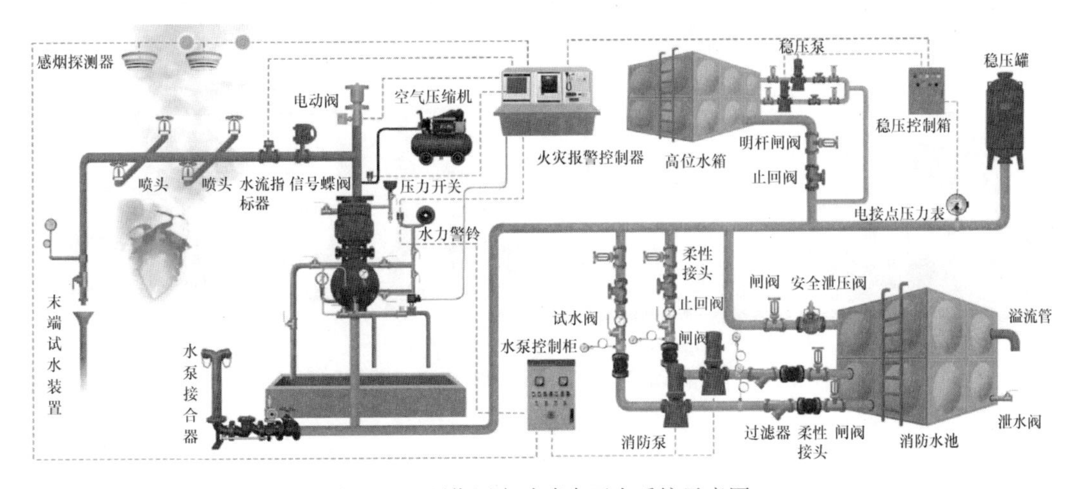


图 4-3-6　预作用自动喷水灭火系统示意图

### （四）雨淋自动喷水灭火系统

雨淋自动喷水灭火系统由开式喷头、雨淋报警阀组、水流报警装置、供水与配水管道及供水设施等组成。由雨淋报警阀控制喷水范围，由配套的火灾自动报警系统或传动管控制，自动启动雨淋报警阀组和启动消防水泵。雨淋自动喷水灭火系统有电动、液动和气动控制方式。电动启动和传动管启动雨淋自动喷水灭火系统如图 4-3-7、图 4-3-8 所示。

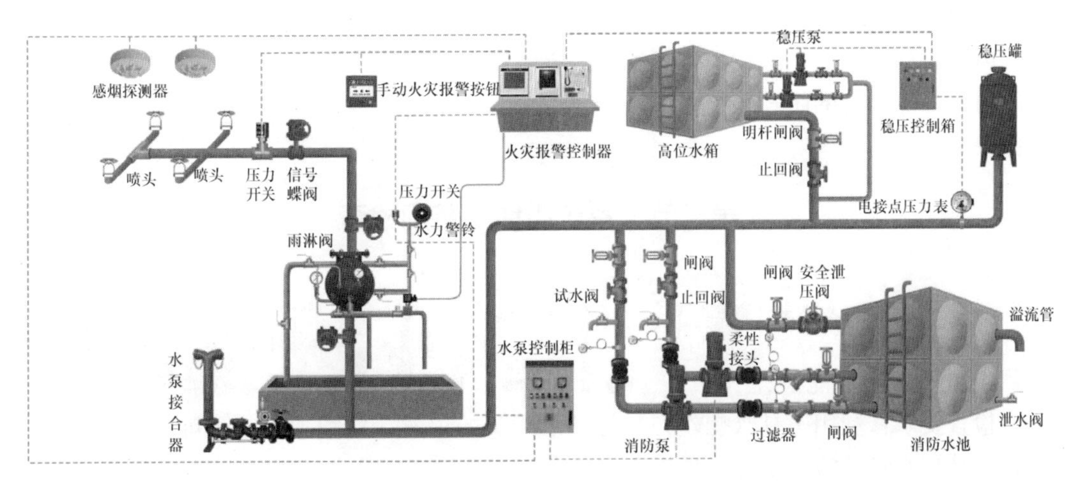


图 4-3-7　电动启动雨淋自动喷水灭火系统示意图

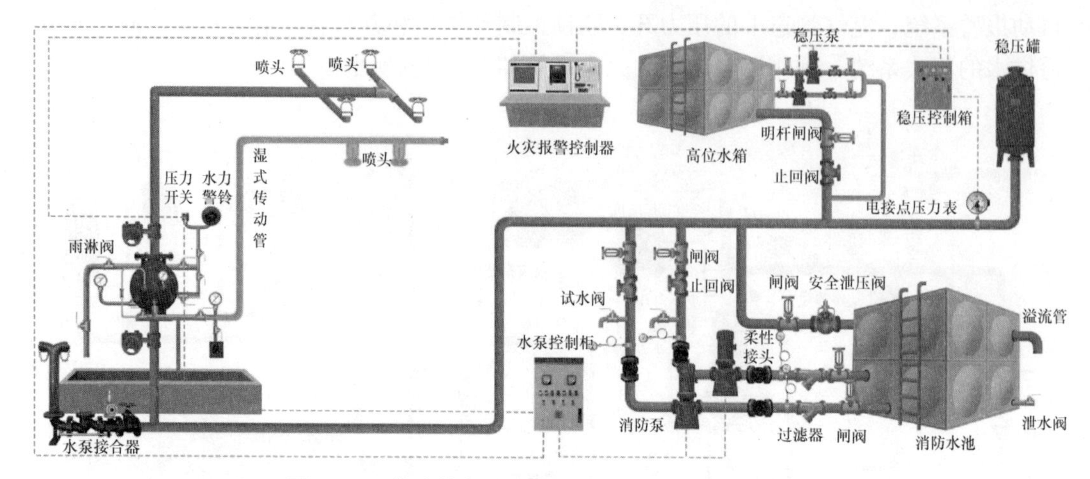


图 4-3-8　传动管启动雨淋自动喷水灭火系统示意图

### （五）水幕系统

水幕系统是由开式洒水喷头或水幕喷头、雨淋报警阀组或感温雨淋报警阀等组成，用于防火分隔或防护冷却的开式系统，分为防火分隔水幕和防护冷却水幕。

防火分隔水幕是由开式洒水喷头或水幕喷头、雨淋报警阀组或感温雨淋报警阀等组成，发生火灾时密集喷洒形成水墙或水帘的水幕系统。

防护冷却水幕是由水幕喷头、雨淋报警阀组或感温雨淋报警阀等组成，发生火灾时用于冷却防火卷帘、防火玻璃墙等防火分隔设施的水幕系统。

水幕系统不具备直接灭火的能力，而是用于防火分隔和冷却保护分隔物。防护冷却水幕应采用水幕喷头。

### （六）防护冷却系统

由闭式洒水喷头、湿式报警阀组等组成，发生火灾时用于冷却防火卷帘、防火玻璃墙等防火分隔设施的闭式系统。

## 第二节　系统组件安装前检查

### 一、喷头现场检查

1. 喷头装配性能检查

检查要求：利用工具（螺丝刀）拧洒水喷头的顶丝，检查顶丝是否可以轻易旋开；用手转动溅水盘，检查是否出现松动现象。

2. 喷头外观标志检查

检查要求：

（1）喷头溅水盘或者本体上至少具有型号规格、生产厂商名称（代号）或者商标、生产时间、响应时间指数（RTI）等永久性标识。

（2）边墙型喷头上有水流方向标识，隐蔽式喷头的盖板上有“不可涂覆”等文字标识。

3. 喷头外观标志检查

检查要求：检查洒水喷头是否标有型号规格、生产年份、生产商的名称（代号）；玻璃球的色标、温标是否正确；边墙型洒水喷头是否标示水流方向，隐蔽式洒水喷头的盖板上是否标有“不可涂覆”等字样。

喷头型号规格的标记由类型特征代号（型号）、性能代号、公称口径和公称动作温度等部分组成，规格型号所示的性能参数符合设计文件的选型要求。喷头性能代号举例见表 4-3-1。

**表 4-3-1　喷头性能代号举例**

| 喷头名称 | 直立型喷头 | 下垂型喷头 | 直立边墙型喷头 | 水平边墙型喷头 | 干式喷头 | 齐平式喷头 | 嵌入式喷头 | 隐蔽式喷头 |
|---|---|---|---|---|---|---|---|---|
| 性能代号 | ZSTZ | ZSTX | ZSTBZ | ZSTBS | ZSTG | ZSTDQ | ZSTDR | ZSTDY |

闭式系统的喷头，其公称动作温度宜高于环境最高温度 30℃。洒水喷头的公称动作温度和颜色标志举例见表 4-3-2。

**表 4-3-2　洒水喷头的公称动作温度和颜色标志举例**

| 公称动作温度（℃） | 57 | 68 | 79 | 93，107 | 121，141 | 163，182 |
|---|---|---|---|---|---|---|
| 颜色 | 橙色 | 红色 | 黄色 | 绿色 | 蓝色 | 紫色 |

4. 闭式喷头密封性能试验

（1）密封性能试验的试验压力为 3.0MPa，保压时间不少于 3min。

（2）随机从每批到场喷头中抽取 1%，且不少于 5 只作为试验喷头。当两只及两只以上不合格时，不得使用该批喷头。当仅有一只不合格时，应再抽查 2%，并不得少于 10 只，并重新进行密封性能试验；当仍有不合格时，亦不得使用该批喷头。

5. 质量偏差检查

抽取 3 个喷头，其中带运输护帽的喷头应摘下护帽进行检查。使用精度不低于 0.1g 天平测量每只喷头的质量，与喷头合格检验报告描述的质量相比较，计算每只喷头的质量偏差，偏差不得超过 5%。

## 二、湿式报警阀、延迟器、水力警铃现场检查

1. 检查项目

检查项目、技术要求和不合格情况见表 4-3-3。

**表 4-3-3　检查项目、技术要求和不合格情况**

| 检查项目 | 技术要求 | 不合格情况 |
|---|---|---|
| 外观、标志 | 表面应无裂纹等现象；应设标志牌，阀体上应有水流方向指示，并为永久性标识，安装在湿式报警阀报警口和延迟器之间的控制阀，应明显标志出其启闭状态 | 表面有明显裂纹等现象 |
| | | 无标志牌；阀体上无水流方向指示或水流方向指示错误；水流方向指示标志不是永久性标识 |
| | | 安装在湿式报警阀报警口和延迟器之间的控制阀，没有明显标志出其启闭状态 |

续表

| 检查项目 | 技术要求 | 不合格情况 |
| --- | --- | --- |
| 结构 | 阀体上应设有放水口，放水口公称直径不应小于 20mm | 无放水口 |
| | | 放水口公称直径小于 20mm |
| | 在湿式报警阀报警口和延迟器之间应设置控制阀，并能在开启位置锁紧 | 在湿式报警阀报警口和延迟器之间没有设置控制阀、没有在开启位置锁紧的装置或机构 |
| | 湿式报警阀应设置报警试验管路，当湿式报警阀处于伺应状态时，阀瓣组件无须启动应能手动检验报警装置功能 | 没有设置在不开启阀门的情况下检验报警装置的检验设施 |
| | 阀瓣开启后应能复位 | 阀瓣开启后不能复位 |
| 水力警铃 | 水力警铃不进行调整和润滑，应能正常工作；铃锤能够转动并能发出声音 | 水力警铃铃锤不能转动 |
| | | 铃锤能够转动，但不能发出声明 |

2. 检查方法

（1）外观和标志

检查湿式报警阀、延迟器、水力警铃表面有无砂眼裂纹等现象；有无标志牌，阀体上是否有水流方向指示，方向指示是否错误，是否为永久性标识；安装在湿式报警阀报警口和延迟器之间的控制阀，是否明显标志出其启闭状态。

（2）结构

结构检查方法：

① 检查是否有放水口，使用卡尺检查放水口公称直径；

② 目测在湿式报警阀报警口和延迟器之间是否设置控制阀，并能在开启位置锁紧；

③ 安装在管路上处于伺应状态的湿式阀，手动开启报警试验管路上的控制阀门，观察压力开关和水力警铃是否动作；

④ 手动将湿式报警阀阀瓣开启到最大位置，然后松手放开，观察阀瓣是否能够复位，有无翘起现象。

（3）水力警铃

手动检查铃锤是否能够灵活转动，是否能发出声音。

3. 检测器具：游标卡尺。

## 三、干式报警阀

1. 检查项目

检查项目、技术要求和不合格情况见表 4-3-4。

**表 4-3-4 检查项目、技术要求和不合格情况**

| 检查项目 | 技术要求 | 不合格情况 |
| --- | --- | --- |
| 标志 | 应设标志牌，阀体上应有水流方向指示且应为永久性标识 | 无标志牌；阀体上无水流方向指示或水流方向指示错误；水流方向指示不是永久性标识 |

续表

| 检查项目 | 技术要求 | 不合格情况 |
| --- | --- | --- |
| 结构 | 阀体上应设有泄水口，泄水口公称直径不应小于20mm | 无泄水口、泄水口通径小于20mm |
| | 应设置自动排水阀 | 无自动排水阀 |
| | 在阀体的阀瓣组件的供水侧，应设有在不开启阀门的情况下检验报警装置的检验设施 | 没有设置在不开启阀门的情况下检验报警装置的检验设施 |

2. 检查方法

(1) 标志

检查有无标志牌，阀体上是否有水流方向指示，方向指示是否错误，是否为永久性标识等。

(2) 结构

结构检查方法：

① 目测是否有泄水阀，使用游标卡尺检查泄水阀公称直径；

② 目测是否有自动排水阀；

③ 安装在管路上处于伺应状态的干式报警阀，手动开启报警试验管路上的控制阀门，观察压力开关和水力警铃是否动作。

3. 检测器具：游标卡尺。

## 四、雨淋报警阀

1. 检查项目

检查项目、技术要求和不合格情况见表4-3-5。

**表4-3-5　检查项目、技术要求和不合格情况**

| 检查项目 | 技术要求 | 不合格情况 |
| --- | --- | --- |
| 标志 | 应设标志牌，阀体上应有水流方向指示，应为永久性标识 | 无标志牌；阀体上无水流方向指示或水流方向指示错误；水流方向指示不是永久性标识 |
| 结构 | 阀体上应设有放水口，放水口公称直径不应小于20mm | 无放水口 |
| | | 放水口公称直径小于20mm |
| | 应设置自动排水阀 | 无自动排水阀 |
| | 阀体阀瓣组件的供水侧，应设有在不开启阀门的情况下检验报警装置的设施 | 没有设置在不开启阀门的情况下检验报警装置的检验设施 |
| | 应设防复位锁止机构 | 无防复位锁止机构 |
| 电磁阀 | 采用电磁阀启动时，控制腔上应设置电磁阀，电磁阀应能正常动作 | 未设置电磁阀；电磁阀不能动作 |
| 紧急手动控制 | 控制腔上应装有紧急手动控制阀及手动控制盒；紧急手动控制阀应能正常启动雨淋报警阀；手动控制盒上应有紧急操作指示 | 无紧急手动控制阀及手动控制盒 |
| | | 紧急手动控制阀不能正常启动雨淋报警阀 |
| | | 手动控制盒上无紧急操作指示 |

2. 检查方法

（1）标志

检查有无标志牌，阀体上有无水流方向指示，方向指示是否错误，是否为永久性标识。

（2）结构

结构检查方法：

① 目测是否有放水阀，使用卡尺检查放水口公称直径；

② 目测是否有自动排水阀；

③ 安装在管路上处于伺应状态的雨淋报警阀，手动开启报警试验管路上的控制阀门，观察压力开关和水力警铃是否动作。

（3）电磁阀

电磁阀检查方法：

① 目测采用电磁阀启动的，控制腔上是否安装电磁阀；

② 雨淋报警阀没有安装在管路上时，给电磁阀施加额定工作电压，观察是否动作。

（4）紧急手动控制装置

紧急手动控制装置检查方法：

① 目测控制腔上是否装有紧急手动控制阀及手动控制盒；

② 雨淋报警阀处于伺应状态时，关闭管网干管上的控制阀，按控制盒上的操作指示打开紧急手动控制阀，观察能否正常启动雨淋报警阀；

③ 目测手动控制盒上有无紧急操作指示。

3. 检测器具：游标卡尺、24V 直流电源/220V 交流电源。

## 五、其他组件的现场检查

1. 水流指示器

（1）检查水流指示器灵敏度，试验压力为 0.14～1.2MPa，流量不大于 15.0L/min 时，水流指示器不报警；流量在 15.0～37.5L/min 时，可报警可不报警；到达 37.5L/min，一定报警。

（2）具有延迟功能的水流指示器，检查桨片动作后报警延迟时间，其延迟时间应在 2～90s 范围内，且应可调节。

2. 末端试水装置

测试末端试水装置密封性能，试验压力为额定工作压力的 1.1 倍，保压时间为 5min，末端试水装置试水阀关闭，测试结束时末端试水装置各组件无渗漏。

# 第三节　系统组件安装调试与检测验收

## 一、系统组件安装

### （一）喷头

1. 喷头安装必须在系统试压、冲洗合格后进行。

2. 喷头安装时，不应对喷头进行拆装、改动，并严禁给喷头、隐蔽式喷头的装饰盖板附加任何装饰性涂层。

3. 喷头安装应使用专用扳手，严禁利用喷头的框架施拧；喷头的框架、溅水盘产生变形或释放原件损伤时，应采用规格、型号相同的喷头更换。

4. 安装在易受机械损伤处的喷头，应加设喷头防护罩。

5. 喷头安装时，溅水盘与吊顶、门、窗、洞口或障碍物的距离应符合设计要求。

6. 安装前检查喷头的型号、规格、使用场所，其应符合设计要求。

7. 当喷头的公称直径小于 10mm 时，应在配水干管或配水管上安装过滤器。

8. 当梁、通风管道、排管、桥架宽度大于 1.2m 时，增设的喷头应安装在其腹面以下部位。

### （二）报警阀组

湿式报警阀组外观和剖面如图 4-3-9、图 4-3-10 所示，干式报警阀组外观和剖面如图 4-3-11、图 4-3-12 所示，雨淋报警阀组外观和剖面如图 4-3-13、图 4-3-14 所示。

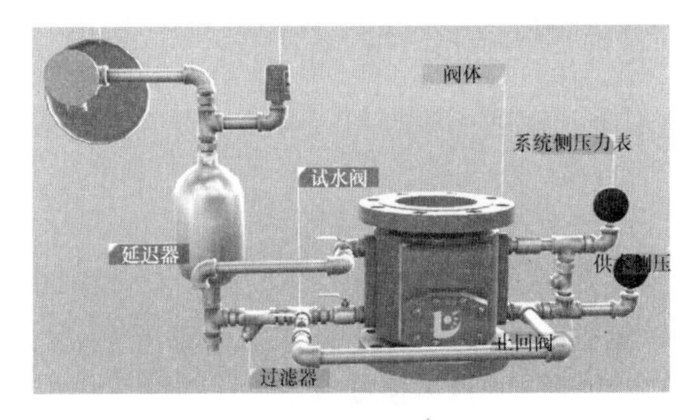


图 4-3-9　湿式报警阀组外观示意图

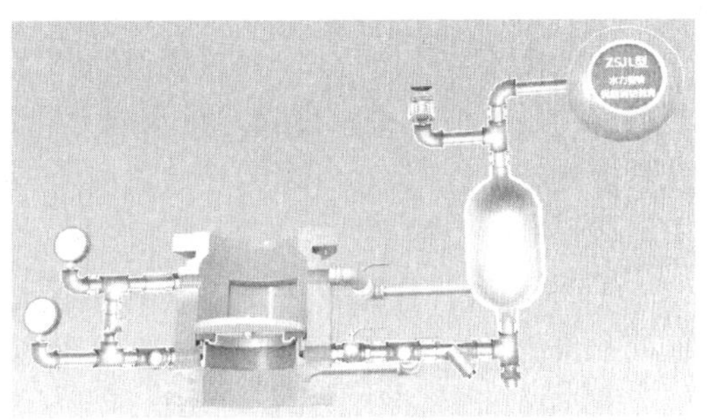

图 4-3-10　湿式报警阀组剖面图

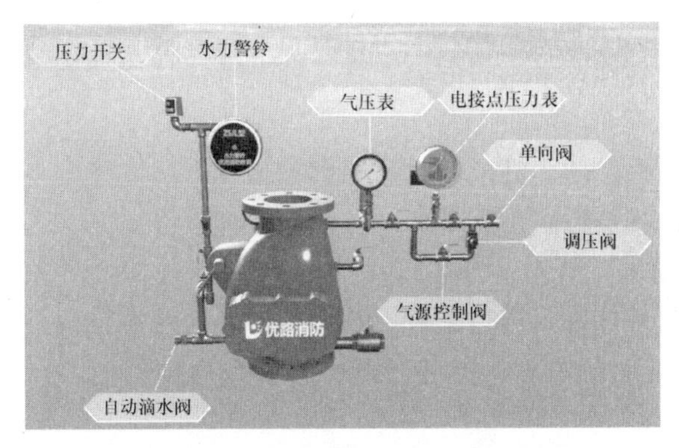


图 4-3-11　干式报警阀组外观示意图

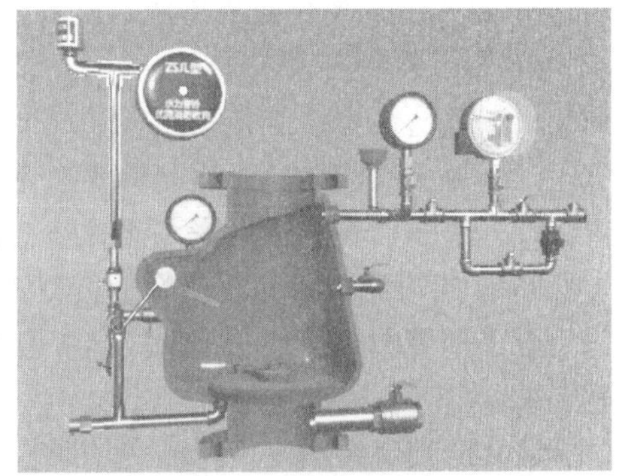

图 4-3-12　干式报警阀组剖面图

1. 报警阀组安装与技术检测共性要求

（1）报警阀组安装要求如下：

① 报警阀组的安装应在供水管网试压、冲洗合格后进行。安装时应先安装水源控制阀、报警阀，然后进行报警阀辅助管道的连接。水源控制阀、报警阀与配水干管的连接，应与水流方向一致。

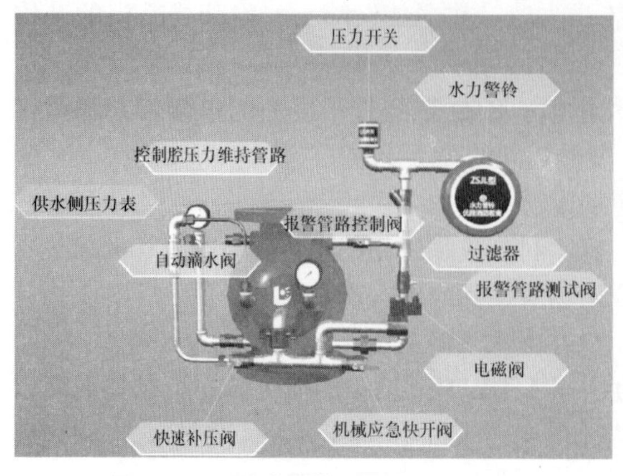


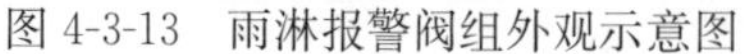
图 4-3-13　雨淋报警阀组外观示意图

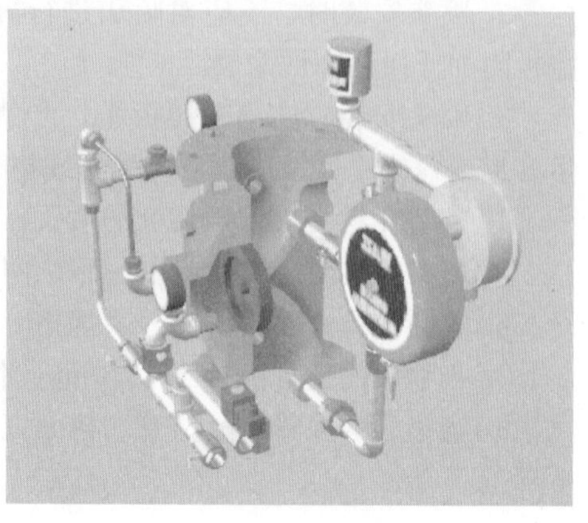
图 4-3-14　雨淋报警阀组剖面图

② 报警阀组安装的位置应符合设计要求；当设计无要求时，报警阀组应安装在便于操作的明显位置，距室内地面高度宜为 1.2m；两侧与墙的距离不应小于 0.5m；正面与墙的距离不应小于 1.2m；报警阀组凸出部位之间的距离不应小于 0.5m。安装报警阀组的室内地面应有排水设施，排水能力应满足报警阀调试、验收和利用试水阀门泄空系统管道的要求。

（2）附件安装要求

① 水力警铃应安装在公共通道或值班室附近的外墙上，且应安装检修、测试用的阀门。水力警铃和报警阀的连接应采用热镀锌钢管，当镀锌钢管的公称直径为 20mm 时，其长度不宜大于 20m；安装后的水力警铃启动时，警铃声强度应不小于 70dB。

② 排气阀的安装应在系统管网试压和冲洗合格后进行；排气阀应安装在配水干管顶部、配水管的末端，且应确保无渗漏。

2. 湿式报警阀组安装与技术检测要求

湿式报警阀组除按照报警阀组安装的共性要求进行安装、技术检测外，还需符合下列要求：

（1）报警阀前后的管道能够快速充满水；压力波动时，水力警铃不发生误报警。

（2）过滤器安装在报警水流管路上，其位置在延迟器前，且便于排渣操作。

3. 干式报警阀组安装及质量检测要求

干式报警阀组除按照报警阀组安装的共性要求进行安装、技术检测外，还需符合下列要求：

（1）应安装在不发生冰冻的场所。

（2）安装完成后，应向报警阀气室注入高度为 50～100mm 的清水。

（3）充气连接管接口应在报警阀气室充注水位以上部位，且充气连接管的直径不应小于 15mm；止回阀、截止阀应安装在充气连接管上。

（4）气源设备的安装应符合设计要求和国家现行有关标准的规定。

（5）安全排气阀应安装在气源与报警阀之间，且应靠近报警阀。

（6）加速器应安装在靠近报警阀的位置，且应有防止水进入加速器的措施。

（7）低气压预报警装置应安装在配水干管一侧。

4. 雨淋报警阀组安装及质量检测要求

雨淋报警阀组除按照报警阀组安装的共性要求进行安装、技术检测外，还需符合下列要求：

（1）雨淋阀组可采用电动开启、传动管开启或手动开启，开启控制装置的安装应安全可靠。水传动管的安装应符合湿式系统有关要求。

（2）需要充气的预作用系统的雨淋报警阀组，按照干式报警阀组有关要求进行安装。

（3）压力表安装在雨淋阀的水源一侧。

5. 预作用装置安装及质量检测要求

预作用装置除按照报警阀组安装的共性要求进行安装、技术检测外，还需符合下列要求：

（1）系统主供水信号蝶阀、雨淋报警阀、湿式报警阀等集中垂直安装在被保护区附近且最低环境温度不低于 4℃ 的室内，以免低温使隔膜腔内的存水冰冻而导致系统失灵。

（2）在湿式报警阀的平直管段上开孔接管，与由低气压开关、空气压缩机、电接点压力表等空气维持装置相连接。

（3）系统放水阀、电磁阀、手动快开阀、水力警铃、补水漏斗等部位设置排水设施，排水设施能够将系统出水排入排水管道。

（4）将雨淋报警阀上的压力开关、电磁阀、信号蝶阀引出线及空气维持装置上的气压压力开关、电接点压力表引出线分别与消防控制中心控制线路相连接。

（5）水力警铃按照湿式自动喷水灭火系统的要求进行安装。

（6）预作用装置安装完毕后，将雨淋报警阀组的防复位手轮转至防复位锁止位置，手轮上红点对准标牌上的锁止位置，使系统处于伺应状态。

#### （三）水流报警装置

1. 水流指示器

管道试压和冲洗合格后，方可安装水流指示器。

（1）水流指示器电气元件（部件）竖直安装在水平管道上侧，其动作方向与水流方向一致。

（2）安装后，其桨片、膜片动作灵活，不得与管壁发生碰擦。

（3）同时使用信号阀和水流指示器控制的自动喷水灭火系统，信号阀安装在水流指示器前的管道上，与水流指示器间的距离不小于 300mm。

2. 压力开关

压力开关应竖直安装在通往水力警铃的管道上，且不应在安装中拆装改动。

### 二、系统试压冲洗

#### （一）试压和冲洗的一般规定

1. 管网安装完毕后，必须对其进行强度试验、严密性试验和冲洗。

2. 强度试验和严密性试验宜用水进行。干式喷水灭火系统、预作用喷水灭火系统应做水压试验和气压试验。

3. 系统试压完成后，应及时拆除所有临时盲板及试验用的管道，并应与记录核对无误。

4. 管网冲洗应在试压合格后分段进行。冲洗顺序：应先室外，后室内；先地下，后地上。室内部分的冲洗应按配水干管、配水管、配水支管的顺序进行。

5. 系统试压前应具备下列条件：

(1) 埋地管道的位置及管道基础、支墩等经复查应符合设计要求。

(2) 试压用的压力表不应少于 2 只；精度不应低于 1.5 级，量程应为试验压力值的 1.5～2.0 倍。

(3) 试压冲洗方案已经批准。

(4) 对不能参与试压的设备、仪表、阀门及附件应加以隔离或拆除；加设的临时盲板应具有突出于法兰的边耳，且应做明显标志，并记录临时盲板的数量。

6. 系统试压过程中，当出现泄漏时，应停止试压，并应放空管网中的试验介质，消除缺陷后重新再试。

7. 管网冲洗宜用水进行。冲洗前，应对系统的仪表采取保护措施。

8. 管网冲洗前，应对管道支架、吊架进行检查，必要时应采取加固措施。

9. 对不能经受冲洗的设备和冲洗后可能存留脏物、杂物的管段，应进行清理。

10. 冲洗直径大于 100mm 的管道时，应对其死角和底部进行敲打，但不得损伤管道。

11. 水压试验和水冲洗宜采用生活用水进行，不得使用海水或含有腐蚀性化学物质的水。

**(二) 水压试验**

1. 当系统设计工作压力等于或小于 1.0MPa 时，水压强度试验压力应为设计工作压力的 1.5 倍，并不应低于 1.4MPa；当系统设计工作压力大于 1.0MPa 时，水压强度试验压力应为该工作压力加 0.4MPa。

2. 水压强度试验的测试点应设在系统管网的最低点。对管网注水时应将管网内的空气排净，并应缓慢升压，达到试验压力并稳压 30min 后，管网应无泄漏、无变形，且压力降不应大于 0.05MPa。

3. 水压严密性试验应在水压强度试验和管网冲洗合格后进行。试验压力应为设计工作压力，稳压 24h，应无泄漏。

4. 水压试验时环境温度不宜低于 5℃，当低于 5℃时，水压试验应采取防冻措施。

5. 自动喷水灭火系统的水源干管、进户管和室内埋地管道，应在回填前单独或与系统一起进行水压强度试验和水压严密性试验。

**(三) 气压试验**

1. 严密性试验压力应为 0.28MPa，且稳压 24h，压力降不应大于 0.01MPa。

2. 试验的介质宜采用空气或氮气。

**(四) 冲洗**

1. 管网冲洗的水流流速、流量不应小于系统设计的水流流速、流量；管网冲洗宜分区、分段进行；水平管网冲洗时，其排水管位置应低于配水支管。

2. 管网冲洗的水流方向应与灭火时管网的水流方向一致。

3. 管网冲洗应连续进行。当出口处水的颜色、透明度与入口处水的颜色、透明度基本一致时冲洗方可结束。

4. 管网冲洗宜设临时专用排水管道，其排放应通畅和安全。排水管道的截面面积不得小于被冲洗管道截面面积的60%。

5. 管网的地上管道与地下管道连接前，应在配水干管底部加设堵头后对地下管道进行冲洗。

6. 管网冲洗结束后，应将管网内的水排除干净，必要时可采用压缩空气吹干。

## 三、系统调试

### （一）系统调试应具备的条件

1. 消防水池、消防水箱已储存设计要求的水量。

2. 系统供电正常。

3. 消防气压给水设备的水位、气压符合设计要求。

4. 湿式喷水灭火系统管网内已充满水；干式、预作用喷水灭火系统管网内的气压符合设计要求；阀门均无泄漏。

5. 与系统配套的火灾自动报警系统处于工作状态。

### （二）调试内容和要求

1. 系统调试应包括下列内容：

（1）水源测试。

（2）消防水泵调试。

（3）稳压泵调试。

（4）报警阀调试。

（5）排水设施调试。

（6）联动试验。

2. 消防水泵调试应符合下列要求：

（1）以自动或手动方式启动消防水泵时，消防水泵应在55s内投入正常运行。

（2）以备用电源切换方式或备用泵切换方式启动消防水泵时，消防水泵应在1min或2min内投入正常运行。

3. 稳压泵应按设计要求进行调试。当达到设计启动条件时，稳压泵应立即启动；当达到系统设计压力时，稳压泵应自动停止运行；当消防主泵启动时，稳压泵应停止运行。

4. 报警阀调试应符合下列要求：

（1）湿式报警阀调试时，在末端装置处放水，当湿式报警阀进口水压大于0.14MPa、放水流量大于1L/s时，报警阀应及时启动；带延迟器的水力警铃应在5～90s内发出报警铃声，不带延迟器的水力警铃应在15s内发出报警铃声；压力开关应及时动作，启动消防泵并反馈信号。

（2）干式报警阀调试时，开启系统试验阀，报警阀的启动时间、启动点压力、水流到试验装置出口所需时间，均应符合设计要求。

（3）雨淋阀调试宜利用检测、试验管道进行。自动和手动方式启动的雨淋阀，应在15s之内启动；公称直径大于200mm的雨淋阀调试时，应在60s之内启动。雨淋阀调试时，当报警水压为0.05MPa时，水力警铃应发出报警铃声。

5. 调试过程中，系统排出的水应通过排水设施全部排走。

6. 联动试验应符合下列要求：

（1）湿式系统的联动试验，启动一只喷头或以0.94～1.5L/s的流量从末端试水装置处放水时，水流指示器、报警阀、压力开关、水力警铃和消防水泵等应及时动作，并发出相应的信号。

（2）预作用系统、雨淋系统、水幕系统的联动试验，可采用专用测试仪表或其他方式，对火灾自动报警系统的各种探测器输入模拟火灾信号，火灾自动报警控制器应发出声光报警信号，并启动自动喷水灭火系统；采用传动管启动的雨淋系统、水幕系统联动试验时，启动1只喷头，雨淋阀打开，压力开关动作，水泵启动。

（3）干式系统的联动试验，启动1只喷头或模拟1只喷头的排气量排气，报警阀应及时启动，压力开关、水力警铃动作并发出相应信号。

## 四、系统验收

1. 系统竣工后，必须进行工程验收，验收不合格不得投入使用。

2. 系统验收时，施工单位应提供下列资料：

（1）竣工验收申请报告、设计变更通知书、竣工图。

（2）工程质量事故处理报告。

（3）施工现场质量管理检查记录。

（4）自动喷水灭火系统施工过程质量管理检查记录。

（5）自动喷水灭火系统质量控制检查资料。

（6）系统试压、冲洗记录。

（7）系统调试记录。

3. 系统供水水源的检查验收应符合下列要求：

（1）应检查室外给水管网的进水管管径及供水能力，并应检查高位消防水箱和消防水池容量，均应符合设计要求。

（2）当采用天然水源作系统的供水水源时，其水量、水质应符合设计要求，并应检查枯水期最低水位时确保消防用水的技术措施。

（3）消防水池水位显示装置，最低水位装置应符合设计要求。

（4）高位消防水箱、消防水池的有效消防容积，应按出水管或吸水管喇叭口（或防止旋流器淹没深度）的最低标高确定。

4. 消防水泵验收应符合下列要求：

（1）工作泵、备用泵、吸水管、出水管及出水管上的阀门、仪表的规格、型号、数量，应符合设计要求；吸水管、出水管上的控制阀应锁定在常开位置，并有明显标记。

（2）消防水泵应采用自灌式引水或其他可靠的引水措施。

（3）分别开启系统中的每一个末端试水装置和试水阀，水流指示器、压力开关等信号装置的功能均应符合设计要求。湿式自动喷水灭火系统的最不利点做末端放水试验时，自放水开始至水泵启动时间不应超过5min。

（4）打开消防水泵出水管上试水阀，当采用主电源启动消防水泵时，消防水泵应启动正常；关掉主电源，主、备电源应能正常切换。备用电源切换时，消防水泵应在1min或2min内投入正常运行。自动或手动启动消防泵时应在55s内投入正常运行。

（5）消防水泵停泵时，水锤消除设施后的压力不应超过水泵出口额定压力的1.3～1.5倍。

（6）消防水泵启动控制应置于自动启动挡，消防水泵应互为备用。

5. 报警阀组的验收应符合下列要求：

（1）报警阀组的各组件应符合产品标准要求。

（2）打开系统流量压力检测装置放水阀，测试的流量、压力应符合设计要求。

（3）水力警铃的设置位置应正确。测试时，水力警铃喷嘴处压力不应小于0.05MPa，且距水力警铃3m远处警铃声声强不应小于70dB。

（4）打开手动试水阀或电磁阀时，雨淋阀组动作应可靠。

（5）控制阀均应锁定在常开位置。

（6）打开末端试（放）水装置，当流量达到报警阀动作流量时，湿式报警阀和压力开关应及时动作，带延迟器的报警阀应在90s内压力开关动作，不带延迟器的报警阀应在15s内压力开关动作。

雨淋报警阀动作后15s内压力开关动作。

6. 管网验收应符合下列要求：

（1）管道的材质、管径、接头、连接方式及采取的防腐、防冻措施，应符合设计规范及设计要求。

（2）系统中的末端试水装置、试水阀、排气阀应符合设计要求。

（3）管网不同部位安装的报警阀组、闸阀、止回阀、电磁阀、信号阀、水流指示器、减压孔板、节流管、减压阀、柔性接头、排水管、排气阀、泄压阀等，均应符合设计要求。

（4）干式系统、由火灾自动报警系统和充气管道上设置的压力开关开启预作用装置的预作用系统，其配水管道充水时间不宜大于1min；雨淋系统和仅由水灾自动报警系统联动开启预作用装置的预作用系统，其配水管道充水时间不宜大于2min。

7. 喷头验收应符合下列要求：

（1）喷头设置场所、规格、型号、公称动作温度、响应时间指数（RTI）应符合设计要求。

（2）喷头安装间距，喷头与楼板、墙、梁等障碍物的距离应符合设计要求。

（3）有腐蚀性气体的环境和有冰冻危险场所安装的喷头，应采取防护措施。

（4）有碰撞危险场所安装的喷头应加设防护罩。

（5）各种不同规格的喷头均应有一定数量的备用品，其数量不应小于安装总数的1%，且每种备用喷头不应少于10个。

8. 系统应进行系统模拟灭火功能试验，且应符合下列要求：

(1) 报警阀动作，水力警铃应鸣响。

(2) 水流指示器动作，应有反馈信号显示。

(3) 压力开关动作，应启动消防水泵及与其联动的相关设备，并应有反馈信号显示。

(4) 电磁阀打开，雨淋阀应开启，并应有反馈信号显示。

(5) 消防水泵启动后，应有反馈信号显示。

(6) 加速器动作后，应有反馈信号显示。

(7) 其他消防联动控制设备启动后，应有反馈信号显示。

9. 系统工程质量验收判定应符合下列规定：

(1) 系统工程质量缺陷应按规范要求划分：严重缺陷项 ($A$)，重缺陷项 ($B$)，轻缺陷项 ($C$)。

(2) 系统验收合格判定的条件为：$A=0$、$B\leqslant 2$，且 $B+C\leqslant 6$ 为合格，否则为不合格。

## 第四节　系统维护管理

### 一、系统周期性检查维护

1. 日检查项目

(1) 维护管理人员每天应对水源控制阀、报警阀组进行外观检查，并应保证系统处于无故障状态。

(2) 寒冷季节，消防储水设备的任何部位均不得结冰。每天应检查设置储水设备的房间，保持室温不低于5℃。

(3) 每日应对电源进行检查。

2. 月检查项目

(1) 消防水泵或内燃机驱动的消防水泵应每月启动运转一次。当消防水泵为自动控制启动时，应每月模拟自动控制的条件启动运转一次。

(2) 每月应对喷头进行一次外观及备用数量检查，发现有不正常的喷头应及时更换；当喷头上有异物时应及时清除。更换或安装喷头均应使用专用扳手。

(3) 系统上所有的控制阀门均应采用铅封或锁链固定在开启或规定的状态。每月应对铅封、锁链进行一次检查，当有破坏或损坏时应及时修理更换。

(4) 消防水池、消防水箱及消防气压给水设备应每月检查一次，并应检查其消防储备水位及消防气压给水设备的气体压力。同时，应采取措施保证消防用水不做他用，并应每月对该措施进行检查，发现故障应及时进行处理。

(5) 消防水泵接合器的接口及附件应每月检查一次，并应保证接口完好、无渗漏、闷盖齐全。

(6) 过滤器排渣、完好状况检查。

(7) 报警阀启动性能测试。

（8）电磁阀应每月检查并应做启动试验，动作失常时应及时更换。

（9）每月应利用末端试水装置对水流指示器进行试验。

3. 季度检查项目

（1）每个季度应对系统所有的末端试水阀和报警阀旁的放水试验阀进行一次放水试验，检查系统启动、报警功能及出水情况是否正常。

（2）室外阀门井中，进水管上的控制阀门应每个季度检查一次，核实其是否处于全开启状态。

4. 年度检查项目

（1）水源供水能力测试。

（2）水泵接合器通水加压测试。

（3）每年应对消防储水设备进行检查，修补缺损和重新刷油漆。

（4）水泵流量性能测试。

（5）系统联动测试。

## 二、故障分析与处理

### （一）湿式报警阀组常见故障分析、处理

1. 报警阀组漏水的原因和故障处理见表 4-3-6。

**表 4-3-6　报警阀组漏水的原因和故障处理**

| 故障原因 | 故障处理 |
| --- | --- |
| 排水阀门未完全关闭 | 关紧排水阀门 |
| 阀瓣密封垫老化或者损坏 | 更换阀瓣密封垫 |
| 系统侧管道接口渗漏 | 管道接口锈蚀、磨损严重的，应更换 |
| 报警管路测试控制阀渗漏 | 更换报警管路测试控制阀 |
| 阀瓣组件与阀座之间因变形或污垢、杂物阻挡而密封不严 | 先放水冲洗；仍渗漏，关闭进水口侧和系统侧控制阀，卸下阀板，清除杂质；拆卸阀体，阀瓣组件、阀座存在明显变形、损伤的，应更换 |

2. 报警阀启动后报警管路不排水的原因和故障处理见表 4-3-7。

**表 4-3-7　报警阀启动后报警管路不排水的原因和故障处理**

| 故障原因 | 故障处理 |
| --- | --- |
| 报警管路控制阀关闭 | 开启报警管路控制阀 |
| 限流装置过滤网被堵塞 | 卸下限流装置，冲洗干净后重新装回原位 |

3. 报警阀报警管路误报警的原因和故障处理见表 4-3-8。

**表 4-3-8　报警阀报警管路误报警的原因和故障处理**

| 故障原因 | 故障处理 |
| --- | --- |
| 未按照安装图样安装或者未按照调试要求进行调试 | 按照安装图样核对报警阀组组件安装情况；重新对报警阀组伺应状态进行调试 |

续表

| 故障原因 | 故障处理 |
| --- | --- |
| 报警阀组渗漏通过报警管路流出 | 按照故障“1”查找渗漏原因，进行相应处理 |
| 延迟器下部孔板溢出水孔堵塞，发出报警或者缩短延迟时间 | 延迟器下部孔板溢出水孔堵塞，卸下筒体，拆下孔板进行清洗 |

4. 开启测试阀，消防水泵不能正常启动的原因和故障处理见表4-3-9。

**表4-3-9　开启测试阀，消防水泵不能正常启动的原因和故障处理**

| 故障原因 | 故障处理 |
| --- | --- |
| 流量开关、压力开关设定值不正确 | 将流量开关、压力开关内的调压螺母调整到规定值 |
| 控制柜控制回路或电气元件损坏 | 检修控制柜控制回路或者更换电气元件 |
| 水泵控制柜未设定在“自动”状态 | 将控制模式设定为“自动”状态 |

5. 水力警铃工作不正常的原因和故障处理见表4-3-10。

**表4-3-10　水力警铃工作不正常的原因和故障处理**

| 故障原因 | 故障处理 |
| --- | --- |
| 产品质量问题或者安装调试不符合要求 | 属于产品质量问题的，更换水力警铃；安装缺少组件或者未按照图样安装的，重新进行安装调试 |
| 控制口阻塞或者铃锤机构被卡住 | 拆下喷嘴、叶轮及铃锤组件，冲洗后重新装合，使叶轮转动灵活 |

### （二）雨淋报警阀组常见故障分析、处理

1. 自动滴水阀漏水的原因和故障处理见表4-3-11。

**表4-3-11　自动滴水阀漏水的原因和故障处理表**

| 故障原因 | 故障处理 |
| --- | --- |
| 产品存在质量问题 | 更换存在问题的产品或者部件 |
| 安装调试或者平时定期试验、实施灭火后，没有将系统侧管内的余水排尽 | 开启放水控制阀，排除系统侧管道内的余水 |
| 雨淋报警阀隔膜球面中线密封处因施工遗留的杂物、不干净消防用水中的杂质等导致球状密封面不能完全密封 | 启动雨淋报警阀，采用洁净水流冲洗遗留在密封面处的杂质 |

2. 复位装置不能复位的原因和故障处理见表4-3-12。

**表4-3-12　复位装置不能复位的原因和故障处理**

| 故障原因 | 故障处理 |
| --- | --- |
| 水质过脏，有细小杂质进入复位装置密封面 | 拆下复位装置，用清水冲洗干净后重新安装，调试到位 |

3. 雨淋报警阀不能进入伺应状态的原因和故障处理见表4-3-13。

表 4-3-13　雨淋报警阀不能进入伺应状态的原因和故障处理

| 故障原因 | 故障处理 |
| --- | --- |
| 复位装置存在问题 | 修复或者更换复位装置 |
| 未按照安装调试说明书将报警阀组调试到伺应状态 | 按照安装调试说明书将报警阀组调试到伺应状态 |
| 消防用水水质存在问题，杂质堵塞了隔膜室管道上的过滤器 | 将供水控制阀关闭，拆下过滤器的滤网，用清水冲洗干净后，重新安装到位 |

**（三）水流指示器常见故障分析、处理**

水流指示器故障表现为打开末端试水装置，达到规定流量时水流指示器不动作，或者关闭末端试水装置后，水流指示器反馈信号仍然显示为动作信号，原因和故障处理见表 4-3-14。

表 4-3-14　原因和故障处理

| 故障原因 | 故障处理 |
| --- | --- |
| 桨片被管腔内杂物卡阻 | 清除水流指示器管腔内的杂物 |
| 调整螺母与触头未调试到位 | 将调整螺母与触头调试到位 |
| 电路接线脱落 | 检查并重新将脱落电路接通 |

**（四）压力表读数不在正常范围的故障分析、处理压力表读数不在正常范围的原因和故障处理（表 4-3-15）。**

表 4-3-15　压力表读数不在正常范围的原因和故障处理

| 故障原因 | 故障处理 |
| --- | --- |
| 压力表损坏 | 维修或更换压力表 |
| 压力表管路堵塞 | 拆卸压力表及其管路，疏通压力表管路 |
| 压力表管路控制阀未打开或者开启不完全 | 完全开启压力表管路控制阀 |

# 第四章　水喷雾灭火系统

**学习要求**

通过本章的学习，了解水喷雾灭火系统的分类、组成、用途、功能，各部件安装前的检查，安装、调试、检测、验收程序及维护管理规定。

## 第一节　系统构成

水喷雾灭火系统是由水源、供水设备、管道、雨淋报警阀（或电动控制阀、气动控制阀）、过滤器和水雾喷头等组成，向保护对象喷射水雾进行灭火或防护冷却的系统。

水雾喷头是指在一定压力作用下，在设定区域内能将水流分解为直径1mm以下的水滴，并按设计的洒水形状喷出的喷头，分为离心雾化型喷头和撞击型水雾喷头两种。扑救电气火灾时，应选用离心雾化型水雾喷头。

水喷雾灭火系统分为电动启动水喷雾灭火系统和传动管启动水喷雾灭火系统。

电动启动水喷雾灭火系统是通过传统的点式感温、感烟探头或缆式火灾探测器探测火灾，当有火情发生时，探测器将火警信号传到火灾报警控制器上，火灾报警控制器打开雨淋阀，同时启动水泵，喷水灭火。

传动管水喷雾灭火系统是以传动管为火灾探测系统，传动管内充满压缩空气或压力水，当传动管上的闭式喷头受火灾高温影响动作后，传动管内的压力迅速下降，打开封闭的雨淋阀。传动管启动水喷雾灭火系统按传动管内的充压介质不同，可分为充液传动管和充气传动管两种。

## 第二节　系统组件安装前检查

1. 系统施工前应具备下列技术资料：

（1）经审核批准的设计施工图、设计说明书；

（2）主要组件的安装及使用说明书；

（3）消防泵、雨淋报警阀（或电动控制阀、气动控制阀）、沟槽式管接件、水雾喷头等系统组件应具备符合相关准入制度要求的有效证明文件和产品出厂合格证；

（4）阀门、压力表、管道过滤器、管材及管件等部件和材料应具备产品出厂合格证。

2. 管材管件、通用阀门及其附件的检查要求与其他水灭火系统相同。

3. 消防泵盘车应灵活，无阻滞和异常声音。

4. 系统组件和材料在设计上有复验要求或对质量有疑义时，应由监理工程师抽样，并应由具有相应资质的检测单位进行检测复验，其复验结果应符合设计要求和国家现行有关标准的规定。

## 第三节 系统安装调试与检测验收

### 一、系统主要组件安装

1. 喷头的安装应符合下列规定：

（1）喷头的规格、型号应符合设计要求，并应在系统试压、冲洗、吹扫合格后进行安装。

（2）喷头应安装牢固、规整，安装时不得拆卸或损坏喷头上的附件。

（3）顶部设置的喷头应安装在被保护物的上部，室外安装坐标偏差不应大于20mm，室内安装坐标偏差不应大于10mm，标高的允许偏差；室外安装为±20mm；室内安装为±10mm。

（4）侧向安装的喷头应安装在被保护物体的侧面并应对准被保护物体，其距离偏差不应大于20mm。

2. 管道安装完毕应进行水压试验，并应符合下列规定：

（1）试验宜采用清水进行，试验时，环境温度不宜低于5℃，当环境温度低于5℃时，应采取防冻措施；

（2）试验压力应为设计压力的1.5倍；

（3）试验的测试点宜设在系统管网的最低点，对不能参与试压的设备、阀门及附件，应加以隔离或拆除；

水压试验检查方法：管道充满水，排净空气，用试压装置缓慢升压，当压力升至试验压力后，稳压10min，管道无损坏、变形，再将试验压力降至设计压力，稳压30min，以压力不降、无渗漏为合格。

### 二、系统调试

1. 系统的主动力源和备用动力源进行切换试验时，主动力源和备用动力源及电气设备运行应正常。检查方法：以自动和手动方式各进行1～2次试验。

2. 雨淋报警阀调试宜利用检测、试验管道进行。自动和手动方式启动的雨淋报警阀应在15s之内启动；公称直径大于200mm的雨淋报警阀在调试时，应在60s之内启动；雨淋报警阀在调试时，当报警水压为0.05MPa时，水力警铃应发出报警铃声。检查方法：使用压力表、流量计、秒表、声强计测量检查，直观检查。

3. 联动试验应符合下列规定：

（1）采用模拟火灾信号启动系统，相应的分区雨淋报警阀（或电动控制阀、气动控制阀）、压力开关和消防水泵及其他联动设备均应能及时动作并发出相应的信号。

（2）采用传动管启动的系统，启动1只喷头，相应的分区雨淋报警阀、压力开关和消防水泵及其他联动设备均应能及时动作并发出相应的信号。

(3) 系统的响应时间、工作压力和流量应符合设计要求。检查方法：当为手动控制时，以手动方式进行1～2次试验；当为自动控制时，以自动和手动方式各进行1～2次试验，并用压力表、流量计、秒表计量。

系统调试合格后，应填写调试检查记录，并应用清水冲洗后放空，复原系统。

## 三、系统检测与验收

1. 系统竣工后，必须进行工程验收，验收不合格不得投入使用。

2. 系统的验收应由建设单位组织监理、设计、供货、施工等单位共同进行。

3. 雨淋报警阀组的验收应符合下列要求：

(1) 雨淋报警阀组的各组件应符合国家现行相关产品标准的要求。

(2) 打开手动试水阀或电磁阀时，相应雨淋报警阀动作应可靠。

(3) 打开系统流量压力检测装置放水阀，测试的流量、压力应符合设计要求。

(4) 水力警铃的安装位置应正确。测试时，水力警铃喷嘴处压力不应小于0.05MPa，且距水力警铃3m远处警铃的响度不应小于70dB (A)。

(5) 控制阀均应锁定在常开位置。

(6) 与火灾自动报警系统和手动启动装置的联动控制应符合设计要求。

4. 喷头的验收应符合下列规定：

(1) 喷头的数量、规格、型号应符合设计要求。

(2) 喷头的安装位置、安装高度、间距及与梁等障碍物的距离偏差均应符合设计要求和规范的相关规定。

(3) 不同型号、规格的喷头的备用量不应少于其实际安装总数的1%，且每种备用喷头数不应少于5只。

5. 每个系统应进行模拟灭火功能试验，并应符合下列要求：

(1) 压力信号反馈装置应能正常动作，并应能在动作后启动消防水泵及与其联动的相关设备，可正确发出反馈信号。

(2) 系统的分区控制阀应能正常开启，并可正确发出反馈信号。

(3) 系统的流量、压力均应符合设计要求。

(4) 消防水泵及其他消防联动控制设备应能正常启动，并应有反馈信号显示。

(5) 主、备电源应能在规定时间内正常切换。

6. 系统工程质量验收判定条件应符合下列要求：

(1) 系统工程质量缺陷应按规范规定划分为严重缺陷项、重要缺陷项和轻微缺陷项；

(2) 当无严重缺陷项、重要缺陷项不多于2项，且重要缺陷项与轻微缺陷项之和不多于6项时，可判定系统验收为合格；其他情况，应判定为不合格。

7. 系统验收合格后，应用清水冲洗后放空，复原系统。

# 第四节　系统维护管理

1. 维护管理人员应经过消防专业培训，应熟悉水喷雾灭火系统的原理、性能和操作与维护规程。

2. 每日应对系统的下列项目进行一次检查：

（1）应对水源控制阀、雨淋报警阀进行外观检查，阀门外观应完好，启闭状态应符合设计要求；

（2）寒冷季节，应检查消防储水设施是否有结冰现象，储水设施的任何部位均不得结冰。

3. 每周应对消防水泵和备用动力进行一次启动试验。当消防水泵为自动控制启动时，应每周模拟自动控制的条件启动运转一次。

4. 每月应对系统的下列项目进行一次检查：

（1）应检查电磁阀并进行启动试验，动作失常时应及时更换。

（2）应检查手动控制阀门的铅封、锁链，当有破坏或损坏时应及时修理更换。系统上所有手动控制阀门均应采用铅封或锁链固定在开启或规定的状态。

（3）应检查消防水池（罐）、消防水箱及消防气压给水设备，应确保消防储备水位及消防气压给水设备的气体压力符合设计要求。

（4）应检查保证消防用水不做他用的技术措施，发现故障时应及时进行处理。

（5）应检查消防水泵接合器的接口及附件，应保证接口完好、无渗漏、闷盖齐全。

（6）应检查喷头，当喷头上有异物时应及时清除。

5. 每季度应对系统的下列项目进行一次检查：

（1）应对系统进行一次放水试验，检查系统启动、报警功能及出水情况是否正常。

（2）应检查室外阀门井中进水管上的控制阀门，核实其处于全开启状态。

6. 每年应对系统的下列项目进行一次检查：

（1）应对消防储水设备进行检查，修补缺损和重新油漆。

（2）应对水源的供水能力进行一次测定。

# 第五章　细水雾灭火系统

**学习要求**

通过本章的学习，了解细水雾的系统构成、组件安装前检查；熟悉系统安装调试与验收；掌握系统维护管理方法和要求。

## 第一节　系统构成

细水雾灭火系统是由供水装置、过滤装置、控制阀、细水雾喷头等组件和供水管道组成，能自动和人工启动并喷放细水雾进行灭火或控火的固定灭火系统。

细水雾灭火系统按供水方式（主要是按照驱动源类型）可以划分为瓶组式、泵组式及其他型式，目前主要有泵组和瓶组式两种型式的产品。泵组系统采用柱塞泵、高压离心泵或气动泵等泵组作为系统的驱动源，而瓶组系统采用储水瓶组和储气瓶组，分别储存高压氮气和水，系统启动时释放出高压气体来驱动水形成细水雾。

细水雾喷头可分为开式喷头和闭式喷头。开式喷头是以火灾探测器作为启动信号的开放式细水雾喷头。闭式喷头是以其感温元件作为启动部件的细水雾喷头。细水雾灭火系统根据其采用的细水雾喷头形式，可以分为开式系统和闭式系统。开式系统由火灾自动报警系统控制，自动开启分区控制阀和启动水泵后，向开式细水雾喷头供水。闭式系统，除预作用细水雾系统外，均不需要与火灾自动报警装置联动。

开式系统按照系统的应用方式，可以分为全淹没应用和局部应用两种方式。采用全淹没应用方式时，微小的雾滴粒径及较高的喷放压力使细水雾雾滴能像气体一样具有一定的弥散性和流动性，充满整个空间，可以对防护区内的所有保护对象予以保护。局部应用方式是针对防护区内某一部分保护对象予以保护，如燃气轮机的轴承、油浸变压器等，直接喷放细水雾实施灭火。开式系统（以泵组系统为例）如图 4-5-1 所示。

闭式系统可分为湿式系统、干式系统和预作用系统。湿式系统如图 4-5-2 所示。

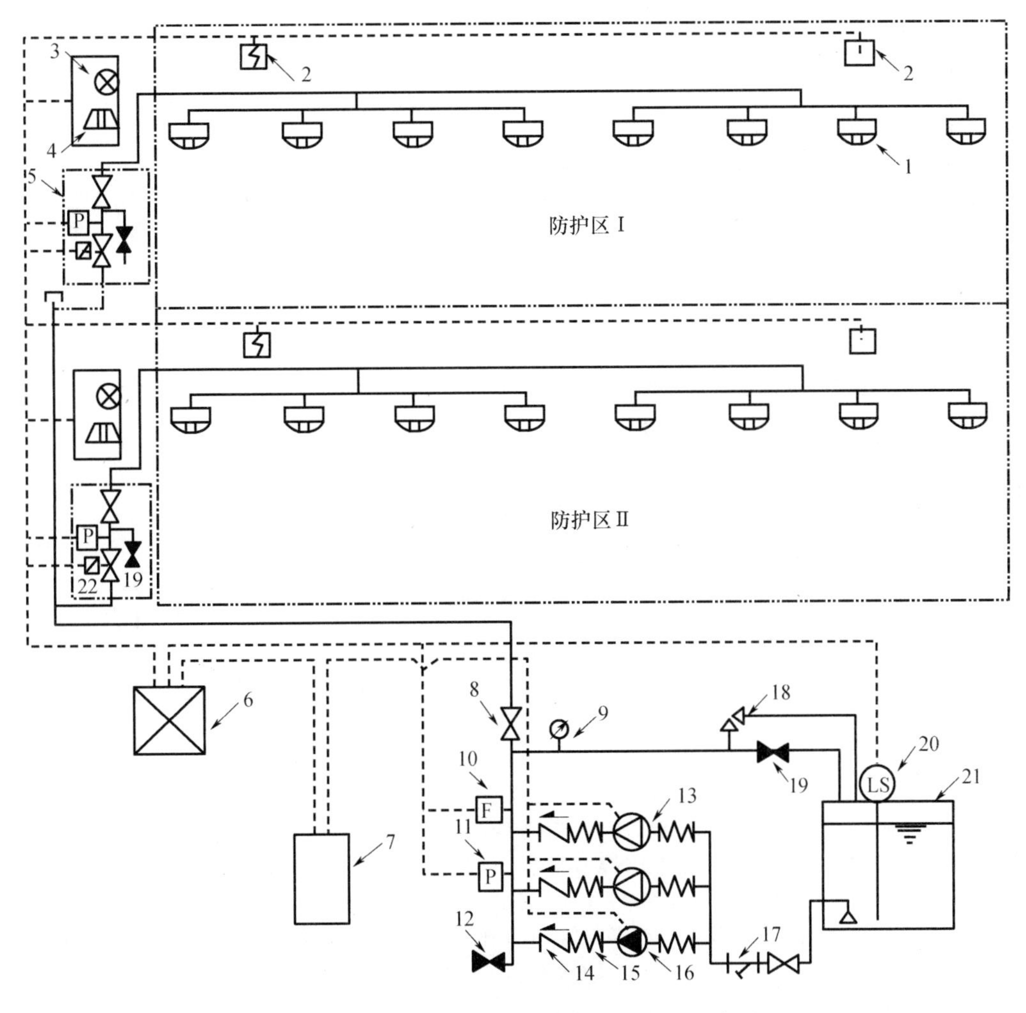


图 4-5-1　开式系统（以泵组系统为例）示意图

1—开式细水雾喷头；2—火灾探测器；3—喷雾指示灯；4—火灾声光报警器；5—分区控制阀组；6—火灾报警控制器；7—消防泵控制柜；8—控制阀（常开）；9—压力表；10—水流传感器；11—压力开关；12—泄水阀（常闭）；13—消防泵；14—止回阀；15—柔性接头；16—稳压泵；17—过滤器；18—安全阀；19—泄放试验阀；20—液位传感器；21—储水箱；22—分区控制阀（电磁/气动/电动阀）

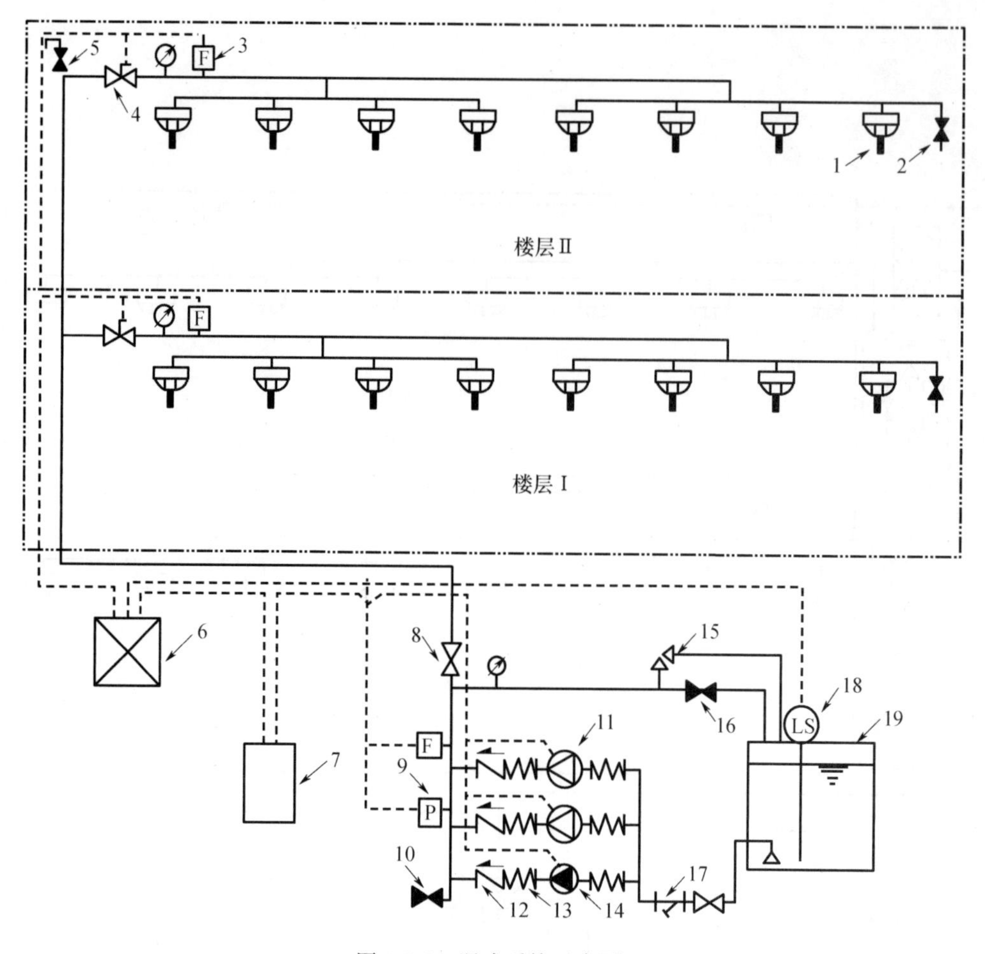


图 4-5-2 湿式系统示意图

1—闭式细水雾喷头；2—末端试水阀；3—水流传感器；4—分区控制阀（常开，反馈阀门开启信号）；5—排气阀（常闭）；6—火灾报警控制器；7—消防泵控制柜；8—控制阀（常开）；9—压力开关；10—泄水阀（常闭）；11—消防泵；12—止回阀；13—柔性接头；14—稳压泵；15—安全阀；16—泄放试验阀；17—过滤器；18—液位传感器；19—储水箱

## 第二节 系统组件（设备）安装前检查

### 一、喷头的进场检查

#### （一）检查内容

1. 喷头标志的检查

喷头的商标、型号、生产日期及制造厂等标志清晰、齐全。

2. 喷头数量检查

喷头数量需满足设计要求。

3. 喷头外观检查

(1) 喷头外观无加工缺陷和机械损伤。

(2) 喷头螺纹密封面无伤痕、毛刺、断丝或缺丝现象。

**(二) 检查方法**

按不同型号、规格抽查1%，且不少于5只；少于5只时，应进行全数检查。

### 二、阀组的进场检查

**(一) 检查内容**

1. 各阀门的商标、型号、规格等标志应齐全；

2. 各阀门及其附件应配备齐全，不得有加工缺陷和机械损伤；

3. 控制阀的明显部位应有标明水流方向的永久性标志；

4. 控制阀的阀瓣及操作机构应动作灵活、无卡涩现象，阀体内应清洁、无异物堵塞，阀组进出口应密封完好。

**(二) 检查方法**

直观检查及在专用试验装置上测试，主要测试设备有试压泵、压力表。

## 第三节　系统安装调试与验收

### 一、安装要求

**(一) 分区控制阀**

分区控制阀安装高度宜为1.2～1.6m，操作面与墙或其他设备的距离不应小于0.8m，并应满足安全操作要求。

**(二) 管道冲洗**

管道安装固定后，应进行冲洗，并应符合下列规定：

1. 冲洗前，应对系统的仪表采取保护措施，并应对管道支、吊架进行检查，必要时应采取加固措施；

2. 冲洗用水的水质宜满足系统的要求；

3. 冲洗流速不应低于设计流速。

**(三) 管道试验、吹扫**

管道冲洗合格后，管道应进行压力试验，并应符合下列规定：

1. 试验用水的水质应与管道的冲洗水一致。

2. 试验压力应为系统工作压力的1.5倍。

3. 试验的测试点宜设在系统管网的最低点，对不能参与试压的设备、仪表、阀门及附件，应加以隔离或在试验后安装。

检查方法：管道充满水、排净空气，用试压装置缓慢升压，当压力升至试验压力后，稳压5min，管道无损坏、变形，再将试验压力降至设计压力，稳压120min，以压力不降、无渗漏、目测管道无变形为合格。

4. 压力试验合格后，系统管道宜采用压缩空气或氮气进行吹扫，吹扫压力不应大于管道的设计压力，流速不宜小于20m/s。

检查方法：在管道末端设置贴有白布或涂白漆的靶板，以5min内靶板上无锈渣、灰尘、水渍及其他杂物为合格。

5. 喷头的安装应在管道试压、吹扫合格后进行。

## 二、系统调试

系统调试应包括泵组、稳压泵、分区控制阀的调试和联动试验，并应根据批准的方案按程序进行。

### （一）泵组调试

泵组调试应符合下列规定：

1. 以自动或手动方式启动泵组时，泵组应立即投入运行。

2. 以备用电源切换方式或备用泵切换启动泵组时，泵组应立即投入运行。

3. 采用柴油泵作为备用泵时，柴油泵的启动时间不应大于5s。

4. 控制柜应进行空载和加载控制调试，控制柜应能按其设计功能正常动作和显示。

### （二）分区控制阀调试

分区控制阀调试应符合下列规定：

1. 对开式系统，分区控制阀应能在接到动作指令后立即启动，并应发出相应的阀门动作信号。

2. 对闭式系统，当分区控制阀采用信号阀时，应能反馈阀门的启闭状态和故障信号。

### （三）系统联动试验

系统应进行联动试验，对允许喷雾的防护区或保护对象，应至少在1个区进行实际细水雾喷放试验；对不允许喷雾的防护区或保护对象，应进行模拟细水雾喷放试验。

开式系统的联动试验应符合下列规定：

进行实际细水雾喷放试验时，可采用模拟火灾信号启动系统，分区控制阀、泵组或瓶组应能及时动作并发出相应的动作信号，系统的动作信号反馈装置应能及时发出系统启动的反馈信号，相应防护区或保护对象保护面积内的喷头应喷出细水雾。

进行模拟细水雾喷放试验时，应手动开启泄放试验阀，采用模拟火灾信号启动系统时，泵组或瓶组应能及时动作并发出相应的动作信号，系统的动作信号反馈装置应能及时发出系统启动的反馈信号。

相应场所入口处的警示灯应动作。

闭式系统的联动试验可利用试水阀放水进行模拟。打开试水阀后，泵组应能及时启动并发出相应的动作信号；系统的动作信号反馈装置应能及时发出系统启动的反馈信号。

当系统需与火灾自动报警系统联动时，可利用模拟火灾信号进行试验。在模拟火灾信号后，火灾报警装置应能自动发出报警信号，系统应动作，相关联动控制装置应能发出自动关断指令，火灾时需要关闭的相关可燃气体或液体供给源关闭等设施应能联动关断。

系统调试合格后，应按规范填写调试记录，并应用压缩空气或氮气吹扫，将系统恢复至准工作状态。

### 三、系统验收

系统的验收应由建设单位组织施工、设计、监理等单位共同进行。系统验收合格后，应将系统恢复至正常运行状态，并应向建设单位移交竣工验收文件资料和系统工程验收记录。系统验收不合格不得投入使用。

#### （一）喷头验收应符合的规定

1. 喷头的数量、规格、型号及闭式喷头的公称动作温度等，应符合设计要求。

2. 喷头的安装位置、安装高度、间距及与墙体、梁等障碍物的距离，均应符合设计要求和规范的有关规定，距离偏差不应超出±15mm 的范围。

3. 不同型号规格喷头的备用量不应少于其实际安装总数的 1%，且每种备用喷头数不应少于 5 只。

#### （二）每个系统应进行模拟联动功能试验，其应符合的规定

1. 动作信号反馈装置应能正常动作，并应能在动作后启动泵组或开启瓶组及与其联动的相关设备，可正确发出反馈信号。

2. 开式系统的分区控制阀应能正常开启，并可正确发出反馈信号。

3. 系统的流量、压力均应符合设计要求。

4. 泵组或瓶组及其他消防联动控制设备应能正常启动，并应有反馈信号显示。

5. 主、备电源应能在规定时间内正常切换。

#### （三）开式系统应进行冷喷试验，其响应时间应符合设计的要求

检查数量：至少一个系统、一个防护区或一个保护对象。

检查方法：自动启动系统，采用秒表等直观检查。

#### （四）系统验收判定

系统工程质量验收合格与否，应根据其质量缺陷项情况进行判定。系统工程质量缺陷项应按规范划分为严重缺陷项、一般缺陷项和轻度缺陷项。

当无严重缺陷项，或一般缺陷项不多于 2 项，或一般缺陷项与轻度缺陷项之和不多于 6 项时，可判定系统验收为合格；当有严重缺陷项，或一般缺陷项大于等于 3 项，或一般缺陷项与轻度缺陷项之和大于等于 7 项时，应判定为不合格。

## 第四节　系统维护管理

系统的维护管理应由经过培训的人员承担。维护管理人员应熟悉系统的工作原理、

操作维护方法与要求等。

（1）每日应对系统的下列项目进行一次检查：

① 应检查控制阀等各种阀门的外观及启闭状态是否符合设计要求；

② 应检查系统的主备电源接通情况；

③ 寒冷和严寒地区，应检查设置储水设备的房间温度，房间温度不应低于5℃；

④ 应检查报警控制器、水泵控制柜（盘）的控制面板及显示信号状态；

⑤ 应检查系统的标志和使用说明等标识是否正确、清晰、完整，并应处于正确位置。

（2）每月应对系统的下列项目进行一次检查：

① 应检查系统组件的外观，应无碰撞变形及其他机械性损伤；

② 应检查分区控制阀动作是否正常；

③ 应检查阀门上的铅封或锁链是否完好、阀门是否处于正确位置；

④ 应检查储水箱和储水容器的水位及储气容器内的气体压力是否符合设计要求；

⑤ 对闭式系统，应利用试水阀对动作信号反馈情况进行试验，观察其是否正常动作和显示；

⑥ 应检查喷头的外观及备用数量是否符合要求；

⑦ 应检查手动操作装置的保护罩、铅封等是否完整无损。

（3）每季度应对系统的下列项目进行一次检查：

① 应通过泄放试验阀对泵组系统进行一次放水试验，并应检查泵组启动、主备泵切换及报警联动功能是否正常；

② 应检查瓶组系统的控制阀动作是否正常；

③ 应检查管道和支、吊架是否松动，以及管道连接件是否变形、老化或有裂纹等现象。

（4）每年应对系统的下列项目进行一次检查：

① 应定期测定一次系统水源的供水能力；

② 应对系统组件、管道及管件进行一次全面检查，并应清洗储水箱、过滤器，同时应对控制阀后的管道进行吹扫；

③ 储水箱应每半年换水一次，储水容器内的水应按产品制造商的要求定期更换；

④ 应进行系统模拟联动功能试验。

# 第六章　泡沫灭火系统

**学习要求**

通过本章的学习，熟悉泡沫灭火系统的构成；掌握泡沫液和系统组件现场检查、系统组件安装调试与检测验收，以及系统的维护管理方法和要求。

## 第一节　系统分类

泡沫灭火系统工作原理：通过泡沫比例混合器（装置）将泡沫液与水按比例混合成泡沫混合液，再经泡沫产生装置生成泡沫，施加到着火对象上实施灭火。

### 一、按系统产生泡沫的倍数分类

#### （一）低倍数泡沫

发泡倍数低于20的灭火泡沫。

#### （二）中倍数泡沫

发泡倍数为20～200的灭火泡沫。

#### （三）高倍数泡沫

发泡倍数高于200的灭火泡沫。

非水溶性液体火灾，当采用液上喷射泡沫灭火时，可以选用蛋白、氟蛋白、水成膜泡沫液或成膜氟蛋白泡沫液；当采用液下喷射泡沫灭火时，应当选用水成膜泡沫液、氟蛋白或成膜氟蛋白泡沫液。

### 二、按系统喷射方式划分

#### （一）液上喷射系统

液上喷射系统是指将泡沫产生装置产生的泡沫在导流装置的作用下，从燃烧液体上方施加到燃烧液体表面实现灭火的系统。

它适用于各类非水溶性甲、乙、丙类液体储罐和水溶性甲、乙、丙类液体的固定顶或内浮顶储罐，应用最广泛。

#### （二）液下喷射系统

泡沫从液面下喷入被保护储罐内的灭火系统。

#### （三）半液下喷射系统

泡沫从储罐底部注入，并通过软管浮升到燃料液体表面进行喷放的灭火系统。

### 三、按系统结构划分

**（一）固定式系统**

由固定的泡沫消防水泵或泡沫混合液泵、泡沫比例混合器（装置）、泡沫产生器（或喷头）和管道等组成的灭火系统。

**（二）半固定式泡沫灭火系统**

由固定的泡沫产生器与部分连接管道，泡沫消防车或机动消防泵，用水带连接组成的灭火系统。

**（三）移动式泡沫灭火系统**

由消防车、机动消防泵或有压水源、泡沫比例混合器、泡沫枪、泡沫炮或移动式泡沫产生器、用水带等连接组成的灭火系统。

## 第二节　泡沫液和系统组件（设备）现场检查

### 一、泡沫液的现场检查

一般情况下，泡沫液进场后，需要现场取样留存，以待日后需要时送检。

**（一）检查内容及要求**

对泡沫液用量较多的情况，需要将其送至具备相应资质的检测单位进行检测。需要送检量如下：

（1）6％型低倍数泡沫液设计用量≥7.0t。

（2）3％型低倍数泡沫液设计用量≥3.5t。

（3）6％蛋白型中倍数泡沫液最小储备量≥2.5t。

（4）6％合成型中倍数泡沫液最小储备量≥2.0t。

（5）高倍数泡沫液最小储备量≥1.0t。

**（二）检查方法**

对取样留存的泡沫液，进行观察检查和检查市场准入制度要求的有效证明文件及产品出厂合格证即可。

主要对送检泡沫液的发泡性能和灭火性能进行检测，检测内容主要包括发泡倍数、析液时间、灭火时间和抗烧时间。

### 二、系统组件的现场检查

阀门强度和严密性试验要采用清水进行，强度试验压力为公称压力的1.5倍；严密性试验压力为公称压力的1.1倍。

试验合格的阀门，要排尽内部积水，并吹干；密封面涂防锈油，关闭阀门，封闭出入口，并做明显的标记。阀门试验的持续时间见表4-6-1。

**表 4-6-1　阀门试验持续时间**

| 公称直径 DN（mm） | 最短试验持续时间（s） | | |
|---|---|---|---|
| | 严密性试验 | | 强度试验 |
| | 金属密封 | 非金属密封 | |
| ≤50 | 15 | 15 | 15 |
| 65～200 | 30 | 15 | 60 |
| 200～450 | 60 | 30 | 180 |

# 第三节　系统组件安装调试与检测验收

## 一、系统主要组件安装与技术检测

### （一）泡沫液储罐的安装

1. 一般要求

泡沫液储罐周围要留有满足检修需要的通道，其宽度不能小于 0.7m，且操作面不能小于 1.5m；当泡沫液储罐上的控制阀距地面高度大于 1.8m 时，需要在操作面处设置操作平台或操作凳。

2. 常压泡沫液储罐的安装

（1）现场制作的常压钢质泡沫液储罐，考虑到比例混合器要能从储罐内顺利吸入泡沫液，同时防止将储罐内的锈渣和沉淀物吸入管内堵塞管道，泡沫液管道出液口不能高于泡沫液储罐最低液面 1m，泡沫液管道吸液口距泡沫液储罐底面不小于 0.15m，且最好做成喇叭口形。

（2）现场制作的常压钢质泡沫液储罐需要进行严密性试验，试验压力为储罐装满水后的静压力，试验时间不能少于 30min，目测不能有渗漏。

（3）现场制作的常压钢质泡沫液储罐内、外表面需要按设计要求进行防腐处理，防腐处理要在严密性试验合格后进行。

（4）常压泡沫液储罐的安装方式要符合设计要求。当设计无要求时，要根据其形状按立式或卧式安装在支架或支座上，支架要与基础固定。安装时不能损坏其储罐上的配管和附件。

（5）常压钢质泡沫液储罐罐体与支座接触部位的防腐，应符合设计要求。当设计无规定时，应按加强防腐层的做法施工。

3. 泡沫液压力储罐的安装

（1）泡沫液压力储罐是制造厂家的定型设备，其上设有安全阀、进料孔、排气孔、排渣孔、人孔和取样孔等附件，出厂时都已安装好，并进行了试验。因此，在安装时不得随意拆卸或损坏，尤其是安全阀更不能随便拆动。安装时出口不能朝向操作面，否则影响安全使用。

（2）对设置在露天的泡沫液压力储罐，需要根据环境条件采取防晒、防冻和防腐等措施。当环境温度低于0℃时，需要采取防冻设施；当环境温度高于40℃时，需要有降温措施。

**（二）泡沫比例混合器（装置）的安装**

1. 一般要求

安装要求：

（1）安装时，要使泡沫比例混合器（装置）的标注方向与液流方向一致。

（2）泡沫比例混合器（装置）与管道连接处的安装应严密。

2. 环泵式比例混合器的安装

安装要求：

（1）其进口要与水泵的出口管段连接，出口要与水泵的进口管段连接，进泡沫液口要与泡沫液储罐上的出液口管段连接。消防泵进出口压力、泡沫液储罐液面与比例混合器的高度差是影响其泡沫混合液混合比的两方面因素。其配套的泡沫液储罐为常压储罐。

（2）环泵式比例混合器安装标高的允许偏差为±10mm。

（3）备用的环泵式比例混合器需要并联安装在系统上。

3. 压力式比例混合装置的安装

安装要求：

（1）压力式比例混合装置的压力储罐和比例混合器在出厂前已经固定安装在一起，因此，压力式比例混合装置要整体安装。

（2）压力式比例混合装置的压力储罐进水管有0.6～1.2MPa的压力，而且通过压力式比例混合装置的流量也较大，有一定的冲击力，所以安装时压力式比例混合装置要与基础固定牢固。

## 二、系统调试

**（一）系统组件调试**

1. 泡沫比例混合器（装置）的调试与系统喷泡沫试验同时进行。

2. 泡沫产生装置的调试（喷水）

（1）低倍数（含高背压）泡沫产生器、中倍数泡沫产生器要进行喷水试验，其进口压力要符合设计要求。

（2）泡沫喷头要进行喷水试验，其防护区内任意四个相邻喷头组成的四边形保护面积内的平均供给强度要不低于设计值。

（3）固定式泡沫炮要进行喷水试验，其进口压力、射程、射高、仰俯角度、水平回转角度等指标要符合设计要求。

（4）泡沫枪要进行喷水试验，其进口压力和射程要符合设计要求。

（5）高倍数泡沫产生器要进行喷水试验，其进口压力的平均值不能小于设计值，每台高倍数泡沫产生器发泡网的喷水状态要正常。

**（二）系统功能测试**

1. 系统喷水试验应符合的规定。

当为手动灭火系统时，应以手动控制的方式进行一次喷水试验；当为自动灭火系统时，应以手动和自动控制的方式各进行一次喷水试验，其各项性能指标均应达到设计要求。

检查数量：当为手动灭火系统时，选择最远的防护区或储罐；当为自动灭火系统时，选择最大和最远两个防护区或储罐分别以手动和自动的方式进行试验。

2. 低、中倍数泡沫灭火系统喷水试验完毕，将水放空后，进行喷泡沫试验；当为自动灭火系统时，应以自动控制的方式进行；喷射泡沫的时间不应少于 1min。

检查数量：选择最不利点的防护区或储罐，进行一次试验。

3. 高倍数泡沫灭火系统喷水试验完毕，将水放空后，应以手动或自动控制的方式对防护区进行喷泡沫试验，喷射泡沫的时间不应少于 30s。

检查数量：全数检查。

## 第四节　系统维护管理

### 一、消防泵和备用动力启动试验

每周需要对消防泵和备用动力以手动或自动控制的方式进行一次启动试验，看其是否运转正常。试验时泵可以打回流，也可空转，但空转时运转时间不应大于 5s。试验后必须将泵和备用动力及有关设备恢复原状。

### 二、系统月检要求

（1）对低、中、高倍数泡沫产生器，泡沫喷头，固定式泡沫炮，泡沫比例混合器（装置），泡沫液储罐进行外观检查，各部件要完好无损。

（2）对固定式泡沫炮的回转机构、仰俯机构或电动操作机构进行检查，性能要达到标准的要求。

（3）泡沫消火栓和阀门要能自由开启与关闭，不能有锈蚀。

（4）压力表、管道过滤器、金属软管、管道及管件不能有损伤。

（5）对遥控功能或自动控制设施及操纵机构进行检查，性能要符合设计要求。

（6）对储罐上的低、中倍数泡沫混合液立管要清除锈渣。

（7）动力源和电气设备工作状况要良好。

（8）水源及水位指示装置要正常。

### 三、系统年检要求

1. 每半年检查要求

每半年除储罐上泡沫混合液立管和液下喷射防火堤内泡沫管道，以及高倍数泡沫产生器进口端控制阀后的管道外，其余管道需要全部冲洗，清除锈渣。

2. 每两年检查要求

（1）对低倍数泡沫灭火系统中的液上、液下及半液下喷射、泡沫喷淋、固定式泡沫炮和中倍数泡沫灭火系统进行喷泡沫试验，并对系统所有组件、设施、管道及管件进行全面检查。

（2）对高倍数泡沫灭火系统，可在防护区内进行喷泡沫试验，并对系统所有组件、设施、管道及管件进行全面检查。

（3）系统检查和试验完毕后，要对泡沫液泵或泡沫混合液泵、泡沫液管道、泡沫混合液管道、泡沫管道、泡沫比例混合器（装置）、泡沫消火栓、管道过滤器和喷过泡沫的泡沫产生装置等用清水冲洗后放空，复原系统。

# 第五篇　建筑消防其他设施

## 第一章　气体灭火系统

**学习要求**

通过本章的学习，了解系统构成；熟悉系统组件、管件、设备安装前的检查；掌握系统的检测调试、验收和维护管理。

### 第一节　系统构成和组件、管件、设备安装前的检查

气体灭火系统是以一种或多种气体作为灭火介质，在规定时间内把一定量的气体喷射到整个防护区内或保护对象，进而实现灭火的固定式灭火系统。气体灭火系统具有灭火效率高、灭火速度快、保护对象无污损等优点。目前比较常用的气体灭火系统有二氧化碳灭火系统、七氟丙烷灭火系统、IG-541 混合气体灭火系统等几种。

#### 一、气体灭火系统的分类

气体灭火系统的分类如表 5-1-1、图 5-1-1 所示。

**表 5-1-1　气体灭火系统的分类**

| 分类 | 类别 | 特点 |
|---|---|---|
| 使用的灭火剂 | 二氧化碳 | 高压系统、低压系统 |
| | 七氟丙烷 | 产物对人有毒性危害 |
| | 惰性气体 | IG01（氩气）、IG100（氮气）、IG55（氩气、氮气）、IG541（氩气、氮气、二氧化碳） |
| 系统结构特点 | 无管网/预制 | 柜式、悬挂式 |
| | 管网 | 组合分配系统、单元独立系统 |
| 应用方式 | 全淹没、局部应用 | |
| 加压方式 | 自压式 | 灭火剂无须加压而是依靠自身饱和蒸气压力 |
| | 内储压式 | 灭火剂在瓶组内用惰性气体进行加压储存 |
| | 外储压式 | 专设的充压气体瓶组 |

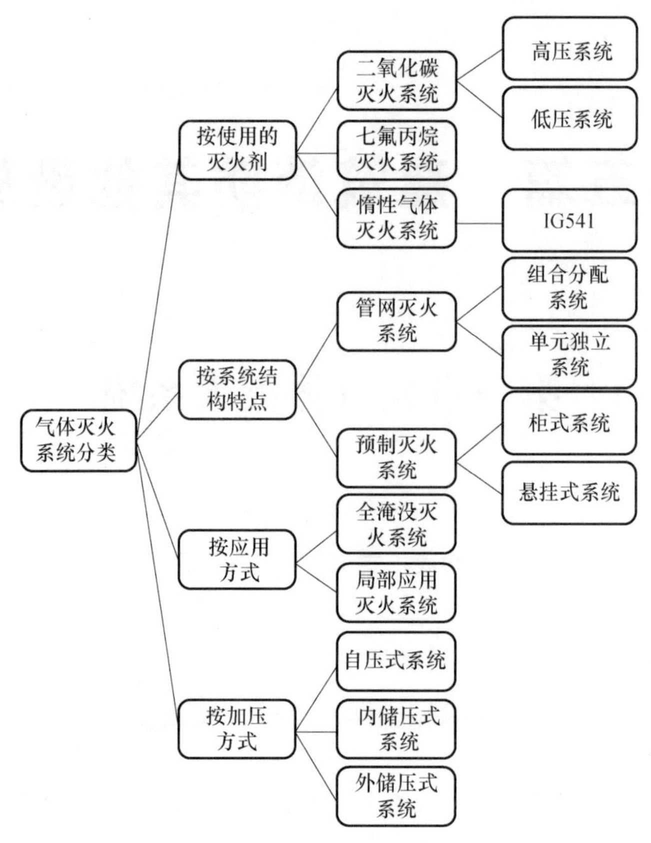


图 5-1-1　气体灭火系统的分类

## 二、气体灰火系统的构成

### （一）选择阀

在组合分配系统中，用于控制灭火剂经管网释放到预定防护区或保护对象的阀门，选择阀和防护区一一对应。选择阀可分为活塞式、球阀式、气动启动型、电磁启动型、电爆启动型和组合启动型等类型。选择阀三维图如图 5-1-2 所示。

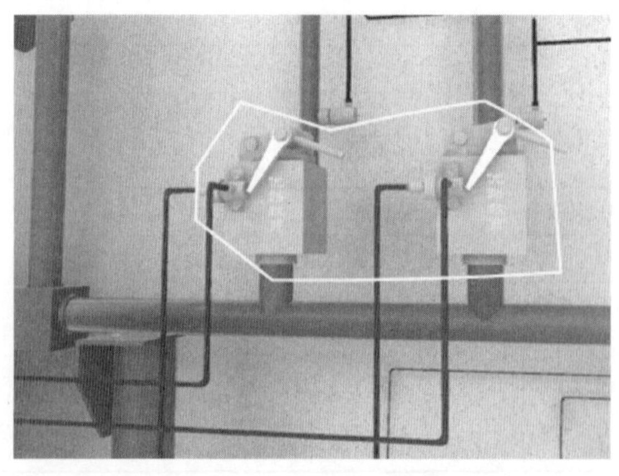

图 5-1-2　选择阀三维图

### （二）电磁阀

电磁阀安装在容器阀上，电磁铁动作时击穿装置刺破容器阀上的密封膜片，使灭火剂释放。电磁阀有机械应急启动功能，进行应急机械启动时，首先应拔出机械应急保险销，用力按下机械应急启动装置，即可实现应急启动。

### （三）单向阀

单向阀按安装在管路中的位置可分为灭火剂流通管路单向阀和启动气体控制管路单向阀；按阀体内活动的密封部件型式可分为滑块型、球型和阀瓣型。

灭火剂流通管路单向阀装于连接管与集流管之间，防止灭火剂从集流管向灭火剂瓶组反流。启动气体控制管路单向阀装于启动管路上，用来控制气体流动方向，启动特定的阀门。单向阀外观、工作原理如图 5-1-3、图 5-1-4 所示。

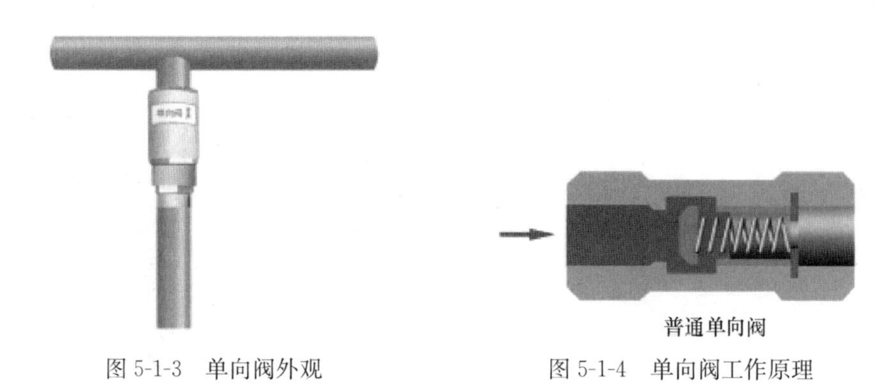


图 5-1-3　单向阀外观　　　　图 5-1-4　单向阀工作原理

### （四）安全泄压阀

安全泄放阀可分为灭火剂瓶组安全泄放阀、启动气体瓶组安全泄放阀和集流管安全泄放阀。安全泄压阀工作原理如图 5-1-5 所示。

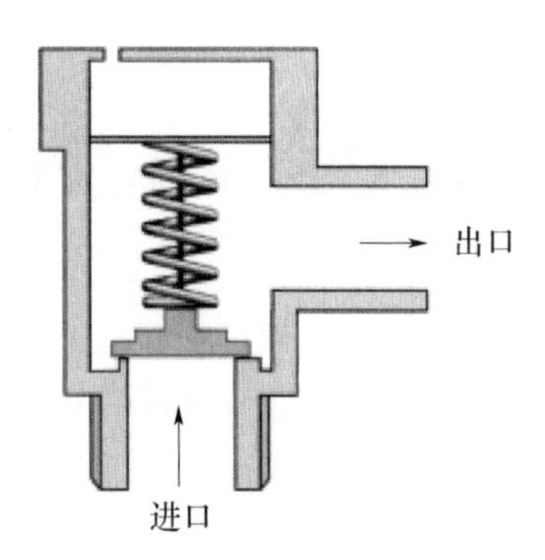


图 5-1-5　安全泄压阀工作原理图

### （五）信号反馈装置

信号反馈装置是安装在灭火剂释放管路或选择阀上，将灭火剂释放的压力或流量信号转换为电信号，并反馈到控制中心的装置。常见的是把压力信号转换为电信号的信号反馈装置，一般也称为压力开关。信号反馈装置如图 5-1-6 所示。

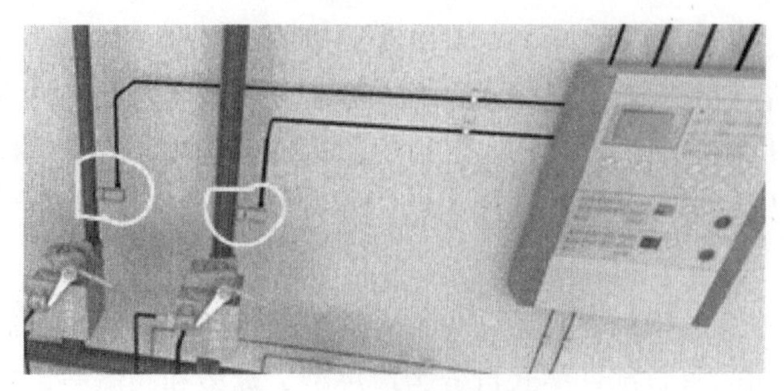

图 5-1-6　信号反馈装置

**（六）低泄高封阀**

低泄高封阀是安装在系统启动管路上，正常情况下处于开启状态，用来排除由于气源泄漏积聚在启动管路内的气体，只有进口压力达到设定压力时才关闭的阀门。低泄高封阀如图 5-1-7、图 5-1-8 所示。

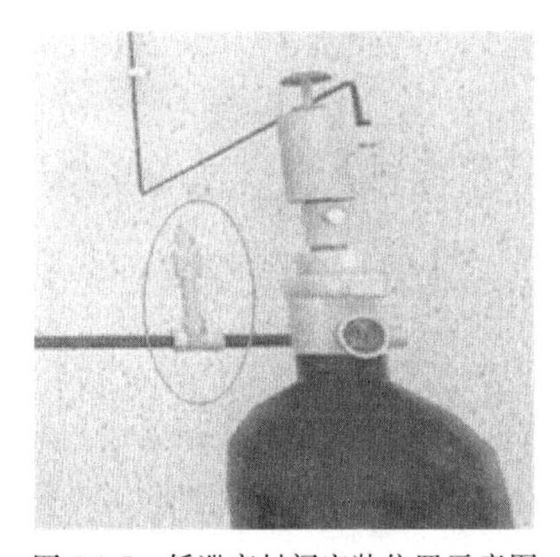

图 5-1-7　低泄高封阀安装位置示意图

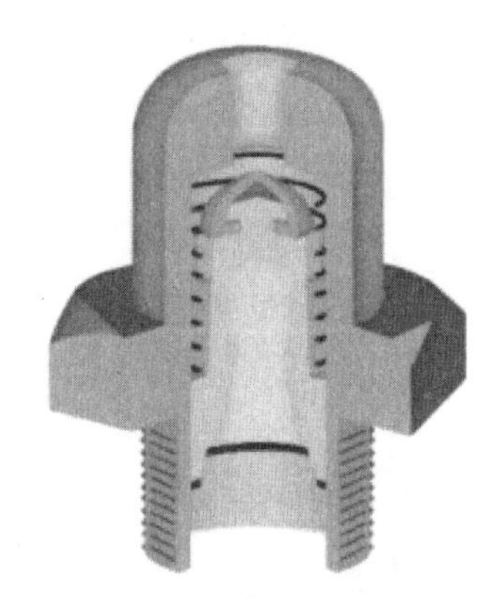

图 5-1-8　低泄高封阀剖面图

**（七）灭火剂输送管道**

管道的连接，当公称直径小于或等于 80mm 时，宜采用螺纹连接；大于 80mm 时，宜采用法兰连接。

**（八）启动管路**

输送启动气体的管道宜采用铜管，其质量应符合现行国家标准《拉制铜管》（GB 1527）的规定。

## 三、系统工作原理

1. 预制七氟丙烷气体灭火系统

当防护区发生火灾时，产生烟雾、高温和光辐射，使感烟、感温、感光等探测器探测到火灾信号，探测器将火灾信号转变为电信号传送到报警灭火控制器，控制器自动发出声光报警并经逻辑判断后，启动联动装置，经过一段时间延时后，发出系统启动信号，开启启动气体瓶组上的容器阀释放启动气体，打开灭火剂瓶组的容器阀，瓶组的灭火剂经连接管汇集到集流管，到达喷头进行喷放灭火。同时安装在管道上的信号反馈装置动作，将信号传送到控制器，控制器启动防护区外的释放警示灯和警铃。

另外，通过压力开关监测系统是否正常工作，若启动指令发出，而压力开关的信号未反馈，则说明系统存在故障，值班人员应在听到事故报警后尽快赶到储瓶间，手动开启储存容器上的容器阀，实施人工启动灭火。预制七氟丙烷气体灭火系统工作原理如图 5-1-9所示。

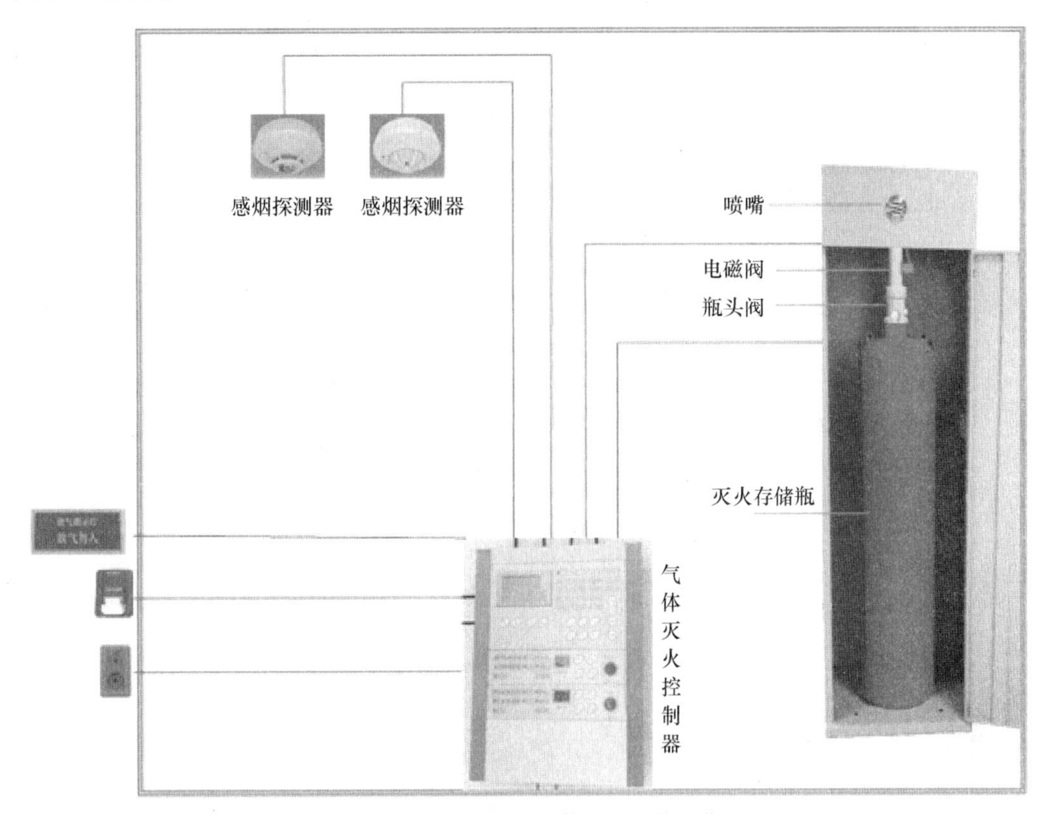


图 5-1-9 预制七氟丙烷气体灭火系统工作原理

2. 组合分配式七氟丙烷气体灭火系统

当防护区发生火灾时，产生烟雾、高温和光辐射，使感烟、感温、感光等探测器探测到火灾信号，探测器将火灾信号转变为电信号传送到报警灭火控制器，控制器自动发出声光报警并经逻辑判断后，启动联动装置，经过一段时间延时后，发出系统启动信号，启动气体瓶组上的容器阀释放启动气体，打开通向发生火灾的防护区的选择阀，同时打开灭火剂瓶组的容器阀，各瓶组的灭火剂经连接管汇集到集流管，通过选择阀到达安装在防护区内的喷头进行喷放灭火。同时安装在管道上的信号反馈装置动作，将信号传送到控制器，由控制器启动防护区外的释放警示灯和警铃。

另外，通过压力开关监测系统是否正常工作，若启动指令发出，而压力开关的信号未反馈，则说明系统存在故障，值班人员应在听到事故报警后尽快赶到储瓶间，手动开启储存容器上的容器阀，实施人工启动灭火。

3. 系统控制方式

气体灭火系统控制流程如图 5-1-10 所示。

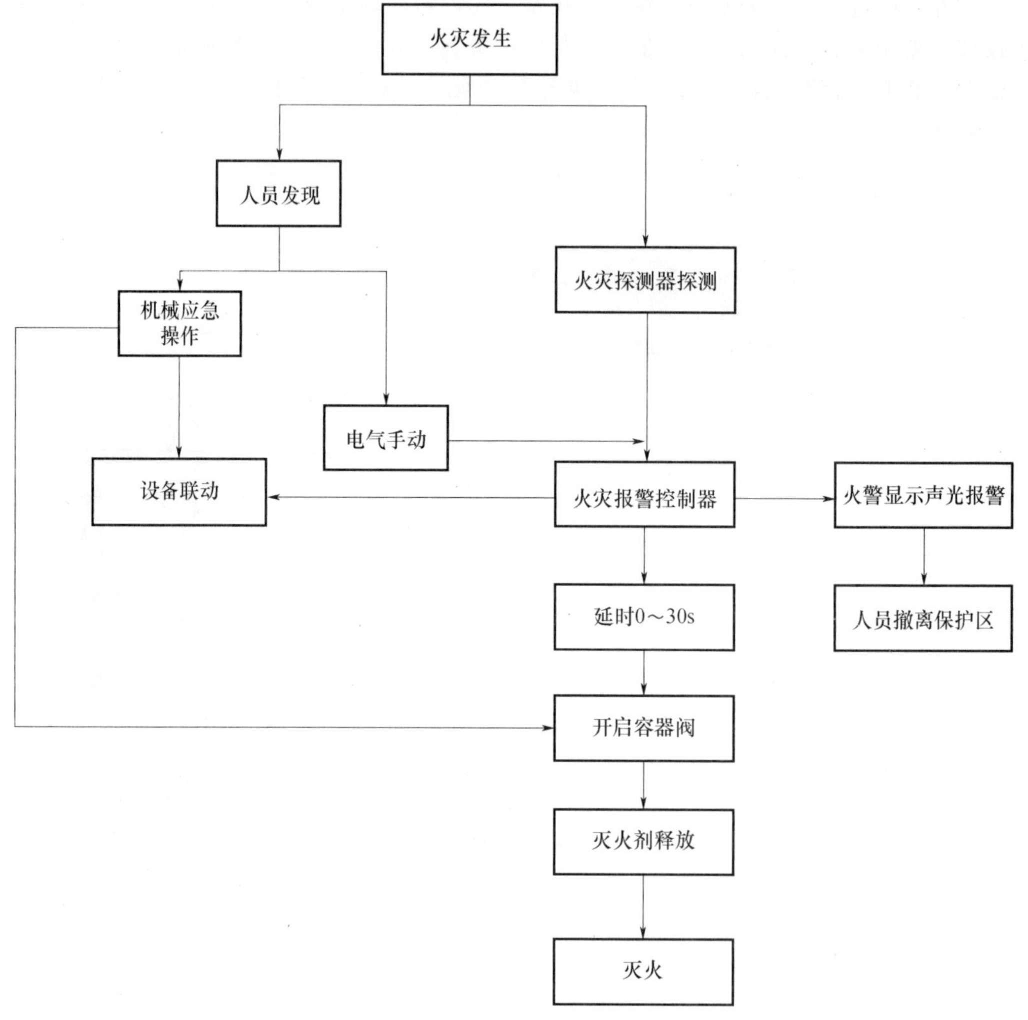


图 5-1-10　气体灭火系统控制流程

（1）自动控制方式

灭火控制器配有感烟火灾探测器和定温式感温火灾探测器。控制器上有控制方式选择锁，当将其置于“自动”位置时，灭火控制器处于自动控制状态。当只有一种探测器发出火灾信号时，控制器即发出火警声光信号，通知有异常情况发生，而不启动灭火装置释放灭火剂。如确需启动灭火装置灭火，可按下“紧急启动按钮”，即可启动灭火装置释放灭火剂，实施灭火。当两种探测器同时发出火灾信号时，控制器发出火灾声光信号，通知有火灾发生，有关人员应撤离现场，并发出联动指令，关闭风机、防火阀等联动设备，经过一段时间延时后，即发出灭火指令，打开电磁阀，启动气体打开容器阀，释放灭火剂，实施灭火；如在报警过程中发现不需要启动灭火装置，可按下保护区外的或控制操作面板上的“紧急停止按钮”，即可终止灭火指令的发出。自动控制方式系统如图 5-1-11 所示。

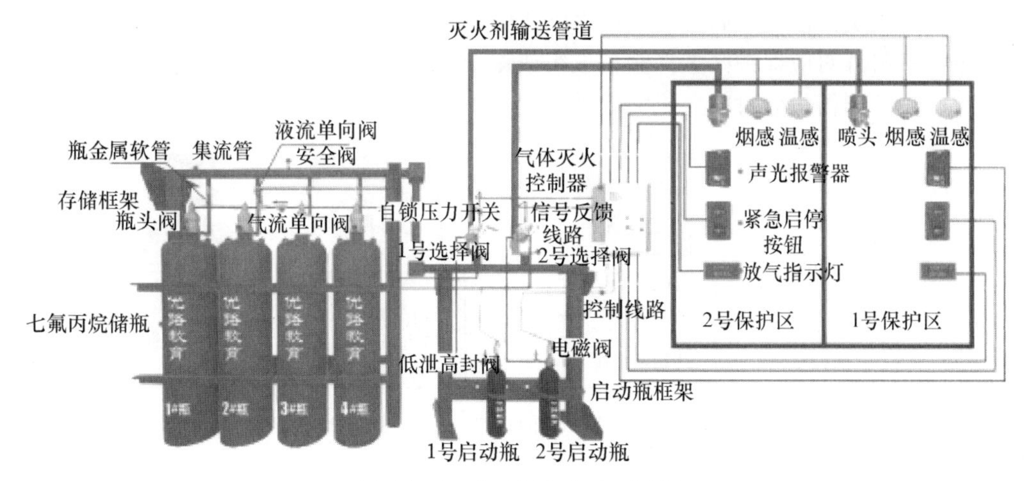


图 5-1-11 自动控制方式系统图

（2）手动控制方式

将控制器上的控制方式选择锁置于“手动”位置时，灭火控制器处于手动控制状态。这时，当火灾探测器发出火警信号时，控制器即发出火灾声光报警信号，而不启动灭火装置，经过人员观察后，确认火灾已发生情况下，可按下保护区外或控制器操作面板上的“紧急启动按钮”，以启动灭火装置，释放灭火剂，实施灭火，但报警信号仍存在。无论装置处于手动或自动状态，按下任何紧急启动按钮，都可启动灭火装置，释放灭火剂，实施灭火，同时控制器立即进入灭火报警状态。紧急启停按钮如图 5-1-12、图 5-1-13所示。

图 5-1-12 防护区外的紧急启停按钮

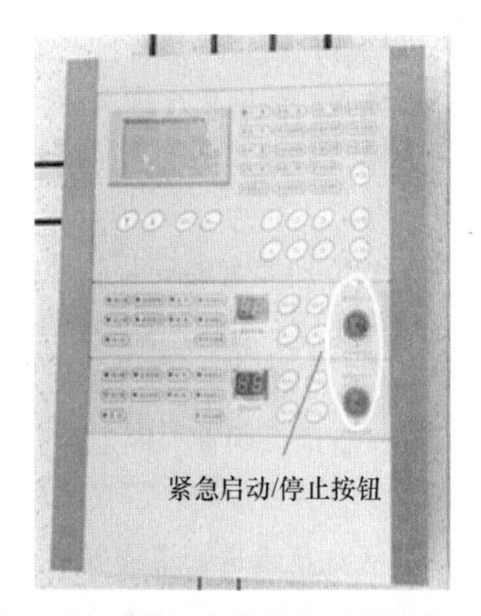


图 5-1-13 气体灭火控制器的紧急启停按钮

（3）应急机械启动工作方式

当防护区发生火情，而控制器故障不能发出灭火指令时，应通知有关人员撤离现场，关闭联动设备并切断电源，然后拔出相应电磁瓶头阀上的安全插销，操作手柄即可打开电磁阀，释放启动气体。启动气体打开选择阀、瓶头阀，释放灭火剂，实施灭火。

当控制器失效且值班人员判断为火灾时，值班人员应立即通知现场所有人员撤离，在确定所有人员撤离现场后，方可按以下步骤实施应急机械启动：手动关闭联动设备并切断电源；打开对应保护区选择阀；成组或逐个打开对应保护区储瓶组上的容器阀，以实施灭火。控制器失效时应急机械启动流程示意图如图5-1-14所示。

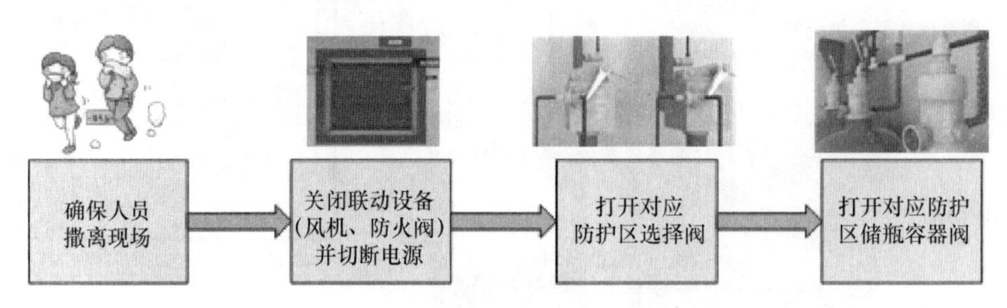


图5-1-14　控制器失效时应急机械启动流程示意图

## 四、组件安装

### （一）灭火剂储存装置的安装

1. 灭火剂储存装置安装后，泄压装置的泄压方向不应朝向操作面。低压二氧化碳灭火系统的安全阀应通过专用的泄压管接到室外。

2. 集流管上的泄压装置的泄压方向不应朝向操作面。

### （二）选择阀及信号反馈装置的安装

1. 选择阀操作手柄安装在操作面一侧，当安装高度超过1.7m时应采取便于操作的措施。

2. 采用螺纹连接的选择阀，其与管网连接处宜采用活接。

3. 选择阀的流向指示箭头应指向介质流动方向。

4. 选择阀上要设置标明防护区、保护对象名称或编号的永久性标志，并应便于观察。

### （三）阀驱动装置的安装

1. 驱动气瓶上有标明驱动介质名称、对应防护区、保护对象名称或编号的永久性标志，并便于观察。

2. 水平管道采用管卡固定。管卡的间距不宜大于0.6m。转弯处应增设1个管卡。

3. 气动驱动装置的管道安装后，要进行气压严密性试验。

### （四）灭火剂输送管道的安装

1. 已做防腐处理的无缝钢管不宜采用焊接连接，与选择阀等个别连接部位需采用法兰焊接连接时，要对被焊接损坏的防腐层进行二次防腐处理。

2. 管道末端采用防晃支架固定，支架与末端喷嘴间的距离不大于500mm。

3. 公称直径大于或等于50mm的主干管道，垂直方向和水平方向至少应各安装1个防晃支架。当穿过建筑物楼层时，每层应设1个防晃支架。当水平管道改变方向时，应增设防晃支架。

4. 灭火剂输送管道安装完毕后，要进行强度试验和气压严密性试验。

5. 气体灭火系统输送管道试验要求。

(1) 灭火剂输送管道安装完毕后，应进行强度试验和气压严密性试验，并应合格。

(2) 水压强度试验压力应按下列规定取值：

① 对高压二氧化碳灭火系统，应取 15.0MPa；对低压二氧化碳灭火系统，应取 4.0MPa。

② 对 IG541 混合气体灭火系统，应取 13.0MPa。

③ 对卤代烷灭火系统和七氟丙烷灭火系统，应取 1.5 倍系统最大工作压力，系统最大工作压力可按表 5-1-2 取值。

**表 5-1-2 系统储存压力、最大工作压力**

<table>
<tr><th>系统类别</th><th>最大充装密度<br>(kg/m³)</th><th>储存压力<br>(MPa)</th><th>50℃时最大工作压力<br>(MPa)</th></tr>
<tr><td rowspan="2">混合气体（IG 541）灭火系统</td><td>—</td><td>15.0</td><td>17.2</td></tr>
<tr><td>—</td><td>20.0</td><td>23.2</td></tr>
<tr><td rowspan="2">卤代烷 1301 灭火系统</td><td rowspan="2">1125</td><td>2.50</td><td>3.93</td></tr>
<tr><td>4.20</td><td>5.80</td></tr>
<tr><td rowspan="3">七氟丙烷灭火系统</td><td>1150</td><td>2.5</td><td>4.2</td></tr>
<tr><td>1120</td><td>4.2</td><td>6.7</td></tr>
<tr><td>1000</td><td>5.6</td><td>7.2</td></tr>
</table>

(3) 进行水压强度试验时，以不大于 0.5MPa/s 的升压速率缓慢升压至试验压力，保压 5min，管道各处无渗漏、无变形为合格。

(4) 当水压强度试验条件不具备时，可采用气压强度试验代替。气压强度试验压力取值：二氧化碳灭火系统取 80%水压强度试验压力，IG541 混合气体灭火系统取 10.5MPa，卤代烷灭火系统和七氟丙烷灭火系统取 1.15 倍最大工作压力。

(5) 气压强度试验应遵守下列规定：

试验前，必须用加压介质进行预试验，预试验压力宜为 0.2MPa。

试验时，应逐步缓慢增加压力，当压力升至试验压力的 50%时，如未发现异状或泄漏，继续按试验压力的 10%逐级升压，每级稳压 3min，直至试验压力。保压检查，管道各处无变形、无泄漏为合格。

(6) 灭火剂输送管道经水压强度试验合格后还应进行气密性试验，经气压强度试验合格且在试验后未拆卸过的管道可不进行气密性试验。

(7) 灭火剂输送管道在水压强度试验合格后或气密性试验前，应进行吹扫。吹扫管道可采用压缩空气或氮气，吹扫时，管道末端的气体流速不应小于 20m/s，采用白布检查，直至无铁锈、尘土、水渍及其他异物出现。

(8) 气密性试验压力应按下列规定取值：

① 对灭火剂输送管道，应取水压强度试验压力的 2/3。

② 对气动管道，应取驱动气体储存压力。

(9) 进行气密性试验时，应以不大于 0.5MPa/s 的升压速率缓慢升压至试验压力，关断试验气源 3min 后压力降不超过试验压力的 10%为合格。

（10）气压强度试验和气密性试验必须采取有效的安全措施。加压介质可采用空气或氮气。气动管道试验时应采取防止误喷射的措施。

6．控制组件的安装

（1）设置在防护区处的手动、自动转换开关应安装在防护区入口且便于操作的部位，安装高度为中心点距地（楼）面1.5m。

（2）手动启动、停止按钮安装在防护区入口且便于操作的部位，安装高度为中心点距地（楼）面1.5m；防护区的声光报警装置的安装应符合设计要求，并保证牢固，不倾斜。

（3）气体喷放指示灯宜安装在防护区入口的正上方。

## 第二节　系统的检测调试、验收和维护管理

### 一、系统调试

#### （一）模拟启动试验

调试时，应对所有防护区或保护对象按下列规定进行系统手动、自动模拟启动试验，并应合格。

（1）手动模拟启动试验可按下述方法进行：

按下手动启动按钮，观察相关动作信号及联动设备动作是否正常（如发出声、光报警，启动输出的负载响应，关闭通风空调、防火阀等）。

人工使压力信号反馈装置动作，观察相关防护区门外的气体喷放指示灯是否正常。

（2）自动模拟启动试验可按下述方法进行：

① 将灭火控制器的启动输出端与灭火系统相应防护区驱动装置连接。驱动装置应与阀门的动作机构脱离。也可以用一个启动电压、电流与驱动装置的启动电压、电流相同的负载代替。

② 人工模拟火警使防护区内任意一个火灾探测器动作，观察单一火警信号输出后，相关报警设备动作是否正常（如警铃、蜂鸣器发出报警声等）。

③ 人工模拟火警使该防护区内另一个火灾探测器动作，观察复合火警信号输出后，相关动作信号及联动设备动作是否正常（如发出声、光报警，启动输出端的负载，关闭通风空调、防火阀等）。

（3）模拟启动试验结果应符合下列规定：

① 延迟时间与设定时间相符，响应时间满足要求；

② 有关声、光报警信号正确；

③ 联动设备动作正确；

④ 驱动装置动作可靠。

#### （二）模拟喷气试验

调试时，应对所有防护区或保护对象按下列规定进行模拟喷气试验，并应合格。

（1）模拟喷气试验的条件应符合下列规定：

① IG541混合气体灭火系统及高压二氧化碳灭火系统应采用其充装的灭火剂进行模拟喷气试验。试验采用的储存容器数应为选定试验的防护区或保护对象设计用量所需容器总数的5%，且不得少于1个。

② 低压二氧化碳灭火系统应采用二氧化碳灭火剂进行模拟喷气试验。

试验应选定输送管道最长的防护区或保护对象进行，喷放量不应小于设计用量的10%。

③ 卤代烷灭火系统模拟喷气试验不应采用卤代烷灭火剂，宜采用氮气，也可采用压缩空气。氮气或压缩空气储存容器与被试验的防护区或保护对象用的灭火剂储存容器的结构、型号、规格应相同，连接与控制方式应一致，氮气或压缩空气的充装压力按设计要求执行。氮气或压缩空气储存容器数不应少于灭火剂储存容器数的20%，且不得少于1个。

④ 模拟喷气试验宜采用自动启动方式。

（2）模拟喷气试验结果应符合下列规定：

① 延迟时间与设定时间相符，响应时间满足要求。

② 有关声、光报警信号正确。

③ 有关控制阀门工作正常。

④ 信号反馈装置动作后，气体防护区外的气体喷放指示灯应工作正常。

⑤ 储存容器间内的设备和对应防护区或保护对象的灭火剂输送管道无明显晃动和机械性损坏。

⑥ 试验气体能喷入被试防护区内或保护对象上，且应能从每个喷嘴喷出。

柜式气体灭火装置、热气溶胶灭火装置等预制灭火系统的模拟喷气试验，宜各取1套分别按产品标准中有关联动试验的规定进行试验。

### （三）模拟切换操作试验

设有灭火剂备用量且储存容器连接在同一集流管上的系统应按规范的规定进行模拟切换操作试验，并应合格。

## 二、系统检测要求

### （一）储瓶间的检查要求

1. 储存装置间门外侧中央贴有“气体灭火储瓶间”的标牌。

2. 管网灭火系统的储存装置宜设在专用储瓶间内，其位置应符合设计文件，若设计无要求，则储瓶间宜靠近防护区。

3. 储存装置间内设应急照明，其照度应达到正常工作照度。

### （二）高压储存装置

1. 储存容器无明显碰撞变形和机械性损伤缺陷，储存容器表面应涂红色，防腐层完好、均匀，手动操作装置有铅封。

2. 储存装置间的环境温度为−10～50℃。

3. 高压二氧化碳储存装置的环境温度为0～49℃。

4. 储存容器中充装的二氧化碳质量损失大于10%时，二氧化碳灭火系统的检漏装置应正确报警。

**（三）安装检查要求**

1. 储存容器必须固定在支架上，操作面距墙或操作面之间的距离不小于1.0m，且不小于储存容器外径的1.5倍。

2. 同一系统中容器阀上的压力表的安装高度差不宜超过10mm。二氧化碳灭火系统要设检漏装置。

3. 灭火剂储存容器的充装量和储存压力应符合设计文件，且不超过设计充装量的1.5%；卤代烷灭火剂储存容器内的实际压力不低于相应温度下的储存压力，且不超过该储存压力的5%；储存容器中充装的二氧化碳质量损失不大于10%。

4. 组合分配的二氧化碳气体灭火系统保护5个及以上的防护区或保护对象，或48h内不能恢复时，二氧化碳要有备用量。其他灭火系统72h内不能重新充装恢复工作的，按系统原储存量的100%设置备用量。

**（四）低压储存装置**

1. 低压系统制冷装置的供电要采用消防电源。

2. 储存装置要远离热源，其位置要便于再充装，其环境温度宜为－23～49℃。

3. 制冷装置采用自动控制，且设手动操作装置。

4. 低压二氧化碳灭火系统储存装置的报警功能正常，高压报警压力设定值应为2.2MPa，低压报警压力设定值应为1.8MPa。

**（五）泄压装置安装检查要求**

1. 在储存容器的容器阀和组合分配系统的集流管上，应设安全泄压装置。

2. 泄压装置的泄压方向不应朝向操作面。

3. 低压二氧化碳灭火系统储存容器上应至少设置2套安全泄压装置，低压二氧化碳灭火系统的安全阀应通过专用泄压管接到室外，其泄压动作压力应为（2.38±0.12）MPa。

**（六）防护区和保护对象**

1. 防护区围护结构及门窗的耐火极限均不宜低于0.50h；吊顶的耐火极限不宜低于0.25h。防护区围护结构承受内压的允许压强不宜低于1200Pa。

2. 2个或2个以上的防护区采用组合分配系统时，一个组合分配系统所保护的防护区应不超过8个。

3. 防护区应设置泄压口。七氟丙烷灭火系统泄压口宜设在外墙上，并应设在防护区净高的2/3以上。

4. 喷放灭火剂前，防护区内除泄压口外的开口应能自行关闭。

5. 防护区的入口处应设防护区采用的相应气体灭火系统的永久性标志；防护区入口处的正上方应设灭火剂喷放指示灯，入口处应设火灾声、光报警器；防护区内应设火灾声报警器，必要时，可增设闪光报警器；防护区应有保证人员在30s内疏散完毕的通道和出口，疏散通道及出口处，应设置应急照明装置与疏散指示标志。

**（七）喷嘴**

安装检查要求：

（1）设置在有粉尘、油雾等防护区的喷嘴，应有防护装置。

（2）当保护对象属于可燃液体时，喷嘴射流方向不应朝向液体表面。

（3）喷嘴的最大保护高度应不大于6.5m，最小保护高度应不小于300mm。

#### （八）预制灭火装置

1. 一个防护区设置的预制灭火系统，其装置数量不宜超过10台。

2. 同一防护区设置多台装置时，其相互间的距离不得大于10m。

3. 防护区内设置的预制灭火系统的充压压力不得大于2.5MPa。

4. 同一防护区内的预制灭火系统装置多于1台时，必须能同时启动，其动作响应时差不得大于2s。

#### （九）操作与控制

1. 管网灭火系统应设自动控制、手动控制和机械应急操作三种启动方式。预制灭火系统应设自动控制和手动控制两种启动方式。

2. 灭火设计浓度或实际使用浓度高于无毒性反应浓度的防护区，应设手动与自动控制的转换装置。当人员进入防护区时，应能将灭火系统转换为手动控制方式；当人员离开时，应能恢复为自动控制方式。

### 三、系统验收

#### （一）一般规定

1. 验收项目有1项为不合格时判定系统为不合格。系统验收合格后，应将系统恢复到正常工作状态。

2. 系统验收包括防护区或保护对象与储存装置间验收检查、设备和灭火剂输送管道验收、系统功能验收。

#### （二）防护区或保护对象与储存装置间验收

防护区下列安全设施的设置应符合设计要求。

1. 防护区的疏散通道、疏散指示标志和应急照明装置。

2. 防护区内和入口处的声光报警装置、气体喷放指示灯、入口处的安全标志。

3. 无窗或固定窗扇的地上防护区和地下防护区的排气装置。

4. 门窗设有密封条的防护区的泄压装置。

5. 专用的空气呼吸器或氧气呼吸器。

#### （三）设备和灭火剂输送管道验收

1. 储存容器内的灭火剂充装量和储存压力应符合设计要求。

检查数量：称量检查按储存容器全数（不足5个的按5个计）的20%检查；储存压力检查按储存容器全数检查；低压二氧化碳储存容器按全数检查。

2. 驱动气瓶和选择阀的机械应急手动操作处，均应有标明对应防护区或保护对象名称的永久标志。

驱动气瓶的机械应急操作装置均应设安全销并加铅封，现场手动启动按钮应有防护罩。

### （四）系统功能验收

1. 系统功能验收时，应进行模拟启动试验，并合格。

检查数量：按防护区或保护对象总数（不足 5 个按 5 个计）的 20%检查。

2. 系统功能验收时，应进行模拟喷气试验，并合格。

检查数量：组合分配系统不应少于 1 个防护区或保护对象，柜式气体灭火装置、热气溶胶灭火装置等预制灭火系统应各取 1 套。

3. 系统功能验收时，应对设有灭火剂备用量的系统进行模拟切换操作试验，并合格。

检查数量：全数检查。

4. 系统功能验收时，应对主用、备用电源进行切换试验，并合格。

## 四、维护管理

### （一）每日检查

每日应对低压二氧化碳储存装置的运行情况、储存装置间的设备状态进行检查并记录。

### （二）月度检查

每月检查应符合下列要求：

1. 低压二氧化碳灭火系统储存装置的液位计检查，灭火剂损失 10%时应及时补充。

2. 高压二氧化碳灭火系统、七氟丙烷管网灭火系统及 IG541 灭火系统等系统的检查内容及要求应符合下列规定：

（1）灭火剂储存容器及容器阀、单向阀、连接管、集流管、安全泄放装置、选择阀、阀驱动装置、喷嘴、信号反馈装置、检漏装置、减压装置等全部系统组件应无碰撞变形及其他机械性损伤，表面应无锈蚀，保护涂层应完好，铭牌和标志牌应清晰，手动操作装置的防护罩、铅封和安全标志应完整。

（2）灭火剂和驱动气体储存容器内的压力，不得小于设计储存压力的 90%。

3. 预制灭火系统的设备状态和运行状况应正常。

### （三）季度检查

每季度应对气体灭火系统进行 1 次全面检查，并应符合下列规定：

1. 可燃物的种类、分布情况，防护区的开口情况，应符合设计规定。

2. 储存装置间的设备、灭火剂输送管道和支、吊架的固定，应无松动。

3. 连接管应无变形、裂纹及老化。必要时，送法定质量检验机构进行检测或更换。

4. 各喷嘴孔口应无堵塞。

5. 对高压二氧化碳储存容器逐个进行称量检查，灭火剂净质量不得小于设计储存量的 90%。

6. 灭火剂输送管道有损伤与堵塞现象时，应按规范的规定进行严密性试验和吹扫。

### （四）年度检查

1. 每年应按规范的规定对每个防护区进行 1 次模拟启动试验，并按规范的规定进行 1 次模拟喷气试验。

2. 低压二氧化碳灭火剂储存容器的维护管理应按《压力容器安全技术监察规程》执行；钢瓶的维护管理应按《气瓶安全监察规程》执行；灭火剂输送管道耐压试验周期应按《压力管道安全管理与监察规定》执行。

# 第二章　干粉灭火系统

**学习要求**

通过本章的学习，了解、熟悉干粉系统的系统构成；掌握系统组件在安装前的检查部分的相关事项，掌握系统的安装调试与检查验收，以及系统的维护管理的相关事项。

## 第一节　系统构成

干粉灭火系统由干粉储存装置、输送管道和喷头等组成。其中，干粉储存装置内设有启动气体储瓶、驱动气体储瓶、减压阀、干粉储存容器、阀驱动装置、信号反馈装置、安全防护装置、压力报警及控制器等。为确保系统工作的可靠性，必要时系统还需设置选择阀、检漏装置和称量装置等。

## 第二节　系统组件（设备）安装前检查

### 一、干粉储存容器的现场检查

主要检查：外观质量、密封面和充装量。

充装量：实际充装量不少于设计充装量，不得超过设计充装量的3%。

### 二、气体储瓶、选择阀等现场检查

（1）同一规格的干粉储存容器和驱动气体储瓶，高度差不超过20mm。

（2）同一规格的启动气体储瓶，高度差不超过10mm。

### 三、阀驱动装置现场检查

启动气体储瓶内压力不低于设计压力，且不超过设计压力的5%。

## 第三节　安装调试与检查验收

### 一、系统试压和吹扫

一般情况下，系统强度试验和严密性试验采用清水作为介质，当不具备水压强度试验条件时，可采用气压强度试验代替。水压试验合格后，用干燥压缩空气对管道进行吹扫，以清除残留水分和异物。系统试压完成后，及时拆除所有临时盲板和试验用管道，并与记录核对无误。

### 二、水压强度试验

水压强度试验压力为系统最大工作压力的1.5倍。以不大于0.5MPa/s的速率缓慢升压至试验压力，达到试验压力后稳压5min，管网无泄漏、无变形。

### 三、气压强度试验

当水压强度试验条件不具备时，可采用气压强度试验代替。气压强度试验压力取系统最大工作压力的1.15倍。在试验前，用加压介质进行预试验，预试验压力为0.2MPa；试验时，逐步缓慢增加压力，当压力升至试验压力的50%时，如未发现异状或泄漏，继续按试验压力的10%逐级升压，每级稳压3min，直至试验压力；保压检查管道各处无变形、无泄漏为合格。气压试验可采用试压装置进行试验，目测观察管网外观和测压用压力表读数。

### 四、气密性试验

干粉输送管道进行气密性试验时，对干粉输送管道，试验压力为水压强度试验压力的2/3；对气体输送管道，试验压力为气体最高工作储存压力。

进行气密性试验时，应以不大于0.5MPa/s的升压速率缓慢升压至试验压力。关断试验气源3min内压力降不超过试验压力的10%为合格。

## 第四节　系统维护管理

### 一、日检查内容

（1）干粉储存装置外观。
（2）灭火控制器运行情况。
（3）启动气体储瓶和驱动气体储瓶压力。

### 二、月检查内容

（1）干粉储存装置部件。
（2）驱动气体储瓶充装量。

### 三、年检查内容

（1）防护区及干粉储存装置间。
（2）管网、支架及喷放组件。
（3）模拟启动检查。

# 第三章　防烟排烟系统

**学习要求**

通过本章的学习，了解防烟排烟系统及其组件的系统构成；掌握系统组件（设备）安装前检查、安装检测与调试的要求；掌握系统日常维护管理的方法和要求。

## 第一节　系统分类与构成

防烟系统是指通过采用自然通风方式，防止火灾烟气在楼梯间、前室、避难层（间）等空间内积聚，或通过采用机械加压送风方式阻止火灾烟气侵入楼梯间、前室、避难层（间）等空间的系统；建筑防烟排烟系统如图 5-3-1 所示。

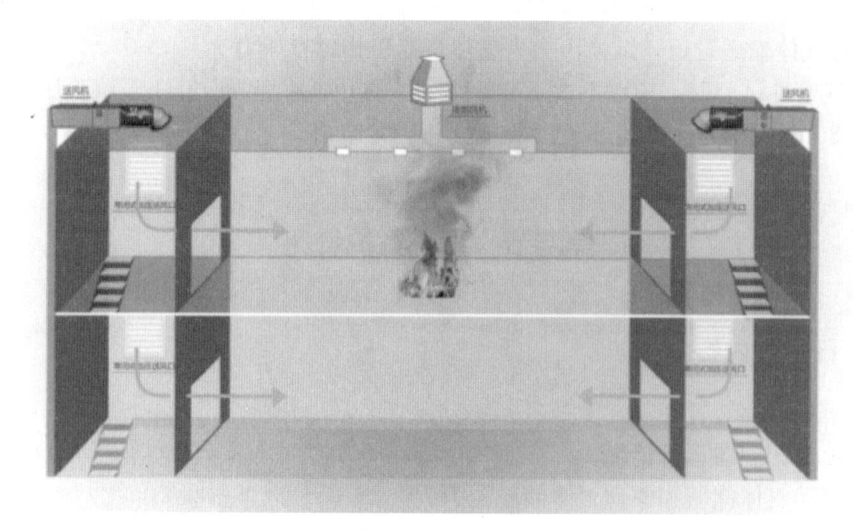

图 5-3-1　建筑防烟和排烟系统（一）

排烟系统是指采用自然排烟或机械排烟的方式，将房间、走道等空间的火灾烟气排至建筑物外的系统。建筑防烟系统和排烟系统如图 5-3-2 所示。

### 一、防烟系统

机械加压送风的防烟设施包括加压送风机、防火阀、加压送风管道、加压送风口等。当防烟楼梯间加压送风而前室不送风时，楼梯间与前室的隔墙上还可能设有余压阀。防火阀组成如图 5-3-3 所示，防火阀位置如图 5-3-4 所示。

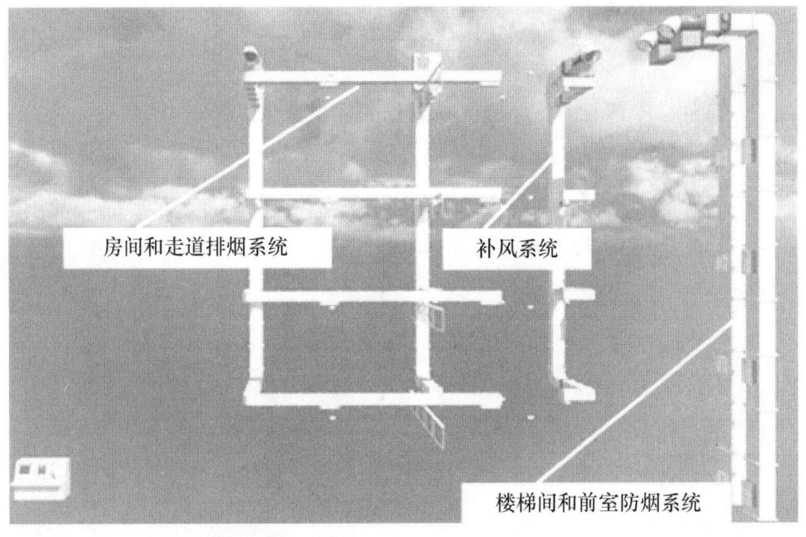


图 5-3-2　建筑防烟和排烟系统（二）

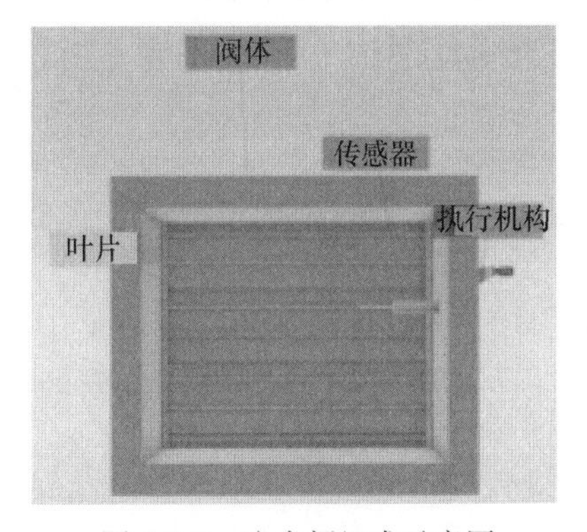


图 5-3-3　防火阀组成示意图

图 5-3-4　防火阀位置图

（1）加压送风机。一般采用中、低压离心风机、混流风机或轴流风机。加压送风管道采用不燃材料制作。

（2）加压送风口。其分为常开式、常闭式和自垂百叶式。常开式即普通的固定叶片式百叶风口；常闭式采用手动或电动开启，常用于前室或合用前室；自垂百叶式平时靠百叶重力自行关闭，加压时自行开启，常用于防烟楼梯间。常开式加压送风口如图 5-3-5 所示，常闭式加压送风口如图 5-3-6 所示，自垂百叶式加压送风口如图 5-3-7所示。

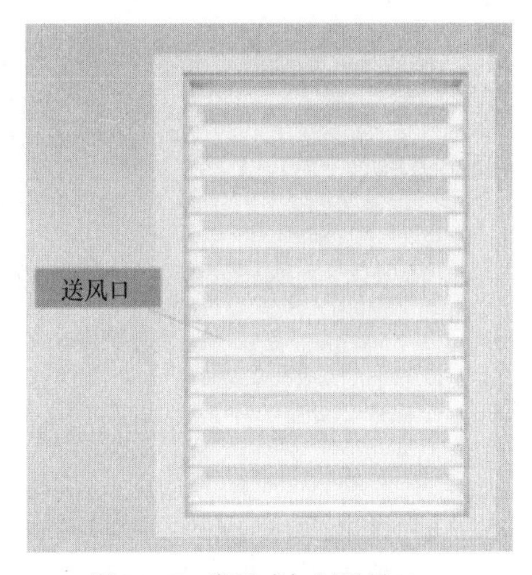


图 5-3-5　常开式加压送风口

图 5-3-6　常闭式加压送风口

图 5-3-7　自垂百叶式加压送风口

## 二、排烟系统

1. 机械排烟设施

（1）排烟风机。一般可采用离心风机、排烟专用的混流风机或轴流风机，也可采用风机箱或屋顶式风机。排烟风机与加压送风机的不同在于：排烟风机应保证在 280℃的环境条件下能连续工作不少于 30min。轴流风机如图 5-3-8 所示，离心风机如图 5-3-9 所示。

图 5-3-8　轴流风机示意图

图 5-3-9　离心风机示意图

（2）排烟管道。采用不燃材料制作，常用的排烟管道采用镀锌钢板加工制作，厚度按高压系统要求，并应采取隔热防火措施或与可燃物保持不小于 150mm 的距离。

（3）排烟防火阀。安装在机械排烟系统的管道上，平时呈开启状态，火灾时当排烟管道内温度达到280℃时关闭，并在一定时间内能满足漏烟量和耐火完整性要求，是起隔烟阻火作用的阀门。排烟防火阀一般由阀体、叶片、执行机构和温感器等部分组成，系统如图5-3-10所示。

图5-3-10　排烟防火阀系统示意图

（4）挡烟垂壁。挡烟垂壁是用于分隔防烟分区的装置或设施，可分为固定式或活动式。

活动挡烟垂壁与建筑结构（柱或墙）面之间的缝隙不应大于60mm，由两块或两块以上的挡烟垂帘组成的连续性挡烟垂壁，各块之间不应有缝隙，搭接宽度不应小于100mm。挡烟垂壁如图5-3-11所示。

图5-3-11　挡烟垂壁示意图

2. 挡烟垂壁运行性能

活动式挡烟垂壁的运行性能应符合以下要求：

（1）从初始安装位置自动运行至挡烟工作位置时，其运行速度不应小于0.07m/s，而且总运行时间不应大于60s；

（2）应设置限位装置；当运行至挡烟工作位置的上、下限位时，应能自动停止。

3. 挡烟垂壁运行控制方式

活动式挡烟垂壁的运行控制方式应符合以下要求：

（1）应与相应的感烟火灾探测器联动，当探测器报警后，挡烟垂壁应能自动运行至挡烟工作位置；

（2）接收到消防联动控制设备的控制信号后，挡烟垂壁应能自动运行至挡烟工作位置。

## 第二节　系统组件（设备）安装前检查

系统组件、材料、设备到场后，对其外观、规格、型号、基本性能、严密性等进行检查。主要对风机、风管、风管部件进行检查。

（1）风管的材料、品种、规格、厚度等应符合设计要求和国家现行标准的规定。

（2）有耐火极限要求的风管的本体、框架与固定材料、密封垫料等必须为不燃材料，材料品种、规格、厚度及耐火极限等应符合设计要求和国家现行标准的规定。

## 第三节　系统安装检测与调试

### 一、系统的安装

#### （一）金属风管的制作和连接

1. 风管采用法兰连接时，其螺栓孔的间距不得大于150mm，矩形风管法兰四角处应设有螺孔。

2. 板材应采用咬口连接或铆接，除镀锌钢板及含有复合保护层的钢板外，板厚大于1.5mm的可采用焊接。

#### （二）部件的安装与检测

1. 排烟防火阀

（1）型号、规格及安装的方向、位置应符合设计要求。

（2）阀门应顺气流方向关闭，防火分区隔墙两侧的排烟防火阀，距墙端面不应大于200mm。

（3）手动和电动装置应灵活、可靠，阀门关闭严密。

（4）应设独立的支、吊架。当风管采用不燃材料防火隔热时，阀门安装处应有明显标识。

2. 送风口、排烟阀（口）

（1）安装位置应符合设计要求，并应固定牢靠，表面平整、不变形，调节灵活。

（2）排烟口距可燃物或可燃构件的距离不应小于1.5m。排烟口设置位置和高度如图5-3-12所示。

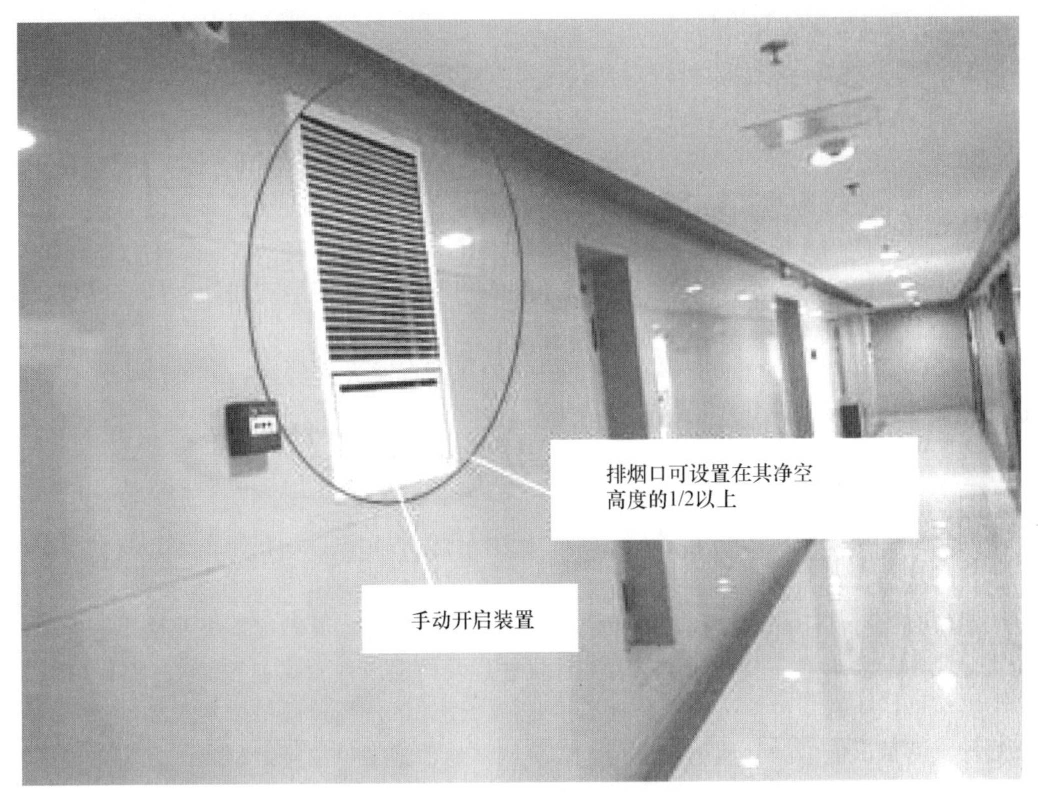


图 5-3-12　排烟口设置位置和高度示意图

3. 常闭送风口、排烟阀（口）

手动驱动装置应固定安装在明显可见、距楼地面 1.3～1.5m 之间便于操作的位置，预埋套管不得有死弯及瘪陷，手动驱动装置操作应灵活。

4. 挡烟垂壁

（1）型号、规格、下垂的长度和安装位置应符合设计要求。

（2）活动挡烟垂壁的手动操作按钮应固定安装在距楼地面 1.3～1.5m 之间便于操作、明显可见处。

（3）常闭送风口、排烟阀或排烟口的手动驱动装置应固定安装在明显可见、距楼地面 1.3～1.5m 之间便于操作的位置，预埋套管不得有死弯及瘪陷，手动驱动装置操作应灵活。

5. 排烟窗

（1）型号、规格和安装位置应符合设计要求。

（2）安装应牢固、可靠，符合有关门窗施工验收规范要求，并应开启、关闭灵活。

（3）手动开启机构或按钮固定安装在距楼地面 1.3～1.5m 之间，便于操作、明显可见。

（4）自动排烟窗驱动装置的安装应符合设计和产品技术文件要求，并应灵活、可靠。

### （三）风机的安装与检测

1. 型号、规格应符合设计规定，其出口方向正确。

2. 送风机的进风口不应与排烟风机的出风口设在同一面上。当确有困难时，送风机的进风口与排烟风机的出风口应分开布置。竖向布置时，送风机的进风口应设置在排烟出口的下方，其两者边缘之间最小垂直距离不应小于6.0m；水平布置时，两者边缘之间最小水平距离不应小于20.0m。

3. 吊装风机的支、吊架应焊接牢固、安装可靠，其结构形式和外形尺寸应符合设计或设备技术文件要求。

4. 风机驱动装置的外露部位必须装设防护罩；直通大气的进、出风口必须装设防护网或其他安全设施，并应采取防雨措施。

## 二、系统的调试

防烟排烟系统调试在系统施工完成及与工程有关的火灾自动报警系统、联动控制设备调试合格后进行。

系统调试所使用的测试仪器和仪表，性能应稳定可靠，其精度等级及最小分度值应能满足测定的要求，并应符合国家有关计量法规及检定规程的规定。

系统调试由施工单位负责、监理单位监督，设计单位与建设单位参与和配合，也可以委托具有调试能力的其他单位进行。系统调试前，施工单位应编制调试方案，报送专业监理工程师审核批准；调试结束后，必须提供完整的调试资料和报告。

### （一）设备单机调试

1. 排烟防火阀的调试

（1）进行手动关闭、复位试验，阀门动作应灵敏、可靠，关闭应严密。

（2）模拟火灾，相应区域火灾报警后，同一防火分区内排烟管道上的其他阀门应联动关闭。

（3）阀门关闭后的状态信号应能反馈到消防控制室。

（4）阀门关闭后应能连锁相应的（通风）风机停止。

2. 活动挡烟垂壁的调试

模拟火灾，相应区域火灾报警后，同一防烟分区内挡烟垂壁应在60s以内联动下降到设计高度。

3. 送风机、排烟风机的调试

（1）手动开启风机，风机应正常运转2.0h，叶轮旋转方向应正确、运转平稳、无异常振动与声响。

（2）核对风机的铭牌值，并测定风机的风量、风压、电流和电压，其结果应与设计相符。

（3）能在消防控制室手动控制风机的启动、停止；风机的启动、停止状态信号应能反馈到消防控制室。

4. 机械加压送风系统风速及余压的调试

（1）应选取送风系统末端所对应的送风最不利的三个连续楼层模拟起火层及其上下

层，封闭避难层（间）仅需选取本层。调试送风系统使上述楼层的楼梯间、前室及封闭避难层（间）的风压值及疏散门的门洞断面风速值与设计值的偏差不大于10%。

（2）对楼梯间和前室的调试应单独分别进行，且互不影响。

（3）调试楼梯间和前室疏散门的门洞断面风速时应同时开启三个楼层的疏散门。

5. 活动挡烟垂壁的调试方法及要求

应符合下列规定：

（1）手动操作挡烟垂壁按钮进行开启、复位试验，挡烟垂壁应灵敏、可靠地启动与到位后停止，下降高度应符合设计要求；

（2）模拟火灾，相应区域火灾报警后，同一防烟分区内挡烟垂壁应在60s以内联动下降到设计高度；

（3）挡烟垂壁下降到设计高度后应能将状态信号反馈到消防控制室。

系统调试应在系统施工完成及与工程有关的火灾自动报警系统及联动控制设备调试合格后进行。

系统调试前，施工单位应编制调试方案，报送专业监理工程师审核批准；调试结束后，必须提供完整的调试资料和报告。

6. 常闭送风口、排烟阀或排烟口的调试方法及要求

应符合下列规定：

（1）进行手动开启、复位试验，阀门动作应灵敏、可靠，远距离控制机构的脱扣钢丝连接不应松弛、脱落；

（2）模拟火灾，相应区域火灾报警后，同一防火分区的常闭送风口和同一防烟分区内的排烟阀或排烟口应联动开启；

（3）阀门开启后的状态信号应能反馈到消防控制室；

（4）阀门开启后应能联动相应的风机启动。

**（二）设备联动调试**

1. 机械加压送风系统的联动调试

（1）当任何一个常闭送风口开启时，相应的送风机均能同时启动。

（2）与火灾自动报警系统联动调试。当火灾自动报警探测器发出火警信号后，应在15s内启动有关部位的送风口、送风机，启动的送风口、送风机应符合设计要求，联动启动方式符合现行国家标准《火灾自动报警系统设计规范》（GB 50116）的规定，其状态信号应反馈到消防控制室。

2. 机械排烟系统的联动调试

（1）当任何一个常闭排烟阀（口）开启时，排烟风机均能联动启动。

（2）与火灾自动报警系统联动调试。当火灾自动报警探测器发出火警信号后，机械排烟系统应启动有关部位的排烟阀或排烟口、排烟风机；启动的排烟阀或排烟口、排烟风机应与设计和规范要求一致，其状态信号应反馈到消防控制室。

（3）有补风要求的机械排烟场所，当火灾确认后，补风系统应启动。

（4）排烟系统与通风、空调系统合用，当火灾自动报警探测器发出火警信号后，由通风、空调系统转换为排烟系统的时间应符合规范要求。防烟系统联动控制如图5-3-13所示。

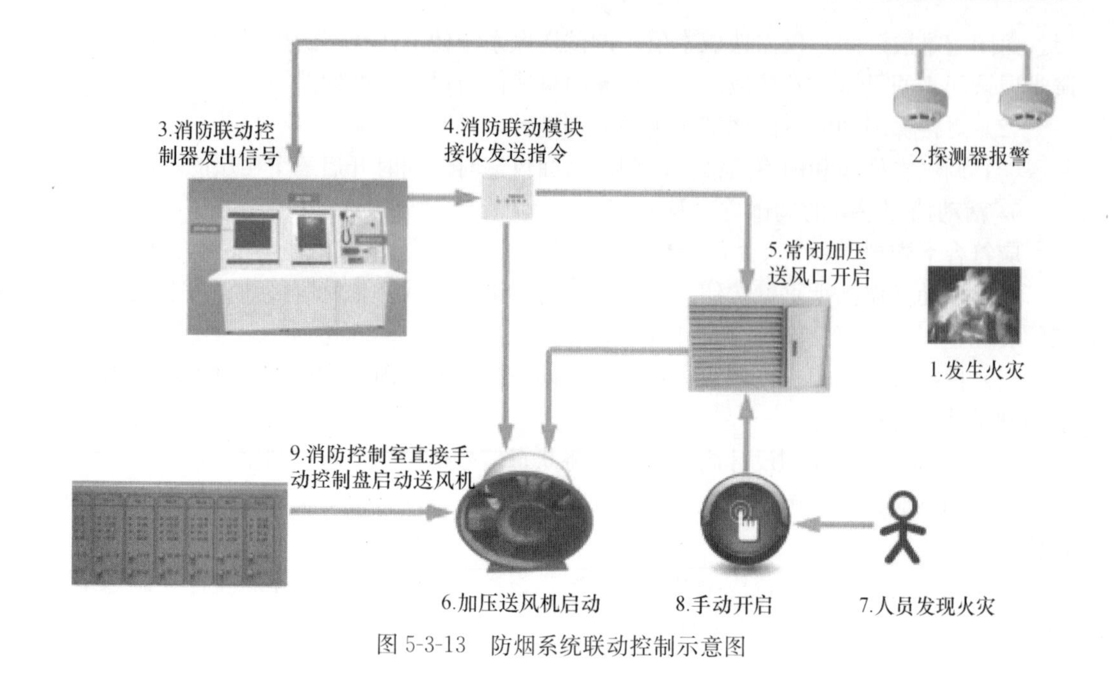


图 5-3-13　防烟系统联动控制示意图

## 第四节　系统验收与维护管理

验收内容主要包括资料查验、观感质量检查、现场抽样及功能性测试和验收判定等。

### 一、系统工程质量验收判定条件

1. 系统的设备、部件型号、规格与设计不符，无出厂质量合格证明文件及符合消防产品准入制度规定的文件，系统设备手动功能验收、联动功能验收、自然通风及自然排烟验收、机械防烟系统的主要性能参数验收、机械排烟系统的主要性能参数验收中任一款不符合规范要求的，定为 $A$ 类不合格。

2. 验收资料提供不全或不符合要求的，定为 $B$ 类不合格。

3. 观感质量综合验收任一款不符合要求的，定为 $C$ 类不合格。

4. 系统验收合格判定条件：$A=0$、$B\leqslant 2$ 且 $B+C\leqslant 6$ 为合格。

5. 防烟、排烟系统观感质量的综合验收方法及要求应符合下列规定：

（1）风管表面应平整、无损坏；接管合理，风管的连接、风管与风机的连接应无明显缺陷。

（2）风口表面应平整，颜色一致，安装位置正确，风口可调节部件应能正常动作。

（3）各类调节装置安装应正确牢固、调节灵活、操作方便。

（4）风管、部件及管道的支、吊架形式、位置及间距应符合要求。

（5）风机的安装应正确牢固。

## 二、系统维护管理

按照下列要求进行系统维护管理：

每季度对防烟、排烟风机、活动挡烟垂壁、自动排烟窗进行一次功能检测启动试验及供电线路检查。

每半年对全部排烟防火阀、送风阀或送风口、排烟阀或排烟口进行自动和手动启动试验一次。

每年对全部防烟、排烟系统进行一次联动试验和性能检测。每年对该风管质量检查，面积应不少于风管面积的30%。防烟排烟系统采用无机玻璃钢风管时，应确保风管表面光洁、无明显泛霜、结露和分层现象。

排烟窗的温控释放装置、排烟防火阀的易熔片应有10%的备用件，且不少于10只。

# 第四章　消防应急照明和疏散指示系统

**学习要求**

通过本章的学习，了解消防应急照明和疏散指示系统的构成与分类；掌握该系统的安装、调试、检测验收及运行维护等相关知识。

## 第一节　系统分类与构成

消防应急照明和疏散指示系统分为以下 4 种形式。

（1）自带电源非集中控制型，如图 5-4-1 所示。

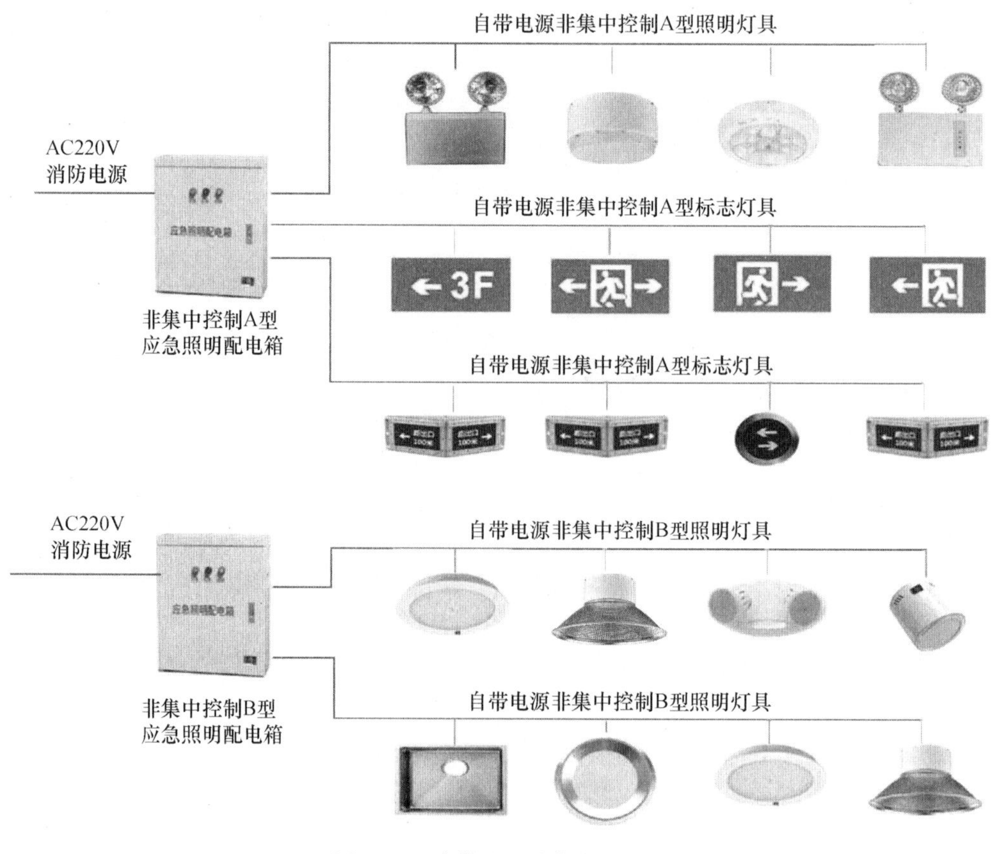


图 5-4-1　自带电源非集中控制型

（2）自带电源集中控制型，如图 5-4-2 所示。

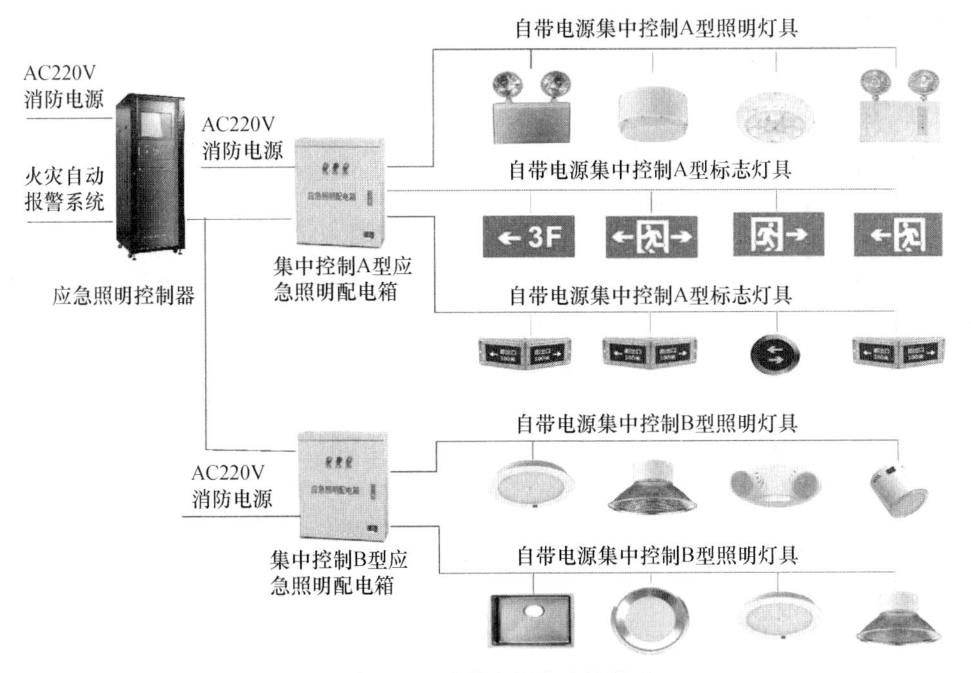


图 5-4-2　自带电源集中控制型

（3）集中电源非集中控制型，如图 5-4-3 所示。

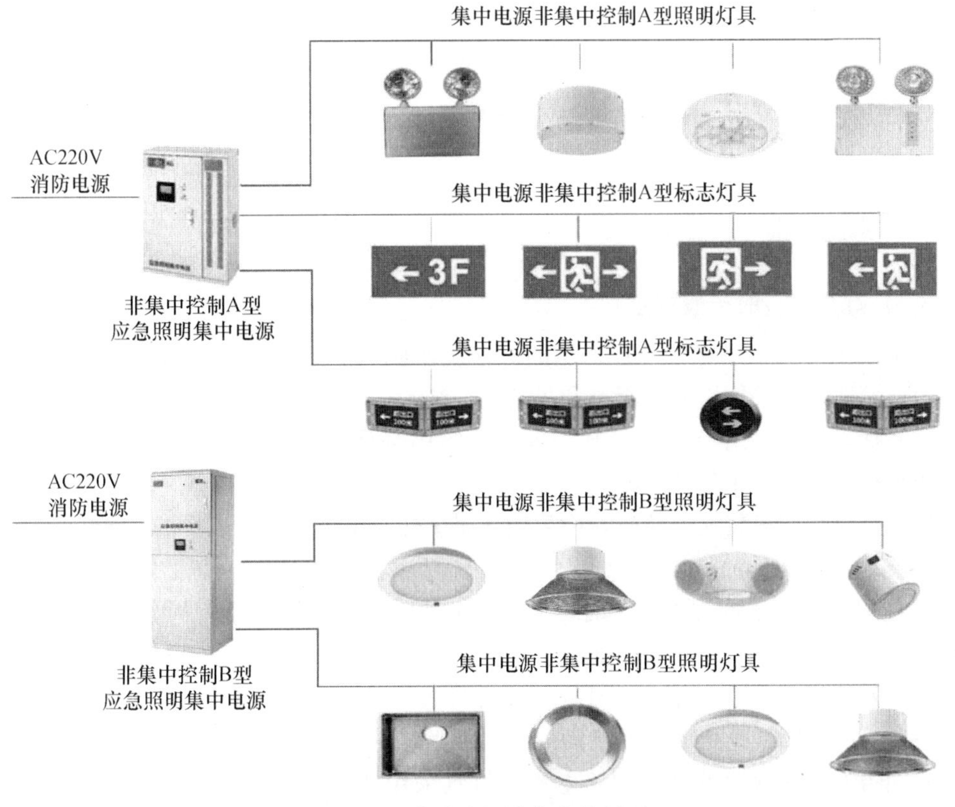


图 5-4-3　集中电源非集中控制型

（4）集中电源集中控制型，如图 5-4-4 所示。

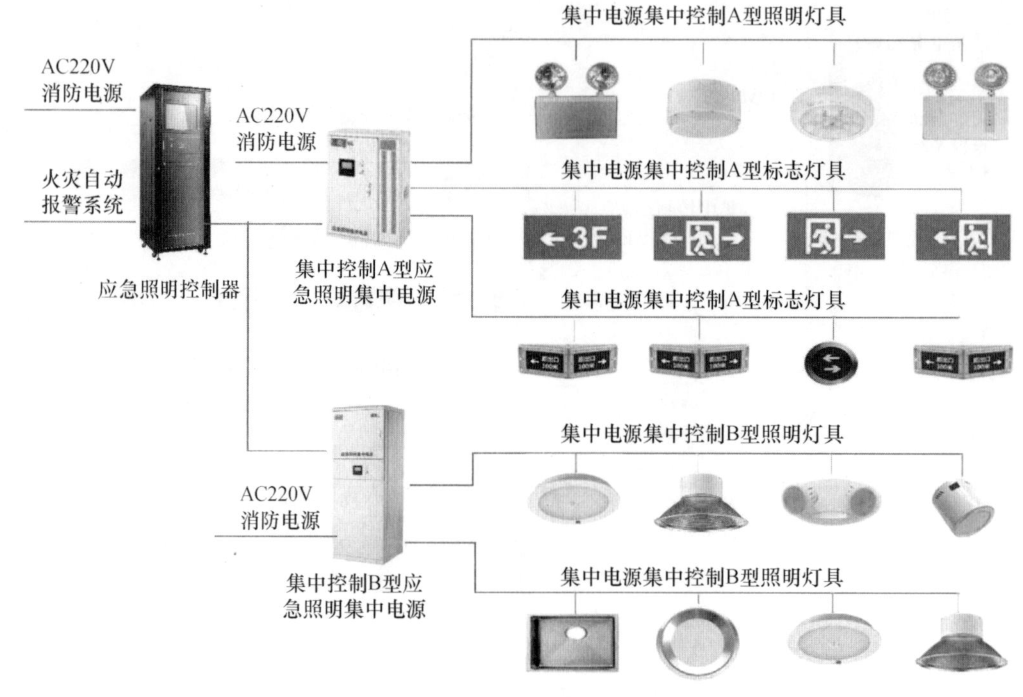


图 5-4-4　集中电源集中控制型

## 第二节　系统安装与调试

### 一、系统安装

#### （一）灯具安装的一般规定

1. 灯具在顶棚、疏散走道或通道的上方安装时，应符合下列规定：

（1）照明灯可采用嵌顶、吸顶和吊装式安装。

（2）标志灯可采用吸顶和吊装式安装。室内高度大于 3.5m 的场所，特大型、大型、中型标志灯宜采用吊装式安装。

（3）灯具采用吊装式安装时，应采用金属吊杆或吊链，吊杆或吊链上端应固定在建筑构件上。

2. 灯具在侧面墙或柱上安装时，应符合下列规定：

（1）可采用壁挂式或嵌入式安装。

（2）安装高度距地面不大于 1m 时，灯具表面凸出墙面或柱面的部分不应有尖锐角、毛刺等凸出物，凸出墙面或柱面最大水平距离不应超过 20mm。

3. 非集中控制型系统中，自带电源型灯具采用插头连接时，应采取使用专用工具方可拆卸的连接方式连接。

4. 灯具的安装要求：

（1）照明灯宜安装在顶棚上。

（2）照明灯不应安装在地面上。

（3）标志灯的标志面宜与疏散方向垂直。

（4）灯具应固定安装在不燃性墙体或不燃性装修材料上，不应安装在门、窗或其他可移动的物体上。

**（二）标志灯的安装**

1. 标志灯安装时宜保证标志面与疏散方向垂直。

2. 出口标志灯。出口标志灯的安装，应符合下列要求：

（1）应安装在安全出口或疏散门内侧上方居中的位置。受安装条件限制，标志灯无法安装在门框上方时，可安装在门的两侧，但门完全开启时标志灯不应被遮挡。

（2）室内高度不大于3.5m的场所，标志灯底边离门框距离不应大于200mm；室内高度大于3.5m的场所，特大型、大型、中型标志灯底边距地面高度不宜小于3m，且不宜大于6m。

（3）采用吸顶或吊装式安装时，标志灯距安全出口或疏散门所在墙面的距离不宜大于50mm。

3. 方向标志灯。方向标志灯的安装，应符合下列要求：

（1）应保证标志灯的箭头指示方向与疏散指示方案一致。

（2）安装在疏散走道、通道两侧的墙面或柱面上时，标志灯底边距地面的高度应小于1m。

（3）安装在疏散走道、通道上方时，室内高度不大于3.5m的场所，标志灯底边距地面的高度宜为2.2～2.5m；室内高度大于3.5m的场所，特大型、大型、中型标志灯底边距地面高度不宜小于3m，且不宜大于6m。

（4）安装在疏散走道、通道转角处的上方或两侧时，标志灯与转角处边墙的距离不应大于1m。

## 二、系统调试

这里主要介绍集中控制型系统的系统功能调试。

1. 非火灾状态下，系统主电源断电控制功能调试

切断集中电源、应急照明配电箱的主电源，根据系统设计文件的规定，对系统的主电源断电控制功能进行检查并记录，系统的主电源断电控制功能应符合下列规定：

（1）集中电源、应急照明配电箱配接的所有非持续型照明灯的光源应应急点亮，持续型灯具的光源应由节电点亮模式转入应急点亮模式；灯具持续应急点亮时间应符合设计文件的规定，且不应大于0.5h。

（2）恢复集中电源、应急照明配电箱的主电源供电，配接灯具的光源应恢复原工作状态。

（3）使灯具持续应急点亮时间达到设计文件规定的时间，集中电源、应急照明配电箱应连锁其配接灯具的光源熄灭。

2. 火灾状态下，系统自动应急启动功能调试

系统功能调试前，将应急照明控制器与火灾报警控制器、消防联动控制器相连，使应急照明控制器处于正常监视状态。根据系统设计文件的规定，使火灾报警控制器发出火灾报警输出信号，对系统的自动应急启动功能进行检查并记录，系统的自动应急启动功能应符合下列规定：

（1）应急照明控制器应发出系统自动应急启动信号，显示启动时间。

（2）系统内所有的非持续型照明灯的光源应应急点亮，持续型灯具的光源应由节电点亮模式转入应急点亮模式，高危险场所灯具光源应急点亮的响应时间不应大于0.25s，其他场所灯具光源应急点亮的响应时间不应大于5s。

对需要借用相邻防火分区进行安全疏散的情况，使消防联动控制器发出被借用防火分区的火灾报警区域信号，对需要借用相邻防火分区疏散的防火分区中标志灯指示状态的改变功能进行检查。防火分区内，按不可借用相邻防火分区疏散工况条件对应的疏散指示方案，需要变换指示方向的方向标志灯应改变箭头指示方向，通向被借用防火分区入口的出口标志灯的“出口指示标志”的光源应熄灭，“禁止入内”指示标志的光源应应急点亮；灯具改变指示状态的响应时间不应大于5s。

该防火分区内其他标志灯的工作状态应保持不变。

## 第三节　系统检测验收与运行维护

### 一、系统验收

根据各项目对系统工程质量影响严重程度的不同，将检测、验收的项目划分为A、B、C三个类别：

1. A类项目应符合的规定

（1）系统中的应急照明控制器、集中电源、应急照明配电箱和灯具的选型与设计文件的符合性。

（2）系统中的应急照明控制器、集中电源、应急照明配电箱和灯具消防产品准入制度的符合性。

（3）应急照明控制器的应急启动、标志灯指示状态改变的控制功能。

（4）集中电源、应急照明配电箱的应急启动功能。

（5）集中电源、应急照明配电箱的连锁控制功能。

（6）灯具应急状态的保持功能。

（7）集中电源、应急照明配电箱的电源分配输出功能。

2. B类项目应符合的规定

（1）施工单位提供资料的齐全性、符合性。

（2）系统在蓄电池电源供电状态下的持续应急工作时间。

3. 其余项目均为C类项目

系统检测、验收结果判定准则应符合下列规定：

（1）$A$ 类项目不合格数量应为 0，且 B 类项目不合格数量应小于或等于 2，且 $B$ 类项目不合格数量加上 $C$ 类项目不合格数量应小于或等于检查项目数量的 5%的，系统检测、验收结果为合格。

（2）当有不合格项目时，应修复或更换，并进行复验。复验时对有抽验比率要求的，应加倍检验。

## 二、系统运行维护

系统的年度检查可根据检查计划，按月度、季度逐步进行。

1. 检查对象为集中控制型系统：

（1）应保证每月、每季对系统进行一次手动应急启动功能检查；

（2）应保证每年对每一个防火分区至少进行一次火灾状态下自动应急启动功能检查；

（3）保证每月对每一台灯具进行一次蓄电池电源供电状态下的应急工作持续时间检查。

2. 检查对象为非集中控制型系统：

（1）应保证每月、每季对系统进行一次手动应急启动功能检查；

（2）应保证每月对每一台灯具进行一次蓄电池电源供电状态下的应急工作持续时间检查。

3. 系统在蓄电池电源供电状态下的应急工作持续时间不满足要求时，应更换相应系统设备或更换其蓄电池（组）。

# 第五章　消防设备的供配电与防火防爆

**学习要求**

通过本章的学习，了解消防设备供配电的相关要求；掌握电气防火防爆的要求及相关的技术措施。

## 第一节　消防用电设备供配电系统

### 一、供配电系统的设置

为确保相关人员的人身安全及消防用电设备运行的可靠，消防用电设备的供配电系统应独立设置。当在建筑物内设置变电所时，应在变电所处开始设置独立系统；当建筑物采用低压进线时，应在进线处开始设置独立系统。

#### (一) 配电装置

消防设备的配电装置，应设置在配变电所或建筑物的电源进线处，应急电源配电装置应与主电源配电装置分开设置。无法分开设置而需要并列布置时，其分界处要设置防火隔断。

#### (二) 启动装置

消防用电负荷为一级时，应设置自动启动装置，并在主电源断电后 30s 内供电；当消防用电负荷为二级且采用自动启动方式有困难时，可采用手动启动装置。

#### (三) 自动切换功能检查

消防控制室、消防水泵房、防烟和排烟风机房的消防用电设备及消防电梯等的供电设备，应在其配电线路的最末一级配电箱处设置自动切换装置。水泵控制柜、风机控制柜等消防电气控制装置不应采用变频启动方式。

### 二、消防用电设备供电线路的敷设

1. 当采用矿物绝缘电缆（又名氧化镁电缆或防火电缆）时，可采用明敷设或在吊顶内敷设。

2. 当采用有机绝缘耐火电缆或难燃电缆时，在电气竖井或电缆沟内敷设可不穿导管保护，但应与非消防用电缆隔离。

3. 采用明敷设、吊顶内敷设或架空地板内敷设时，要穿金属导管或封闭式金属线槽保护，金属导管或封闭式金属线槽要采用涂防火涂料等防火措施保护。

4. 当线路暗敷设时，要对所穿金属导管或难燃刚性塑料导管进行保护，并敷设在不燃性结构内，保护层厚度不要小于30mm。

### 三、消防用电设备供电线路的防火封堵措施

消防用电设备供电线路在下列情况应采取防火封堵措施：

1. 穿越不同的防火分区。
2. 沿竖井垂直敷设穿越楼板处。
3. 管线进出竖井处。
4. 电缆隧道、电缆沟、电缆间的隔墙处。
5. 穿越建筑物的外墙处。
6. 从建筑物的入口处，至配电间、控制室的沟道入口处。
7. 电缆引至配电箱、柜或控制屏、台的开孔部位。

## 第二节 电气防火防爆要求及技术措施

开关、插座和照明灯具靠近可燃物时，应采取隔热、散热等防火措施。

卤钨灯和额定功率不小于100W的白炽灯泡的吸顶灯、槽灯、嵌入式灯，其引入线应采用瓷管、矿棉等不燃材料作隔热保护。

额定功率不小于60W的白炽灯、卤钨灯、高压钠灯、金属卤化物灯、荧光高压汞灯（包括电感镇流器）等，不应直接安装在可燃物体上，或采取其他防火措施。

### 一、防火防爆的检查内容

#### （一）平面布置

室外变、配电站防火间距的要求见表5-5-1。

**表5-5-1 室外变、配电站防火间距的要求**

| 建筑类型 | 距离不小于 |
|---|---|
| 堆场、可燃液体储罐和甲、乙类厂房库房 | 25m |
| 其他建筑物 | 10m |
| 液化石油气罐 | 35m |
| 石油化工装置的变、配电室还应布置在装置的一侧，并位于爆炸危险区范围以外 | |

#### （二）环境

1. 消除或减少爆炸性混合物

（1）保持良好通风，使爆炸性物质无法聚集达到爆炸浓度。

（2）做好管道和设备密封，尽量减少或防止易燃易爆物质泄漏。

2. 消除引燃物

工作时能够产生火花、电弧及高温危险的电气设备和装置，不应设置在易燃易爆的危险场所。在易燃易爆场所安装的电气设备和装置应该采用密封的防爆电器，并尽量避免使用便携式电气设备。

### （三）保护

对爆炸和火灾危险场所内的电气设备，金属外壳应可靠地接地（或接零）。

## 二、防火措施检查

### （一）变、配电装置防火措施的检查

1. 变压器保护

变压器应设置短路保护装置，当发生事故时，能及时切断电源。

2. 防止雷击措施

在变压器的架空线引入电源侧，应安装避雷器，并设有一定的保护间隙。

3. 接地措施

在中性点有良好接地的低压配电系统中，应采用保护接零方式。

4. 过电流保护措施

回路内应装设断路器、熔断器等过电流防护电器，防范电气过载引起的灾害。

5. 短路防护措施

应在短路电流对回路内的导体及其连接点产生危险的热效应及机械效应前切断回路的短路电流。

6. 漏电保护器

（1）在安装带有短路保护的剩余电流保护装置时，必须保证在电弧喷出方向有足够的飞弧距离。

（2）剩余电流保护装置的漏电、过载和短路保护特性应由制造厂调整设定好，不允许用户自行调节。

### （二）低压配电和控制电器防火措施的检查

导线绝缘应无老化、腐蚀和损伤现象；同一接线端子上导线连接不应多于两根，且两根导线线径相同，防松垫圈等部件齐全；进出线应接线正确。

1. 刀开关

降低接触电阻，防止发热过度。采用电阻率和抗压强度低的材料制造触头。利用弹簧或弹簧垫片等增加触头接触面之间的压力。对易氧化的铜、黄铜、青铜触头，在其表面镀一层锡、铅锡合金或银等保护层，防止因触头氧化使接触电阻增大。在铝触头表面，用防止氧化的中性凡士林油层加以覆盖。

2. 组合开关

对组合开关，应加装能切断三相电源的控制开关及熔断器。

3. 断路器

在断路器投入使用前应将各磁铁工作面的防锈油脂擦净，以免影响磁系统的动作；长期未使用的灭弧室，在使用前应先烘一次，以保证良好的绝缘性。

4. 继电器

继电器应安装在少振、少尘、干燥处，现场严禁有易燃易爆物品存在。安装完毕后必须检查，确认各部分接点牢固、触点接触良好、无绝缘损坏，确认安装无误后方可投入运行。

### （三）电气线路防火措施的检查

1. 预防电气线路短路的措施

（1）安装线路时，电线之间、电线与建筑构件或树木之间要保持一定距离；

（2）距地面 2m 高以内的电线，应用钢管或硬质塑料保护，以防绝缘遭受损坏；

（3）在线路上应按规定安装断路器或熔断器，以便在线路发生短路时能及时、可靠地切断电源。

2. 预防电气线路过负荷的措施

（1）根据负载情况，选择合适的电线；

（2）严禁滥用铜丝、铁丝代替熔断器的熔丝；

（3）不准乱拉电线和接入过多或功率过大的电气设备；

（4）严禁随意增加用电设备，尤其是大功率用电设备；

（5）应根据线路负荷的变化及时更换为适宜容量的导线；

（6）可根据生产程序和需要，采取排列先后控制使用的方法，把用电时间调开，以使线路不超过负荷。

3. 预防电气线路接触电阻过大的措施

（1）导线与导线、导线与电气设备的连接必须牢固可靠；

（2）铜、铝线相接，宜采用铜铝过渡接头，也可在铜线接头处搪锡；

（3）通过较大电流的接头，应采用油质或氧焊接头，在连接时加弹力片后拧紧。

4. 屋内布线的设置要求

为防止机械损伤，绝缘导线穿过墙壁或可燃建筑构件时，应穿过砌在墙内的绝缘管，每根管宜只穿一根导线。绝缘管（瓷管）两端的出线口伸出墙面的距离宜不小于10mm，这样可以防止导线与墙壁接触，以免墙壁潮湿而产生漏电等现象；沿烟囱、烟道等发热构件表面敷设导线时，应采用以石棉、玻璃丝、瓷珠、瓷管等材料作为绝缘的耐热线。

### （四）插座与照明开关的检查

单相两孔插座，面对插座的右孔或上孔与相线连接，左孔或下孔与零线连接；三孔插座，面对插座的右孔与相线连接，左孔与零线连接。在潮湿场所中，插座应采用密封型并带保护地线触头的保护型插座，安装高度不低于 1.5m。

# 第六章　火灾自动报警系统

**学习要求**

通过本章的学习，了解火灾自动报警系统的构成；掌握火灾自动报警系统的安装、调试、检测、维护保养的相关知识。

## 第一节　系统组成、安装和布线

### 一、系统构成

火灾自动报警系统构成如图 5-6-1 所示。

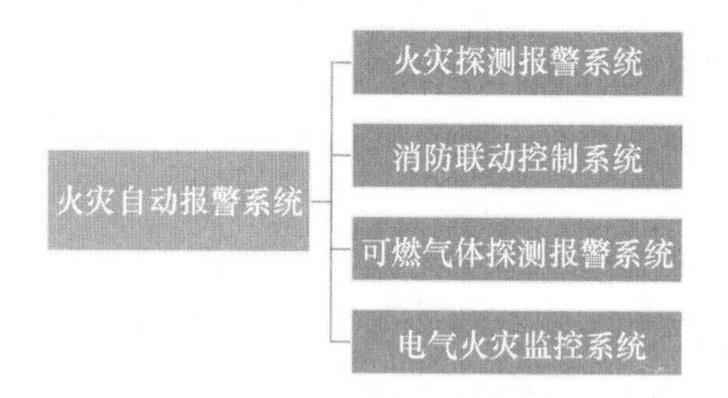


图 5-6-1　火灾自动报警系统构成

#### （一）火灾探测报警系统

火灾探测报警系统由火灾报警控制器、触发器件和火灾警报装置等组成，如图 5-6-2

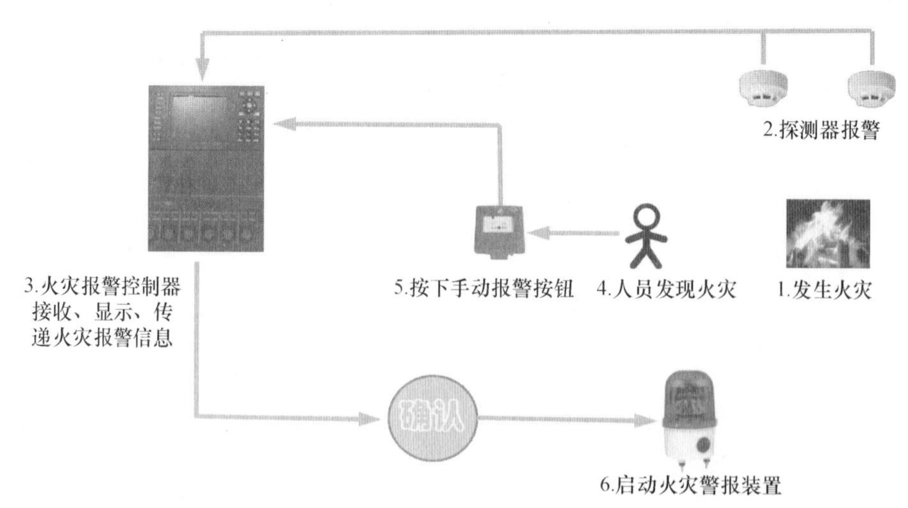


图 5-6-2　火灾探测系统的组成

所示。感烟火灾探测器如图 5-6-3 所示，感温火灾探测器如图 5-6-4 所示，感光火灾探测器如图 5-6-5 所示，手动火灾报警按钮如图 5-6-6 所示。

图 5-6-3　感烟火灾探测器

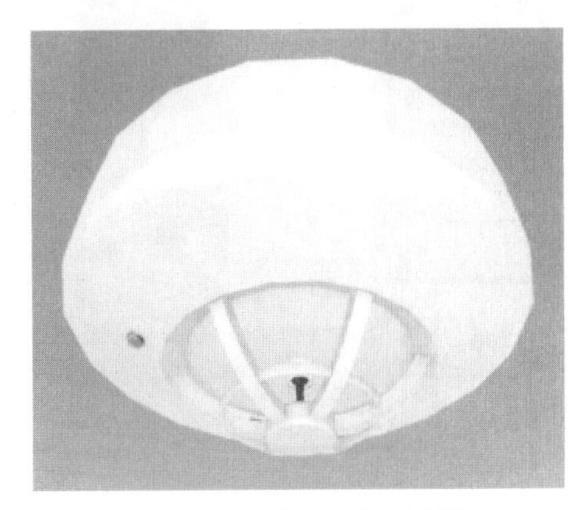

图 5-6-4　感温火灾探测器

图 5-6-5　感光火灾探测器

图 5-6-6　手动火灾报警按钮

### （二）消防联动控制系统

消防联动控制系统由消防联动控制器、消防控制室图形显示装置、消防电气控制装置、消防电动装置、消防联动模块、消火栓按钮、消防应急广播设备、消防电话等设备和组件组成。消防联动控制系统还监视建筑消防设施的运行状态。系统如图 5-6-7 所示。

1. 火灾自动报警系统形式的选择，应符合下列规定：

（1）仅需要报警、不需要联动自动消防设备的保护对象，宜采用区域报警系统。

（2）不仅需要报警，同时需要联动自动消防设备，且只设置一台具有集中控制功能的火灾报警控制器和消防联动控制器的保护对象，应采用集中报警系统，并应设置一个消防控制室。

（3）设置两个及以上消防控制室的保护对象，或已设置两个及以上集中报警系统的保护对象，应采用控制中心报警系统。

2. 区域报警系统的设计，应符合下列规定：

系统应由火灾探测器、手动火灾报警按钮、火灾声光警报器及火灾报警控制器等组成，系统中可包括消防控制室图形显示装置和指示楼层的区域显示器。

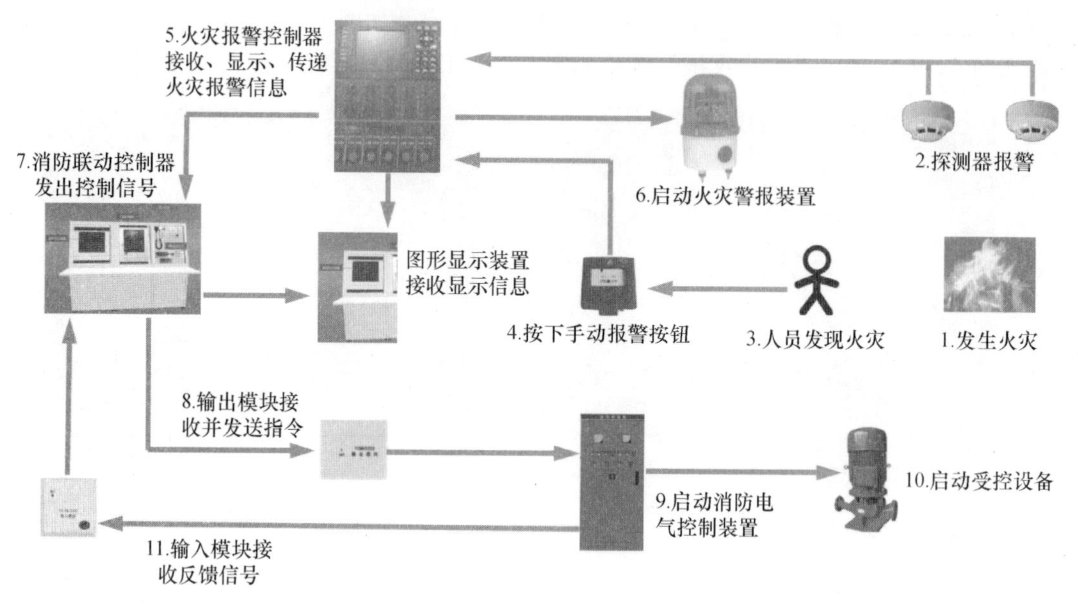


图 5-6-7　消防联动系统示意图

3. 控制中心报警系统的设计，应符合下列规定：

（1）有两个及以上消防控制室时，应确定一个主消防控制室。

（2）主消防控制室应能显示所有火灾报警信号和联动控制状态信号，并应能控制重要的消防设备；各分消防控制室内消防设备之间可互相传输、显示状态信息，但不应互相控制。

**（三）可燃气体探测报警系统**

可燃气体探测报警系统是火灾自动报警系统的独立子系统，属于火灾预警系统，如图 5-6-8 所示。它能够在保护区域内泄漏可燃气体的浓度低于爆炸下限的条件下提前报警，从而预防由于可燃气体泄漏引发的火灾和爆炸事故。

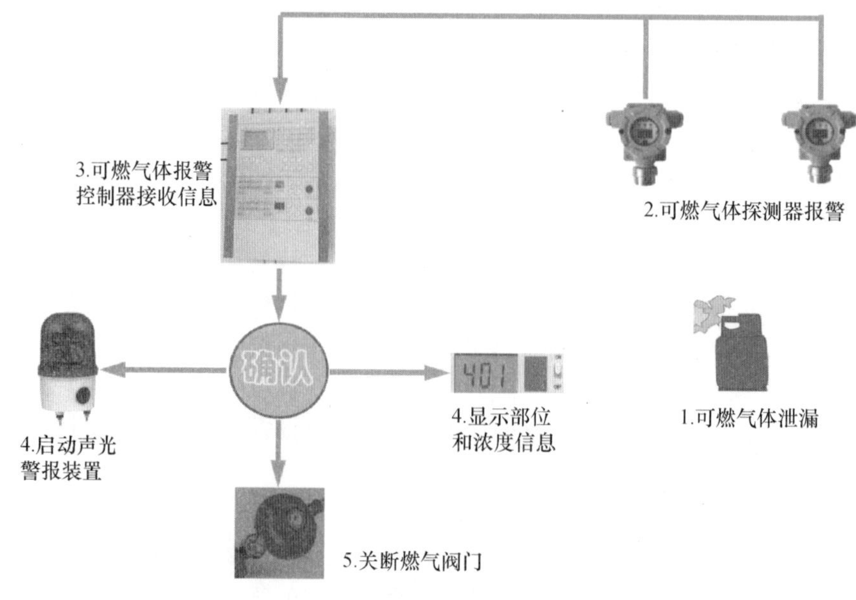


图 5-6-8　可燃气体探测系统示意图

### （四）电气火灾监控系统

电气火灾监控系统（图 5-6-9）能在电气线路发生电气故障并产生隐患的条件下发出报警信号，提醒专业人员排除电气火灾隐患，实现电气火灾的早期预防，避免电气火灾的发生。

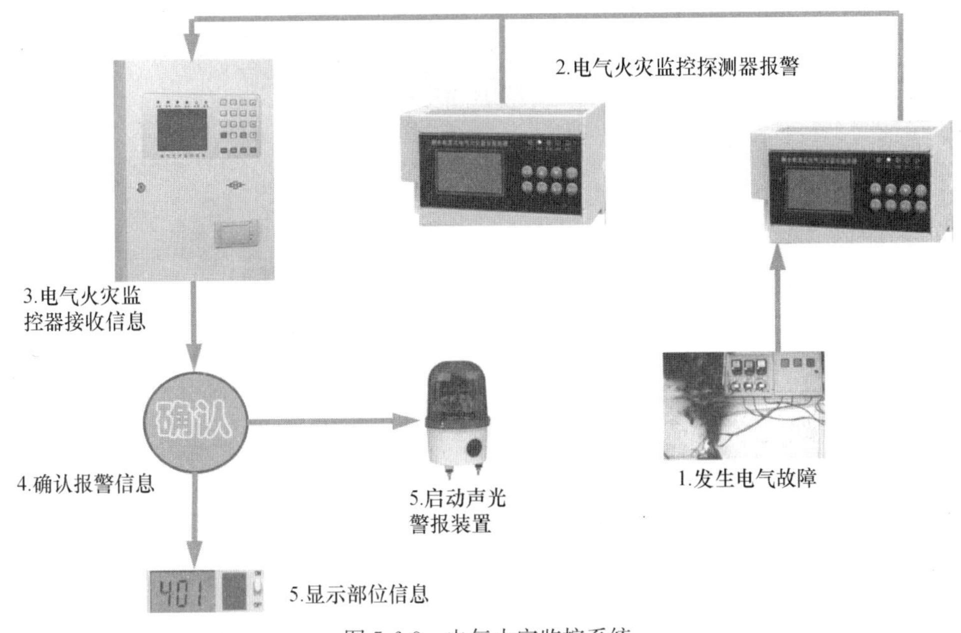


图 5-6-9　电气火灾监控系统

## 二、布线

1. 火灾自动报警系统应单独布线，系统内不同电压等级、不同电流类别的线路，不应布在同一管内或线槽的同一槽孔内。在管内或线槽内的布线，应在建筑抹灰及地面工程结束后进行，管内或线槽内不应有积水及杂物。线槽如图 5-6-10 所示。

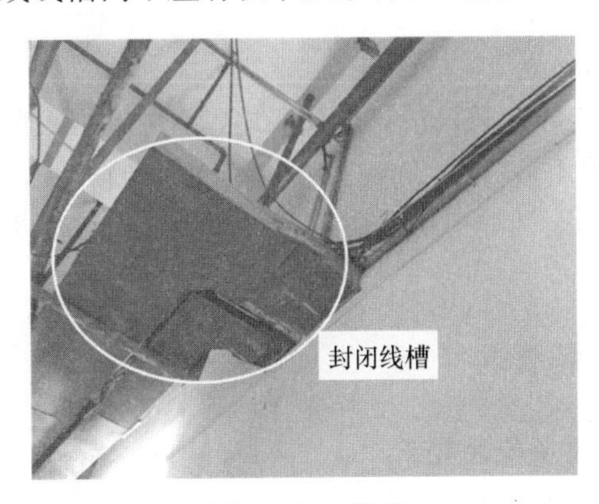


图 5-6-10　线槽

2. 导线在管内或线槽内不应有接头或打结。导线的接头应在接线盒内焊接或用端子连接。从接线盒、线槽等处引到探测器底座、控制设备、扬声器的线路，当采用金属软管保护时，其长度不应大于 2m。可弯曲金属电气导管应入盒，盒外侧应套锁母，内侧应装护口。导线如图 5-6-11 所示。

图 5-6-11　导线

3. 管路出现下列情况时，应在便于接线处装设接线盒：

(1) 管子长度每超过 30m，无弯曲时；

(2) 管子长度每超过 20m，有 1 个弯曲时；

(3) 管子长度每超过 10m，有 2 个弯曲时；

(4) 管子长度每超过 8m，有 3 个弯曲时。

4. 金属管子入盒，盒外侧应套锁母，内侧应装护口；在吊顶内敷设时，盒的内外侧均应套锁母。塑料管入盒应采取相应固定措施。明敷设各类管路和线槽时，应采用单独的卡具吊装或支撑物固定。吊装线槽或管路的吊杆直径不应小于 6mm。

各类管路暗敷时，应敷设在不燃结构内，且保护层厚度不应小于 30mm。

5. 线槽敷设时，应在下列部位设置吊点或支点：

(1) 线槽始端、终端及接头处；

(2) 线槽转角或分支处；

(3) 直线段不大于 3m 处。

6. 火灾自动报警系统导线敷设后，应用 500V 绝缘电阻表测量每个回路导线对地的绝缘电阻，且绝缘电阻值不应小于 20MΩ。同一工程中的导线，应根据不同用途选择不同颜色加以区分，相同用途的导线颜色应一致。电源线正极应为红色，负极应为蓝色或黑色。

## 三、系统部件的安装要求

### (一) 控制与显示类设备安装要求

1. 火灾报警控制器、消防联动控制器、火灾显示盘、控制中心监控设备、家用火灾报警控制器、消防电话总机、可燃气体报警控制器、电气火灾监控设备、防火门监控器、消防设备电源监控器、消防控制室图形显示装置、传输设备、消防应急广播控制装置等控制与显示类设备的安装应符合下列规定：

（1）应安装牢固，不应倾斜；

（2）安装在轻质墙上时，应采取加固措施；

（3）落地安装时，其底边宜高出地（楼）面100～200mm。

2. 控制与显示类设备的引入线缆应符合下列规定：

（1）配线应整齐，不宜交叉，并应固定牢靠；

（2）线缆芯线的端部均应标明编号，并应与设计文件一致，字迹应清晰且不易褪色；

（3）端子板的每个接线端接线不应超过2根；

（4）线缆应留有不小于200mm的余量；

（5）线缆应绑扎成束；

（6）线缆穿管、槽盒后，应将管口、槽口封堵。

3. 控制与显示类设备应与消防电源、备用电源直接连接，不应使用电源插头。主电源应设置明显的永久性标识。

**（二）探测器安装要求**

1. 点型感烟火灾探测器、点型感温火灾探测器、一氧化碳火灾探测器、点型家用火灾探测器、独立式火灾探测报警器的安装，应符合下列规定：

（1）探测器至墙壁、梁边的水平距离不应小于0.5m；

（2）探测器周围水平距离0.5m内不应有遮挡物；

（3）探测器至空调送风口最近边的水平距离不应小于1.5m，至多孔送风顶棚孔口的水平距离不应小于0.5m；

（4）在宽度小于3m的内走道顶棚上安装探测器时宜居中安装，点型感温火灾探测器的安装间距不应超过10m，点型感烟火灾探测器的安装间距不应超过15m，探测器至端墙的距离不应大于安装间距的一半；

（5）探测器宜水平安装，当确需倾斜安装时，倾斜角不应大于45°。

2. 线型光束感烟火灾探测器的安装应符合下列规定：

（1）探测器光束轴线至顶棚的垂直距离宜为0.3～1.0m，高度大于12m的空间场所增设的探测器的安装高度应符合设计文件和现行国家标准《火灾自动报警系统设计规范》（GB 50116）的规定；

（2）发射器和接收器（反射式探测器的探测器和反射板）之间的距离不宜超过100m；

（3）相邻两组探测器光束轴线之间的水平距离不应大于14m，探测器光束轴线至侧墙水平距离不应大于7m，且不应小于0.5m。

3. 线型感温火灾探测器的安装应符合下列规定：

（1）敷设在顶棚下方的线型差温火灾探测器至顶棚的距离宜为0.1m，相邻探测器之间的水平距离不宜大于5m，探测器至墙壁的距离宜为1.0～1.5m；

（2）在电缆桥架、变压器等设备上安装时，宜采用接触式布置，在各种皮带输送装置上敷设时，宜敷设在装置的过热点附近；

（3）探测器敏感部件应采用产品配套的固定装置固定，固定装置的间距不宜大于2m；

（4）缆式线型感温火灾探测器的敏感部件应采用连续无接头方式安装，如确需中间接线，应采用专用接线盒连接，敏感部件安装敷设时应避免重力挤压冲击，不应硬性折弯、扭转，探测器的弯曲半径宜大于0.2m；

（5）分布式线型光纤感温火灾探测器的感温光纤不应打结，光纤弯曲时，弯曲半径应大于50mm，每个光通道配接的感温光纤的始端及末端应各设置不小于8m的余量段，感温光纤穿越相邻的报警区域时，两侧应分别设置不小8m的余量段；

（6）光栅光纤线型感温火灾探测器的信号处理单元安装位置不应受强光直射，光纤光栅感温段的弯曲半径应大于0.3m。

4. 管路采样式吸气感烟火灾探测器的安装应符合下列规定：

（1）高灵敏度吸气式感烟火灾探测器当设置为高灵敏度时，可安装在顶棚高度大于16m的场所，并应保证至少有两个采样孔低于16m；

（2）非高灵敏度的吸气式感烟火灾探测器不宜安装在顶棚高度大于16m的场所；

（3）采样管应牢固安装在过梁、空间支架等建筑结构上；

（4）在大空间场所安装时，每个采样孔的保护面积、保护半径应满足点型感烟火灾探测器的保护面积、保护半径的要求，当采样管道布置形式为垂直采样时，每2℃温差间隔或3m间隔（取最小者）应设置一个采样孔，采样孔不应背对气流方向；

（5）采样孔的直径应根据采样管的长度及敷设方式、采样孔的数量等因素确定，并应满足设计文件和产品使用说明书的要求。采样孔需要现场加工时，应采用专用打孔工具；

（6）当采样管道采用毛细管布置方式时，毛细管长度不宜超过4m；

（7）采样管和采样孔应设置明显的火灾探测器标识。

5. 点型火焰探测器和图像型火灾探测器的安装应符合下列规定：

（1）安装位置应保证其视场角覆盖探测区域，并应避免光源直接照射在探测器的探测窗口；

（2）探测器的探测视角内不应存在遮挡物；

（3）在室外或交通隧道场所安装时，应采取防尘、防水措施。

6. 可燃气体探测器的安装应符合下列规定：

（1）安装位置应根据探测气体密度确定，若其密度低于空气密度，探测器应位于可能出现泄漏点的上方或探测气体的最高可能聚集点上方，若其密度高于或等于空气密度，探测器应位于可能出现泄漏点的下方；

（2）在探测器周围应适当留出更换和标定的空间；

（3）线型可燃气体探测器在安装时应使发射器和接收器的窗口避免日光直射，且在发射器与接收器之间不应有遮挡物。发射器和接收器之间的距离不宜大于60m，两组探测器之间的轴线距离不应大于14m。

7. 电气火灾监控探测器的安装应符合下列规定：

（1）探测器周围应适当留出更换与标定的作业空间；

（2）剩余电流式电气火灾监控探测器负载侧的中性线不应与其他回路共用，且不应重复接地；

（3）测温式电气火灾监控探测器应采用与产品配套的固定装置固定在保护对象上。

8. 探测器底座的安装应符合下列规定：

（1）安装牢固，与导线连接应可靠压接或焊接。当采用焊接时，不应使用带腐蚀性的助焊剂；

（2）连接导线应留有不小于150mm的余量，且在其端部应设置明显的永久性标识；

（3）穿线孔宜封堵，安装完毕的探测器底座应采取保护措施。

**（三）系统其他部件安装要求**

1. 火灾报警按钮、消火栓按钮、防火卷帘手动控制装置、气体灭火系统手动与自动控制转换装置、气体灭火系统现场启动和停止按钮的安装，应符合下列规定：

（1）手动火灾报警按钮、防火卷帘手动控制装置、气体灭火系统手动与自动控制转换装置、气体灭火系统现场启动和停止按钮应设置在明显和便于操作的部位，其底边距地（楼）面的高度宜为1.3～1.5m，且应设置明显的永久性标识。消火栓按钮应设置在消火栓箱内。疏散通道设置的防火卷帘两侧均应设置手动控制装置；

（2）应安装牢固，不应倾斜；

（3）连接导线应留有不小于150mm的余量，且在其端部应设置明显的永久性标识。

2. 模块或模块箱的安装应符合下列规定：

（1）同一报警区域内的模块宜集中安装在金属箱内，不应安装在配电柜、箱或控制柜、箱内；

（2）应独立安装在不燃材料或墙体上，安装牢固，并应采取防潮、防腐蚀等措施；

（3）模块的连接导线应留有不小于150mm的余量，其端部应有明显的永久性标识；

（4）模块的终端部件应靠近连接部件安装；

（5）隐蔽安装时在安装处附近应设置检修孔和尺寸不小于100mm×100mm的永久性标识。

3. 消防电话分机和电话插孔的安装应符合下列规定：

（1）宜安装在明显、便于操作的位置。采用壁挂方式安装时，其底边距地（楼）面的高度宜为1.3～1.5m；

（2）避难层中，消防专用电话分机或电话插孔的安装间距不应大于20m；

（3）应设置明显的永久性标识；

（4）电话插孔不应设置在消火栓箱内。

4. 消防应急广播扬声器、火灾警报器、喷洒光警报器、气体灭火系统手动与自动控制状态显示装置的安装，应符合下列规定：

（1）扬声器和火灾声警报装置宜在报警区域内均匀安装。扬声器在走道内安装时，距走道末端的距离不应大于12.5m；

（2）火灾光警报器应安装在楼梯口、消防电梯前室、建筑内部拐角等处的明显部位，且不宜与消防应急疏散指示标志灯具安装在同一面墙上，确需安装在同一面墙上时，距离不应小于1m；

（3）气体灭火系统手动与自动控制状态显示装置应安装在防护区域内的明显部位，喷洒光警报器应安装在防护区域外，且应安装在出口门的上方；

（4）采用壁挂方式安装时，底边距地面高度应大于2.2m；

（5）应安装牢固，表面不应有破损。

5. 消防设备电源监控系统传感器的安装应符合下列规定：

（1）传感器与裸带电导体应保证安全距离，金属外壳的传感器应有保护接地；

（2）传感器应独立支撑或固定，安装牢固，并采取防潮、防腐蚀等措施；

（3）传感器输出回路的连接线应采用截面面积不小于 1.0$mm^2$ 的双绞铜芯导线，并留有不小于 150mm 的余量，其端部设置明显的永久性标识；

（4）传感器的安装不应破坏被监控线路的完整性，不应增加线路接点。

6. 防火门监控模块与电动闭门器、释放器、门磁开关等现场部件的安装应符合下列规定：

（1）防火门监控模块至电动闭门器、释放器、门磁开关等现场部件之间连接线的长度不应大于 3m；

（2）防火门监控模块、电动闭门器、释放器、门磁开关等现场部件应安装牢固；

（3）门磁开关的安装不应破坏门扇与门框之间的密闭性。

## 第二节　系统的调试、验收

### 一、系统调试

#### （一）消防联动控制器调试

应对消防联动控制器下列主要功能进行检查并记录，控制器的功能应符合现行国家标准《消防联动控制系统》（GB 16806）的规定：

1. 自检功能。

2. 操作级别。

3. 屏蔽功能。

4. 主、备电源的自动转换功能。

5. 故障报警功能：

（1）备用电源连线故障报警功能；

（2）配接部件连线故障报警功能。

6. 总线隔离器的隔离保护功能。

7. 消声功能。

8. 控制器的负载功能。

使至少 50 个模块同时处于动作状态（少于 50 个时，全部处于动作状态），消防联动控制器应记录启动设备总数，并分别记录启动设备的启动时间。

9. 复位功能。

10. 控制器自动和手动工作状态转换显示功能。

#### （二）火灾探测器调试

1. 应对线型光束感烟火灾探测器的火灾报警功能、复位功能进行检查并记录。探测器的火灾报警功能、复位功能应符合下列规定：

（1）应调整探测器的光路调节装置，使探测器处于正常监视状态；

（2）应采用减光率为0.9dB的减光片或等效设备遮挡光路，探测器不应发出火灾报警信号；

（3）应采用产品生产企业设定的减光率为1.0～10.0dB的减光片或等效设备遮挡光路，探测器的火警确认灯应点亮并保持，火灾报警控制器的火灾报警和信息显示功能应符合相关规定；

（4）应采用减光率为11.5dB的减光片或等效设备遮挡光路，探测器的火警或故障确认灯应点亮，火灾报警控制器的火灾报警、故障报警和信息显示功能应符合相关规定；

（5）选择反射式探测器时，应在探测器正前方0.5m处按相关规定对探测器的火灾报警功能进行检查；

（6）应撤除减光片或等效设备，手动操作控制器的复位键后，控制器应处于正常监视状态，探测器的火警确认灯应熄灭。

2. 应对标准报警长度小于1m的线型感温火灾探测器的小尺寸高温报警响应功能进行检查并记录，探测器的小尺寸高温报警响应功能应符合下列规定：

（1）应在探测器末端采用专用的检测仪器或模拟火灾的方法，使任一段长度为100mm的敏感部件周围温度达到探测器小尺寸高温报警设定阈值，探测器的火警确认灯应点亮并保持；

（2）火灾报警控制器的火灾报警和信息显示功能应符合相关规定；

（3）应使探测器监测区域的环境恢复正常，剪除试验段敏感部件，恢复探测器的正常连接，手动操作控制器的复位键后，控制器应处于正常监视状态，探测器的火警确认灯应熄灭。

3. 应对管路采样式吸气感烟火灾探测器的火灾报警功能、复位功能进行检查并记录，探测器的火灾报警功能、复位功能应符合下列规定：

（1）应在采样管最末端采样孔加入试验烟，使监测区域的烟雾浓度达到探测器报警设定阈值，探测器或其控制装置的火警确认灯应在120s内点亮并保持；

（2）火灾报警控制器的火灾报警和信息显示功能应符合相关规定；

（3）应使探测器监测区域的环境恢复正常，手动操作控制器的复位键后，控制器应处于正常监视状态，探测器或其控制装置的火警确认灯应熄灭。

4. 应对点型火焰探测器和图像型火灾探测器的火灾报警功能、复位功能进行检查并记录，探测器的火灾报警功能、复位功能应符合下列规定：

（1）在探测器监视区域内最不利处应采用专用检测仪器或模拟火灾的方法，向探测器释放试验光波，探测器的火警确认灯应在30s内点亮并保持；

（2）火灾报警控制器的火灾报警和信息显示功能应符合相关规定；

（3）应使探测器监测区域的环境恢复正常，手动操作控制器的复位键后，控制器应处于正常监视状态，探测器的火警确认灯应熄灭。

**（三）消防联动控制器现场部件调试**

1. 输入模块的信号接收功能

给输入模块提供模拟的输入信号，输入模块应在3s内动作并点亮动作指示灯。

2. 输出模块的启动、停止功能

（1）向输出模块发出启动控制信号，输出模块应在3s内动作，并点亮动作指示灯；

（2）向输出模块发出停止控制信号，输出模块应在3s内动作，并熄灭动作指示灯。

**（四）可燃气体探测器调试**

1. 应对可燃气体探测器的可燃气体报警功能、复位功能进行检查并记录，探测器的可燃气体报警功能、复位功能应符合下列规定：

（1）对探测器施加浓度为探测器报警设定值的可燃气体标准样气，探测器的报警确认灯应在30s内点亮并保持；

（2）清除探测器内的可燃气体，手动操作控制器的复位键后，控制器应处于正常监视状态，探测器的报警确认灯应熄灭。

2. 应对线型可燃气体探测器的遮挡故障报警功能进行检查并记录，探测器的遮挡故障报警功能应符合下列规定：

将线型可燃气体探测器发射器发出的光全部遮挡，探测器或其控制装置的故障指示灯应在100s内点亮。

**（五）电气火灾监控探测器调试**

1. 应对剩余电流式电气火灾监控探测器的监控报警功能进行检查并记录，探测器的监控报警功能应符合下列规定：

（1）应按设计文件的规定进行报警值设定；

（2）采用剩余电流发生器对探测器施加报警设定值的剩余电流，探测器的报警确认灯应在30s内点亮并保持。

2. 应对测温式电气火灾监控探测器的监控报警功能进行检查并记录，探测器的监控报警功能应符合下列规定：

（1）应按设计文件的规定进行报警值设定；

（2）采用发热试验装置将监控探测器加热至设定的报警温度，探测器的报警确认灯应在40s内点亮并保持。

3. 应对故障电弧探测器的监控报警功能进行检查并记录，探测器的监控报警功能应符合下列规定：

（1）切断探测器的电源线和被监测线路，将故障电弧发生装置接入探测器，接通探测器的电源，使探测器处于正常监视状态；

（2）操作故障电弧发生装置，在1s内产生9个及以下半周期故障电弧，探测器不应发出报警信号；

（3）操作故障电弧发生装置，在1s内产生14个及以上半周期故障电弧，探测器的报警确认灯应在30s内点亮并保持。

**（六）火灾警报、消防应急广播系统调试**

1. 应对相关功能进行检查并记录，相关报警功能应符合下列规定：

在生产企业声称的最大设置间距、距地面1.5～1.6m处，声警报或应急广播的A计权声压级大于60dB，环境噪声大于60dB时，声警报或应急广播的A计权声压级应高于背景噪声15dB。

2. 报警区域内所有的火灾声光警报器和扬声器应按下列规定交替工作。

报警区域内所有的火灾声光警报器应同时启动，持续工作8～20s后，所有的火灾声光警报器应同时停止警报。

3. 警报停止后，所有的扬声器应同时进行 1～2 次消防应急广播，每次广播 10～30s 后，所有的扬声器应停止播放广播信息。

**（七）防火卷帘系统调试**

1. 疏散通道上设置的防火卷帘系统联动控制调试

使一只专门用于联动防火卷帘的感烟火灾探测器，或报警区域内符合联动控制触发条件的两只感烟火灾探测器发出火灾报警信号，防火卷帘控制器应控制防火卷帘降至距楼板面 1.8m 处。

使一只专门用于联动防火卷帘的感温火灾探测器发出火灾报警信号，防火卷帘控制器应控制防火卷帘下降至楼板面。

2. 非疏散通道上设置的防火卷帘系统控制调试

（1）使报警区域内符合联动控制触发条件的两只火灾探测器发出火灾报警信号；

（2）消防联动控制器应发出控制防火卷帘下降至楼板面的启动信号，点亮启动指示灯；

（3）防火卷帘控制器应控制防火卷帘下降至楼板面；

（4）消防联动控制器应接收并显示防火卷帘下降至楼板面的反馈信号。

**（八）消火栓系统调试**

应根据系统联动控制逻辑设计文件的规定，对消火栓系统的联动控制功能进行检查并记录，消火栓系统的联动控制功能应符合下列规定：

（1）使任一报警区域的两只火灾探测器，或一只火灾探测器和一只手动火灾报警按钮发出火灾报警信号，同时使消火栓按钮动作；

（2）消防联动控制器应发出控制消防泵启动的启动信号，点亮启动指示灯；

（3）消防泵控制箱、柜应控制消防泵启动。

**（九）总结**

1. 消防系统中常见连锁触发和连锁控制信号见表 5-6-1。

**表 5-6-1　消防系统中常见连锁触发和连锁控制信号**

| 系统名称 | | 联动（连锁）触发信号 | 联动控制信号 |
|---|---|---|---|
| 自动喷水灭火系统 | 湿式系统 | 压力开关动作信号 | 启动喷淋泵 |
| | 干式系统 | | |
| | 预作用系统 | | |
| | 雨淋系统 | | |
| | 水幕系统 | | |
| 消火栓系统 | | 消火栓系统出水干管上设置的低压压力开关、高位消防水箱出水管上设置的流量开关或报警阀压力开关的动作信号 | 启动消火栓泵 |
| 排烟系统 | | 排烟风机入口总管上设置的280℃排烟防火阀动作信号 | 关闭排烟风机 |

2. 各系统联动控制信号

（1）湿式系统和干式系统

湿式系统和干式系统联动控制见表 5-6-2，湿式系统联动控制如图 5-6-12 所示，干式系统联动控制如图 5-6-13 所示。

**表 5-6-2　湿式系统和干式系统联动控制**

| 系统名称 | 联动触发信号 | 联动控制信号 | 联动反馈信号 |
|---|---|---|---|
| 湿式系统和干式系统 | 报警阀压力开关的动作信号与该报警阀防护区域内任一火灾探测器或手动报警按钮的报警信号 | 启动喷淋泵 | 水流指示器、信号阀、压力开关、喷淋消防泵的启动和停止的动作信号 |
| 手动控制方式，应将喷淋消防泵控制箱（柜）的启动、停止按钮用专用线路直接连接至设置在消防控制室内的消防联动控制器的手动控制盘，直接手动控制喷淋消防泵的启动、停止 | | | |

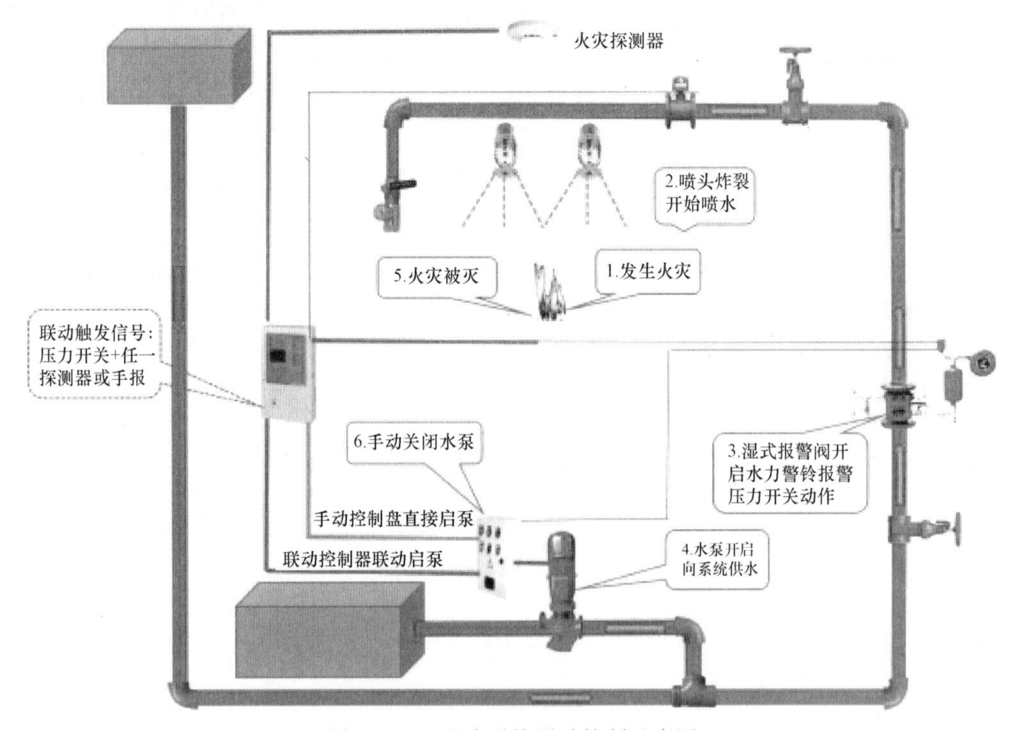


图 5-6-12　湿式系统联动控制示意图

（2）预作用系统

预作用系统联动控制见表 5-6-3，预作用单连锁系统联动控制如图 5-6-14 所示，双连锁预作用系统联动控制如图 5-6-15 所示。

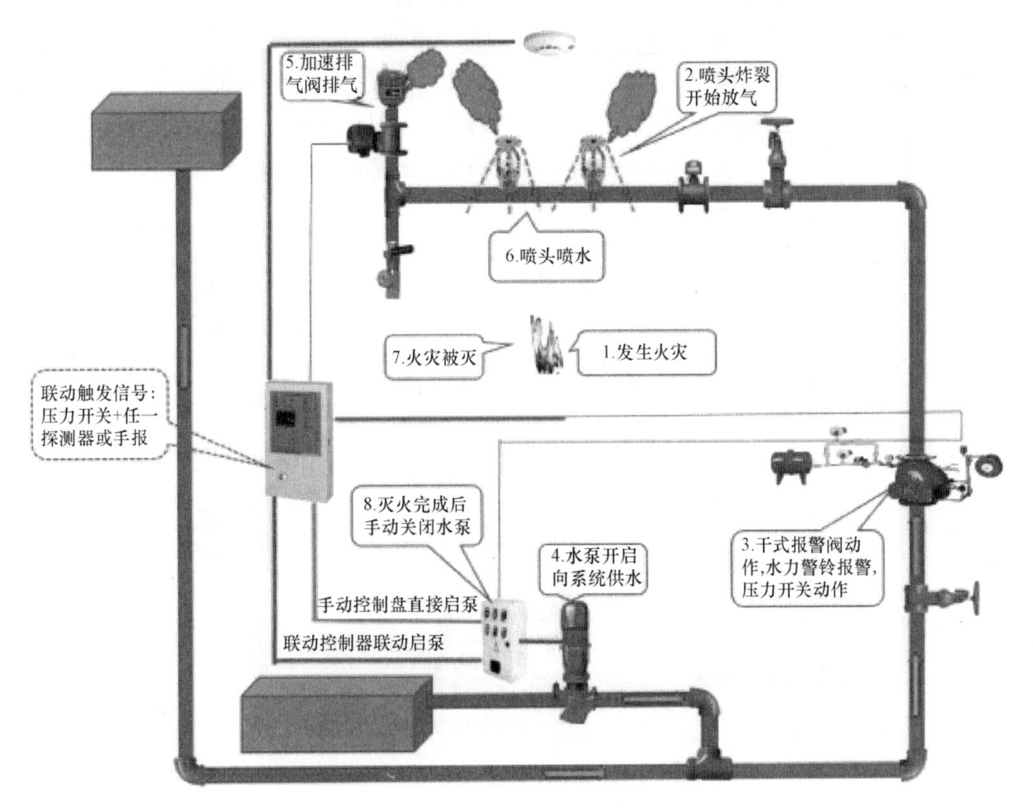


图 5-6-13　干式系统联动控制示意图

**表 5-6-3　预作用系统联动控制**

| 系统名称 | 联动触发信号 | 联动控制信号 | 联动反馈信号 |
| --- | --- | --- | --- |
| 预作用系统 | 同一报警区域内两只及以上独立的感烟火灾探测器或一只感烟火灾探测器与一只手动火灾报警按钮的报警信号 | 开启预作用阀、开启快速排气阀前电动阀 | 水流指示器动作信号、信号阀动作信号、压力开关动作信号、喷淋消防泵的启停信号、有压气体管道气压状态信号、快速排气阀前电动阀动作信号 |
|  | 报警阀压力开关的动作信号与该报警阀防护区域内任一火灾探测器或手动报警按钮的报警信号 | 启动喷淋泵 |  |

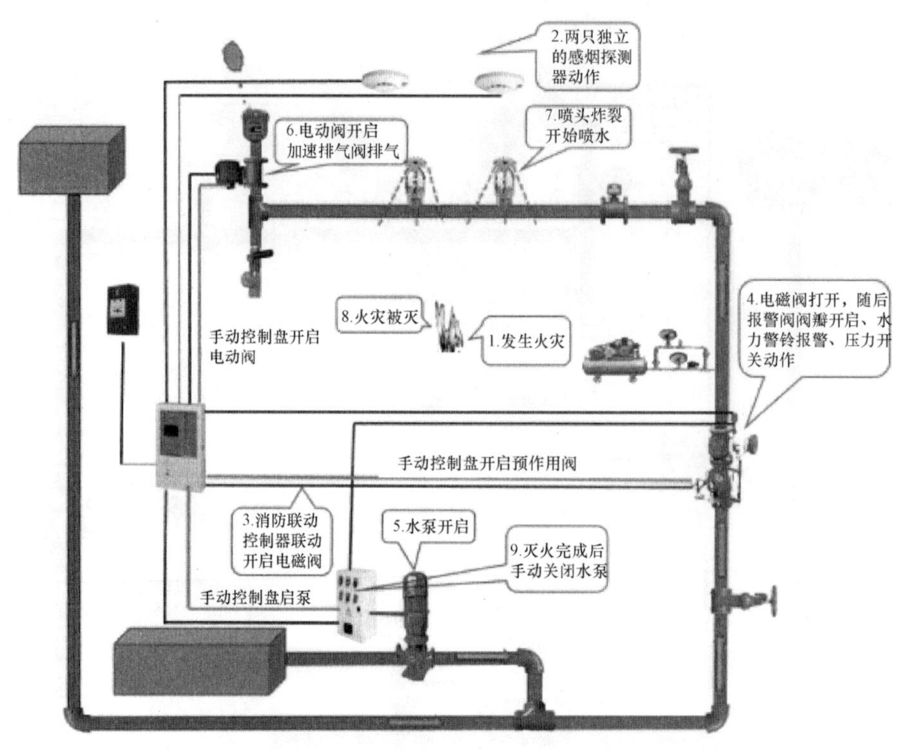


图 5-6-14　预作用单连锁系统联动控制示意图

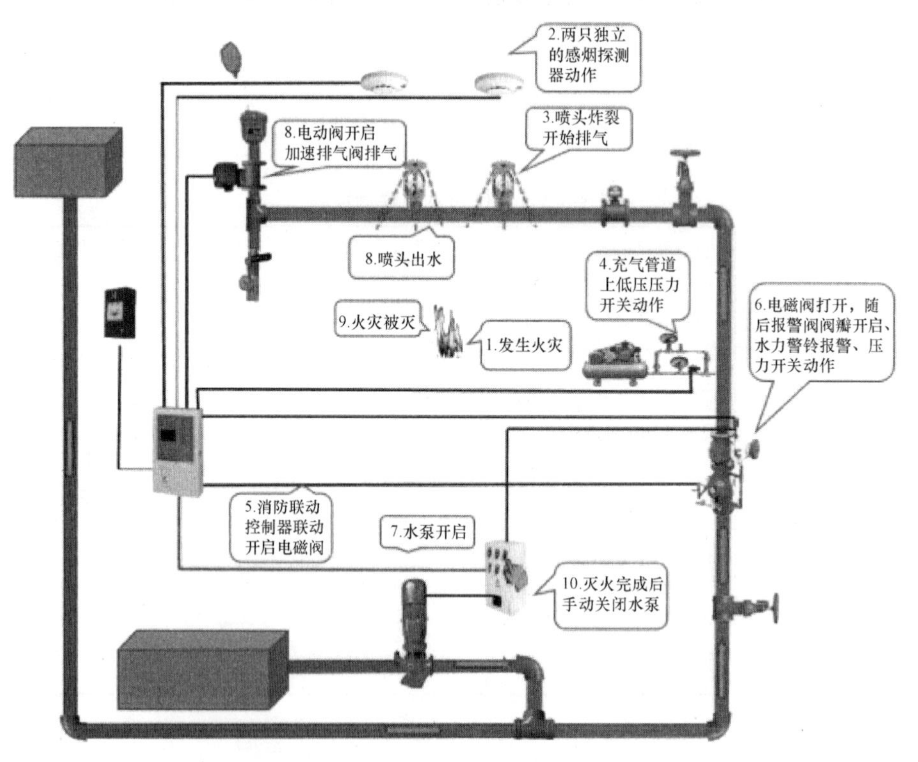


图 5-6-15　双连锁预作用系统联动控制示意图

（3）雨淋系统

雨淋系统（图 5-6-16）联动控制见表 5-6-4。

**表 5-6-4　雨淋系统联动控制**

| 系统名称 | 联动触发信号 | 联动控制信号 | 联动反馈信号 |
| --- | --- | --- | --- |
| 雨淋系统 | 同一报警区域内两只及以上独立的感温火灾探测器或一只感温火灾探测器与一只手动火灾报警按钮的报警信号 | 开启雨淋阀组 | 水流指示器动作信号、压力开关动作信号、雨淋阀组和雨淋消防泵的启停信号 |
|  | 报警阀压力开关的动作信号与该报警阀防护区域内任一火灾探测器或手动报警按钮的报警信号 | 启动喷淋泵 |  |

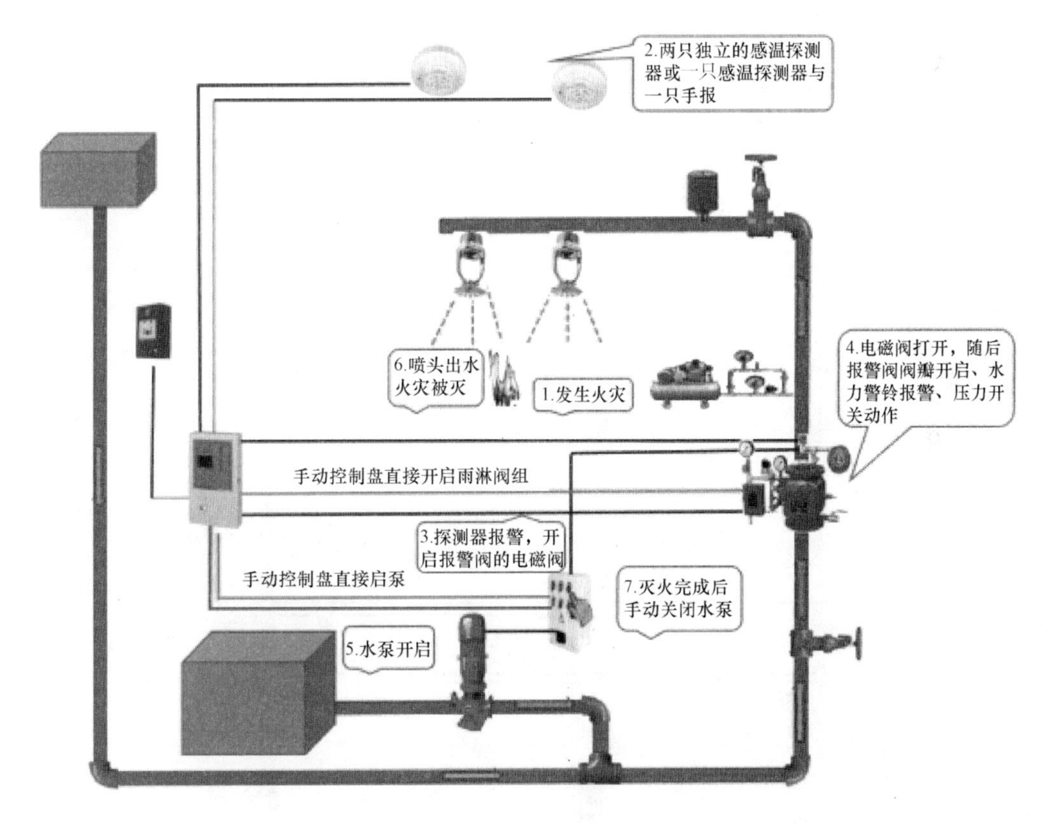


图 5-6-16　雨淋系统

（4）水幕系统

水幕系统联动控制见表 5-6-5，用于防火卷帘保护的水幕系统如图 5-6-17 所示，水幕喷洒示意图如图 5-6-18 所示，用于防火分隔的水幕系统如图 5-6-19 所示。

**表 5-6-5 水幕系统联动控制**

| 系统名称 | 联动触发信号 | 联动控制信号 | 联动反馈信号 |
|---|---|---|---|
| 用于防火卷帘的保护 | 防火卷帘下落到楼板面的动作信号与本报警区域内任一火灾探测器或手动火灾报警按钮的报警信号 | 开启水幕系统控制阀组 | 压力开关动作信号、水幕系统相关控制阀组和消防泵的启停信号 |
| | 报警阀压力开关的动作信号与该报警阀防护区域内任一火灾探测器或手动报警按钮的报警信号 | 启动喷淋泵 | |
| 用于防火分隔的水幕系统 | 报警区域内两只独立的感温火灾探测器的火灾报警信号 | 开启水幕系统控制阀组 | |
| | 报警阀压力开关的动作信号与该报警阀防护区域内任一火灾探测器或手动报警按钮的报警信号 | 启动喷淋泵 | |

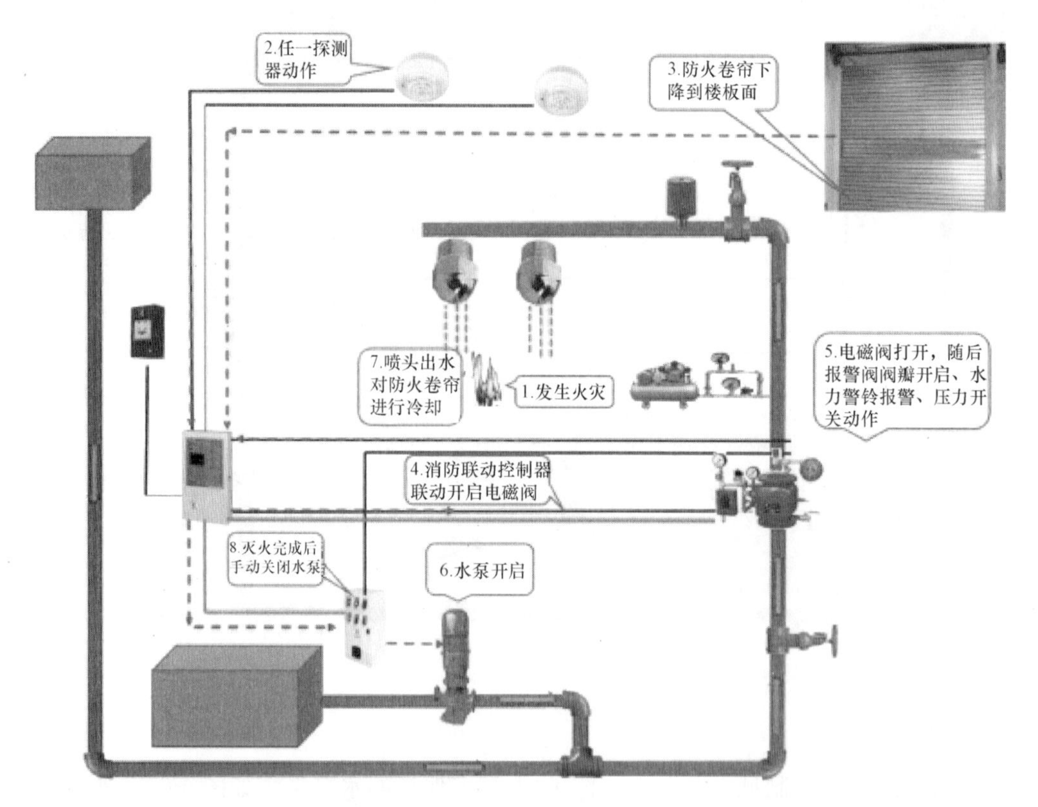


图 5-6-17 用于防火卷帘保护的水幕系统联动控制示意图

图 5-6-18　水幕喷洒示意图

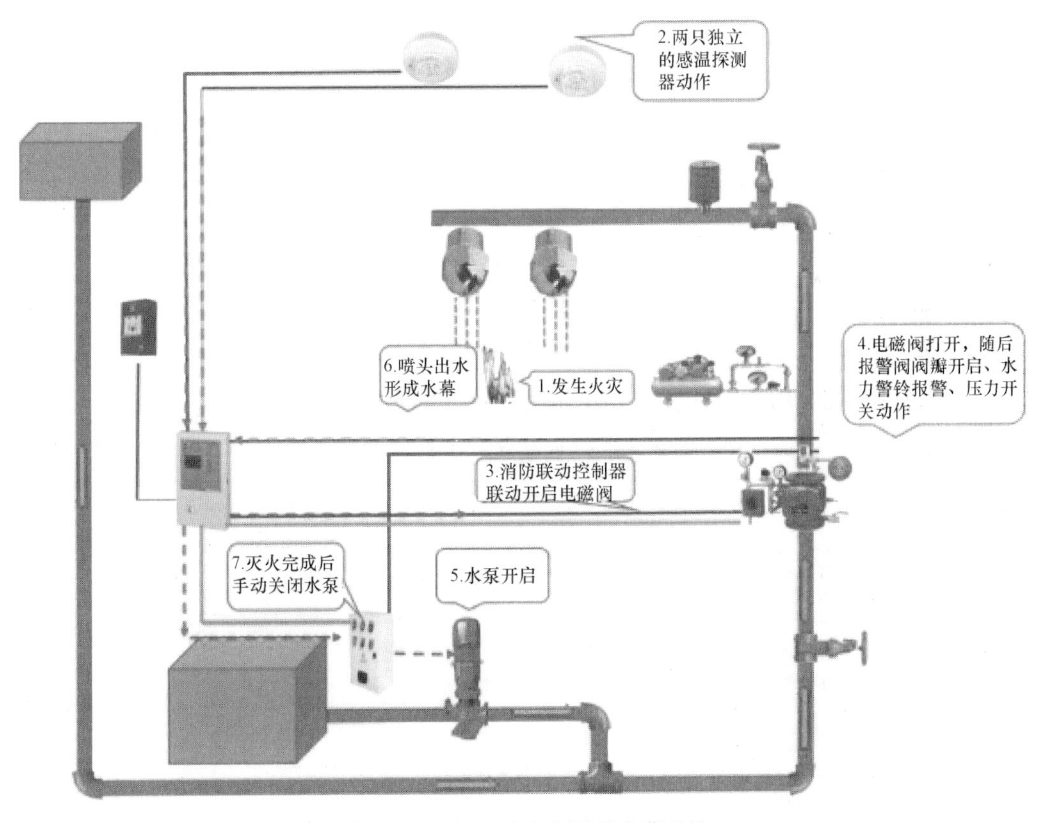


图 5-6-19　用于防火分隔的水幕系统

（5）消火栓系统联动控制见表5-6-6。

**表5-6-6　消火栓系统联动控制**

| 系统名称 | 联动触发信号 | 联动控制 | 联动反馈信号 |
| --- | --- | --- | --- |
| 消火栓系统 | 消火栓按钮的动作信号与该消火栓按钮所在报警区域内任两只火灾探测器或一个探测器＋手动报警按钮的报警信号 | 启动消火栓泵 | 消火栓泵启动信号 |

（6）气体灭火系统联动控制见表5-6-7。

**表5-6-7　气体灭火系统联动控制**

| 系统名称 | 联动触发信号 | 联动控制 | 联动反馈信号 |
| --- | --- | --- | --- |
| 气体灭火系统 | 任一防护区域内设置的感烟火灾探测器、其他类型火灾探测器或手动火灾报警按钮的首次报警信号 | 启动设置在该防护区内的火灾声光报警器 | 与气体灭火控制器直接连接的火灾探测器的报警信号 |
|  | 同一防护区域内与首次报警的火灾探测器或手动火灾报警按钮相邻的感温火灾探测器、火焰探测器或手动火灾报警按钮的报警信号 | 关闭防护区域的送、排风机及送排风阀门，停止通风和空气调节系统，关闭该防护区域的电动防火阀，启动防护区域开口封闭装置，包括关闭门、窗，启动气体灭火装置，启动入口处表示气体喷洒的火灾声光警报器 | 选择阀的动作信号，压力开关的动作信号 |

（7）防烟系统联动控制见表5-6-8，排烟系统联动控制见表5-6-9。

**表5-6-8　防烟系统联动控制**

| 系统名称 | 联动触发信号 | 联动控制 | 联动反馈信号 |
| --- | --- | --- | --- |
| 防烟系统 | 加压送风口所在防火分区内的两只独立的火灾探测器或一只火灾探测器与一只手动火灾报警按钮的报警信号 | 开启送风口、启动加压送风机 | 送风口的开启和关闭信号，防烟风机启停信号，电动防火阀关闭动作信号 |
|  | 同一防烟分区内且位于电动挡烟垂壁附近的两只独立的感烟火灾探测器的报警信号 | 降落电动挡烟垂壁 |  |

**表 5-6-9　排烟系统联动控制**

| 系统名称 | 联动触发信号 | 联动控制 | 联动反馈信号 |
| --- | --- | --- | --- |
| 排烟系统 | 同一防烟分区内的两只独立的火灾探测器报警信号或一只火灾探测器与一只手动火灾报警按钮的报警信号 | 开启排烟口、排烟窗或排烟阀，停止该防烟分区的空气调节系统 | 排烟口、排烟窗或排烟阀的开启和关闭信号，排烟风机启停信号 |
| | 排烟口、排烟窗或排烟阀开启的动作信号与该防烟分区内任一火灾探测器或手动报警按钮的报警信号 | 启动排烟风机 | |

（8）防火门系统联动控制见表 5-6-10。

**表 5-6-10　防火门系统联动控制**

| 系统名称 | 联动触发信号 | 联动控制 | 联动反馈信号 |
| --- | --- | --- | --- |
| 防火门系统 | 防火门所在防火分区内的两只独立的火灾探测器或一只火灾探测器与一只手动火灾报警按钮的报警信号 | 关闭常开防火门 | 疏散通道上各防火门的开启、关闭及故障状态信号 |

（9）电梯联动控制见表 5-6-11。

**表 5-6-11　电梯联动控制**

| 系统名称 | 联动触发信号 | 联动控制 | 联动反馈信号 |
| --- | --- | --- | --- |
| 电梯 | — | 所有电梯停于首层或电梯转换层 | 电梯运行状态信息和停于首层或转换层的反馈信号 |

（10）火灾警报和消防应急广播系统联动控制见表 5-6-12。

**表 5-6-12　火灾警报和消防应急广播系统联动控制**

| 系统名称 | 联动触发信号 | 联动控制 | 联动反馈信号 |
| --- | --- | --- | --- |
| 火灾警报和消防应急广播系统 | 同一报警区域内两只独立的火灾探测器或一只火灾探测器与一只手动火灾报警按钮的报警信号 | 确认火灾后启动建筑内所有火灾声光警报器、启动消防应急广播 | 消防应急广播分区的工作状态 |
| 消防应急照明和疏散指示系统 | 同一报警区域内两只独立的火灾探测器或一只火灾探测器与一只手动火灾报警按钮的报警信号 | 确认火灾后，由发生火灾的报警区域开始，顺序启动全楼消防应急照明和疏散指示系统 | — |

## 二、系统检测与验收

系统竣工后，建设单位应组织施工、设计、监理等单位进行系统验收，验收不合格不得投入使用。

系统工程技术检测：所有系统应对全部设备或全部报警区域进行一次检测。

系统检测、验收时，应对施工单位提供的下列资料进行齐全性和符合性检查，并按规定填写记录：

1. 竣工验收申请报告、设计变更通知书、竣工图；
2. 工程质量事故处理报告；
3. 施工现场质量管理检查记录；
4. 系统安装过程质量检查记录；
5. 系统部件的现场设置情况记录；
6. 系统联动编程设计记录；
7. 系统调试记录；
8. 系统设备的检验报告、合格证及相关材料。

系统工程技术验收抽验数量见表 5-6-13。

**表 5-6-13　系统工程技术验收抽验数量**

| 抽验数量 | 验收项目 |
| --- | --- |
| 5%～10% | 消火栓按钮，每个报警区域均应抽验 |
| 10%～20% | 探测器（≤100 个时抽 20 只）、手动火灾报警按钮、声光警报器、火灾显示盘、模块、传感器；电话插孔（5 只）、消防设备应急电源、应急广播、防火卷帘控制器、疏散通道上防火卷帘、防火门监控器 |
| 20% | 布线（5 个以下报警区域）、电动挡烟垂壁联动控制功能 |
| 100% | 气体、泡沫、干粉灭火系统 |
| 30%～50% | 防火门定位装置和释放装置、水流指示器、信号阀、电动挡烟垂壁、排烟口、排烟阀、排烟窗、电动防火阀 |
| 100% | 消防控制室相关项目、火灾报警控制器、消防联动控制器、电话总机分机、防排烟风机、水泵控制柜、风机控制箱、压力开关 |

## 三、系统检测、验收结果判定准则

系统检测、验收结果判定准则应符合下列规定：

$A$ 类项目不合格数量为 0、$B$ 类项目不合格数量小于或等于 2、$B$ 类项目不合格数量与 $C$ 类项目不合格数量之和小于或等于检查项目数量 5%的，系统检测、验收结果应为合格。

## 四、系统运行维护

1. 每年应按表 5-6-14 规定的检查项目、数量对系统设备的功能、各分系统的联动控制功能进行检查，并应符合下列规定：

(1) 系统的年度检查可根据检查计划，按月度、季度逐步进行；

(2) 月度、季度的检查数量应符合表中的规定；

(3) 系统设备的功能、各分系统的控制功能应符合调试的规定。

**表 5-6-14　系统月检、季检对象、项目及数量**

| 系统 | 检查对象 | 检查项目 | 检查数量 |
|---|---|---|---|
| 火灾探测报警系统 | 火灾显示盘 | 火灾报警显示功能 | 月、季检查数量应保证每年对每一台区域显示器至少进行一次火灾报警显示功能检查 |
| | 火灾报警控制器 | 火灾报警功能 | 实际安装数量 |
| | 火灾探测器、手动火灾报警按钮 | | 应保证每年对每一只探测器、报警按钮至少进行一次火灾报警功能检查 |
| 消防联动控制系统 | 消防联动控制器 | 输出模块启动功能 | 应保证每年对每一只模块至少进行一次启动功能检查 |
| | 输出模块 | | |
| 自动喷水灭火系统 | 消防泵控制箱、柜 | 手动控制功能 | 应保证每月、季对消防水泵进行一次直接手动控制功能检查 |
| | 湿式、干式喷水灭火系统 | 消防泵直接手动控制功能 | 应保证每月、季对消防水泵进行一次直接手动控制功能检查 |
| | 预作用式喷水灭火系统 | 消防泵、预作用阀组、排气阀前电动阀直接手动控制功能 | 应保证每月、季对消防水泵、预作用阀组、排气阀前电动阀进行一次直接手动控制功能检查 |
| | 雨淋系统 | 消防泵、雨淋阀组直接手动控制功能 | 应保证每月、季对消防水泵、雨淋阀组进行一次直接手动控制功能检查 |
| | 自动控制的水幕系统 | 消防泵、水幕阀组直接手动控制功能 | 应保证每月、季对消防水泵、水幕阀组进行一次直接手动控制功能检查 |
| 消火栓系统 | 消防泵控制箱、柜 | 手动控制功能 | 应保证每月、季对消防水泵进行一次直接手动控制功能检查 |
| | 消火栓系统 | 消防泵直接手动控制功能 | 应保证每月、季对消防水泵进行一次直接手动控制功能检查 |
| 防烟排烟系统 | 风机控制箱、柜 | 手动控制功能 | 应保证每月、季对风机进行一次直接手动控制功能检查 |
| | 加压送风系统 | 风机直接手动控制功能 | 应保证每月、季对风机进行一次直接手动控制功能检查 |
| | 电动挡烟垂壁、排烟系统 | 风机直接手动控制功能 | 应保证每月、季对风机进行一次直接手动控制功能检查 |

不同类型的探测器、手报、模块等现场部件应有不少于设备总数 1％的备品。

系统设备的维修、保养及系统产品的寿命应符合现行国家标准《火灾探测报警产品的维修保养与报废》(GB 29837) 的规定，达到寿命极限的产品应及时更换。

2. 保养周期

具有报脏功能的探测器，在报脏时应及时清洗保养。没有报脏功能的探测器，应按产品说明书的要求进行清洗保养；产品说明书没有明确要求的，应每 2 年清洗或标定一次。

可燃气体探测器的气敏元件达到生产企业规定的寿命年限后应及时更换。

3. 报废条件

火灾探测报警产品使用寿命一般不超过 12 年，可燃气体探测器中气敏元件、光纤产品中激光器件的使用寿命不超过 5 年。生产企业应在产品说明书中明确规定产品的预期使用寿命。

## 五、系统常见故障及处理方法

火灾自动报警系统常见故障有火灾探测器、通信、主电、备电等故障，故障发生时，可先按消声键中止故障报警声，然后进行排除。如果是探测器、模块或火灾显示盘等外控设备发生故障，可暂时将其屏蔽隔离，待修复后再取消屏蔽隔离，恢复系统正常状态。

### （一）常见故障及处理方法

1. 火灾探测器常见故障

（1）故障现象：火灾报警控制器发出故障报警，故障指示灯亮、打印机打印探测器故障类型、时间、部位等。

（2）故障原因：探测器与底座脱落、接触不良；报警总线与底座接触不良；报警总线开路或接地性能不良造成短路；探测器本身损坏；探测器接口板故障。

（3）排除方法：重新拧紧探测器或增大底座与探测器卡簧的接触面积；重新压接总线，使之与底座有良好接触；查出有故障的总线位置，予以更换；更换探测器；维修或更换接口板。

2. 主电源常见故障

（1）故障现象：火灾报警控制器发出故障报警，主电源故障灯亮，打印机打印主电源故障、时间。

（2）故障原因：市电停电；电源线接触不良；主电熔断丝熔断等。

（3）排除方法：连续停电 8h 时应关机，主电正常后再开机；重新接主电源线，或使用烙铁焊接牢固；更换熔断丝或保险管。

3. 备用电源常见故障

（1）故障现象：火灾报警控制器发出故障报警、备用电源故障灯亮，打印机打印备电故障、时间。

（2）故障原因：备用电源损坏或电压不足；备用电池接线接触不良；熔断丝熔断等。

（3）排除方法：开机充电 24h 后，备用电源仍报故障，更换备用蓄电池；用烙铁焊接备用电源的连接线，使备用电源与主机良好接触；更换熔断丝或熔丝管。

4. 通信常见故障

（1）故障现象：火灾报警控制器发出故障报警，通信故障灯亮，打印机打印通信故障、时间。

（2）故障原因：区域报警控制器或火灾显示盘损坏或未通电、开机；通信接口板损坏；通信线路短路、开路或接地性能不良造成短路。

（3）排除方法：更换设备，使设备供电正常，开启报警控制器；检查区域报警控制器与集中报警控制器的通信线路，若存在开路、短路、接地接触不良等故障，应更换线路；检查区域报警控制器与集中报警控制器的通信板，若存在故障，维修或更换通信板；若因为探测器或模块等设备造成通信故障，应更换或维修相应设备。

**（二）重大故障**

1. 强电串入火灾自动报警及联动控制系统

（1）故障原因：主要是弱电控制模块与受控设备的启动控制柜的接口处，如卷帘、水泵、防排烟风机、防火阀等处发生强电的串入。

（2）排除办法：在控制模块与受控设备之间增设电气隔离模块。

2. 短路或接地故障而引起控制器损坏

（1）故障原因：传输总线与大地、水管、空调管等发生电气连接，从而造成控制器接口板损坏。

（2）排除办法：按要求做好线路连接和绝缘处理，使设备尽量与水管、空调管隔开，保证设备和线路的绝缘电阻满足设计要求。

**（三）火灾自动报警系统误报原因**

1. 产品质量

产品技术指标达不到要求，稳定性比较差，对使用环境非火灾因素如温度、湿度、灰尘、风速等引起的灵敏度漂移得不到补偿或补偿能力低，对各种干扰及线路分析参数的影响无法自动处理而误报。

2. 设备选择和布置不当

（1）探测器选型不合理，灵敏度高的火灾探测器能在很低的烟雾浓度下报警；相反，灵敏度低的探测器只能在高浓度烟雾环境中报警。如在会议室、地下车库等易集烟的环境误用高灵敏度的感烟探测器，在锅炉房高温环境中误用定温探测器。

（2）使用场所性质变化后未及时更换相适应的探测器，例如将办公室、商场等改作厨房、洗浴房、会议室时，原有的感烟火灾探测器会受新场所产生的油烟、香烟烟雾、水蒸气、灰尘、杀虫剂，以及醇类、酮类、醚类等腐蚀性气体等非火灾报警因素影响而误报警。

3. 环境因素

（1）电磁环境干扰主要表现为空中电磁波干扰，电源及其他输入、输出线上的窄脉冲群和人体静电。

（2）气流可影响烟气的流动线路，对离子感烟探测器影响比较大，对光电感烟探测器也有一定影响。

（3）感温探测器距高温光源过近、感烟探测器距空调送风口过近、感温探测器安装在易产生水蒸气的场所。

（4）光电感烟探测器安装在可能产生黑烟、大量粉尘、蒸气或油雾等的场所。

4. 其他原因

（1）系统接地被忽略或达不到标准要求，线路绝缘达不到要求，线路接头压接不良或布线不合理，系统开通前对防尘、防潮、防腐措施处理不当。

（2）元件老化。一般火灾探测器使用寿命约为12年，每2年要求全面清洗1次。

（3）灰尘和昆虫。据有关统计，60%的误报是因灰尘影响。

（4）探测器损坏。

# 第七章　建筑灭火器

**学习要求**

通过本章的学习，熟悉灭火器安装前现场检查的要求及方法；掌握灭火器安装、验收、维护管理的相关内容；掌握灭火器送修、报废的条件。

## 第一节　安装设置和竣工验收

### 一、灭火器及灭火器箱的现场检查

#### （一）质量保证文件检查

检查内容：核查产品与市场准入文件、消防设计文件的一致性。

#### （二）灭火器箱现场质量检查

1. 灭火器箱检查

（1）外观标志检查：

用直尺测量字体尺寸，尺寸不得小于30mm×60mm（宽×高）。

（2）箱体结构及箱门（盖）开启性能检查：

① 翻盖式灭火器箱正面的上挡板在箱盖打开后能够翻转下落。

② 经测力计实测检查，开启力不大于50N；箱门开启角度不小于160°，箱盖开启角度不小于100°。

2. 灭火器检查

（1）一致性检查

① 灭火器应符合市场准入的规定，并应有出厂合格证和相关证书；

② 灭火器的铭牌、生产日期和维修日期等标志应齐全；

③ 灭火器的类型、规格、灭火级别和数量应符合配置设计要求。

（2）外观质量检查

① 灭火器筒体及其挂钩、托架等无明显缺陷和机械损伤。

② 灭火器及其挂钩、托架等外表涂层色泽均匀，无龟裂、明显流痕、气泡、划痕、碰伤等缺陷。

（3）结构检查

① 灭火器开启机构灵活、性能可靠，不得倒置开启和使用；提把和压把无机械损伤，表面不得有毛刺、锐边等影响操作的缺陷。

② 除二氧化碳灭火器以外的储压式灭火器装有压力指示器。经检查，压力指示器的种类与灭火器种类相符，其指针在绿色区域范围内；压力指示器20℃时显示的工作

压力值与灭火器标志上标注的20℃的充装压力相同。

③ 3kg（L）以上充装量的配有喷射软管，经钢卷尺测量，手提式灭火器喷射软管的长度（不包括软管两端的接头）不得小于400mm，推车式灭火器喷射软管的长度（不包括软管两端的接头和喷射枪）不得小于4m。

④ 推车式灭火器的行驶机构完好，有足够的通过性能，推行时无卡阻；经直尺实际测量，灭火器整体（轮子除外）最低位置与地面之间的间距不小于100mm。

手提储压式灭火器结构和部件分解图如图5-7-1所示。

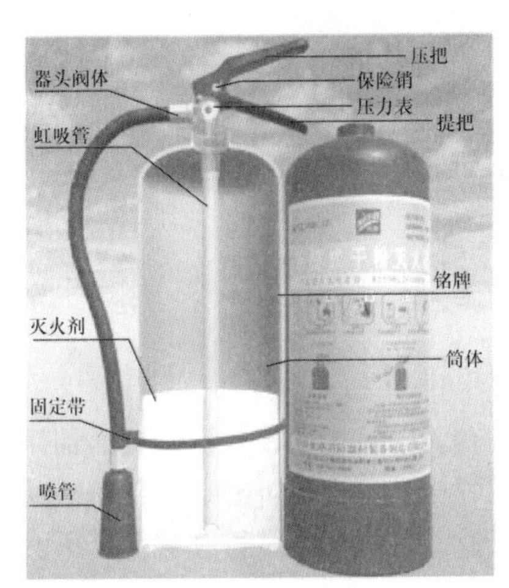

图5-7-1　手提储压式灭火器结构和部件分解图

## 二、灭火器安装设置

### （一）灭火器挂钩、托架等附件的安装

1. 挂钩、托架安装后，能够承受5倍的手提式灭火器（当5倍的手提式灭火器质量小于45kg时，按45kg计）的静载荷，承载5min后，不出现松动、脱落、断裂和明显变形等现象。

2. 挂钩、托架按照下列要求安装，保证可用徒手的方式便捷地取用设置在挂钩、托架上的手提式灭火器。2具及2具以上手提式灭火器相邻设置在挂钩、托架上时，可任取其中1具。

挂钩、托架的安装高度满足手提式灭火器顶部与地面距离不大于1.50m、底部与地面距离不小于0.08m的要求。灭火器箱如图5-7-2所示，手提式灭火器设置高度如图5-7-3所示。

3. 其他注意事项：

（1）灭火器的安装设置应便于取用，且不得影响安全疏散。

（2）灭火器的安装设置应稳固，灭火器的铭牌应朝外，灭火器的器头宜向上。

（3）灭火器设置点的环境温度不得超出灭火器的使用温度范围。

图 5-7-2 灭火器箱示意图

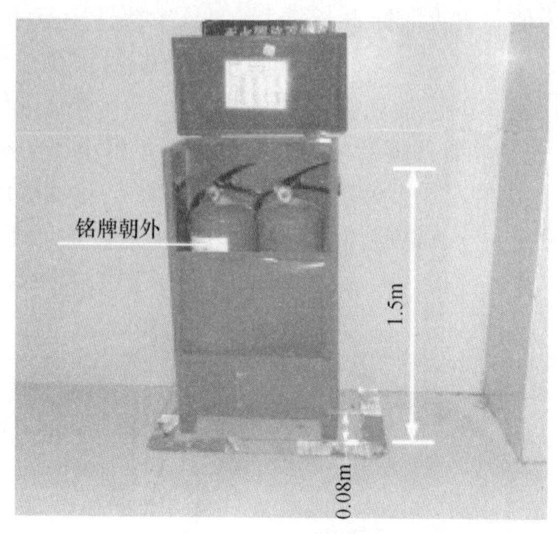


图 5-7-3 手提式灭火器设置高度示意图

### （二）推车式灭火器的设置

推车式灭火器设置在平坦的场地上，不得设置在台阶、坡道处，其设置按照消防设计文件和安装说明实施。在没有外力作用下，推车式灭火器不得自行滑动，推车式灭火器的设置和防止自行滑动的固定措施等均不得影响其操作使用和正常行驶移动。灭火器的分类如图 5-7-4、图 5-7-5 所示。

图 5-7-4 灭火器的分类（手提式和推车式）示意图

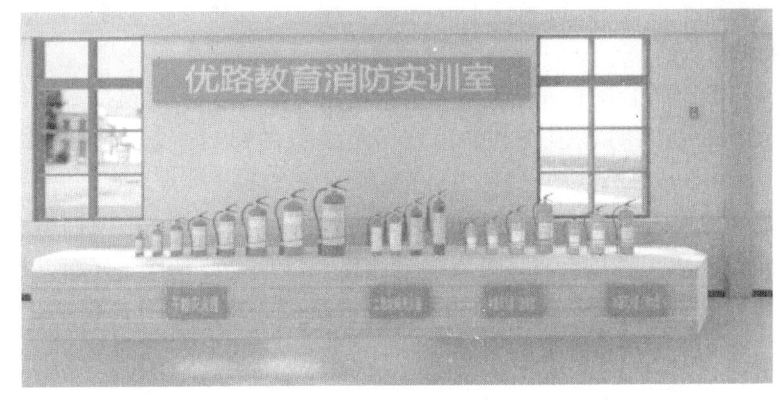


图 5-7-5　灭火器的分类（干粉灭火器、二氧化碳灭火器、水基型泡沫和清水型灭火器）

## 三、竣工验收

### （一）建筑灭火器配置验收判定标准

建筑灭火器配置验收按照单栋建筑独立验收，局部验收按照规定要求申报。项目缺陷划分为严重缺陷项（$A$）、重缺陷项（$B$）和轻缺陷项（$C$），灭火器配置验收的合格判定条件为 $A=0$、$B\leqslant 1$ 且 $B+C\leqslant 4$；否则，验收评定为不合格。

### （二）合格判定标准

1. 经备案未确定为检查项目的，每个配置单元内灭火器数量不少于 2 具，每个设置点灭火器不多于 5 具；住宅楼每层公共部位建筑面积超过 $100m^2$ 的，配置 1 具 1A 的手提式灭火器；每增加 $100m^2$，增配 1 具 1A 的手提式灭火器。

2. 同一配置单元配置的不同类型灭火器，其灭火剂类型不属于不相容的灭火剂。不相容的灭火剂见表 5-7-1。

**表 5-7-1　不相容的灭火剂**

| 灭火剂类型 | 不相容的灭火剂 | |
|---|---|---|
| 干粉与干粉 | 磷酸铵盐 | 碳酸氢钠、碳酸氢钾 |
| 干粉与泡沫 | 碳酸氢钠、碳酸氢钾 | 蛋白泡沫 |
| 泡沫与泡沫 | 蛋白泡沫、氟蛋白泡沫 | 水成膜泡沫 |

# 第二节　维护管理

## 一、灭火器日常管理

1. 巡查周期：重点单位每天至少巡查一次，其他单位每周至少巡查一次。

2. 巡查要求：

（1）灭火器配置点符合安装配置图表要求，配置点及其灭火器箱上有符合规定要求的发光指示标识。

（2）灭火器数量符合配置安装要求，灭火器压力指示器指向绿区。

（3）灭火器外观无明显损伤和缺陷，保险装置的铅封（塑料带、保险销）完好无损。

（4）经维修的灭火器，维修标识符合规定。

3. 检查周期：灭火器的配置、外观等全面检查每月进行一次。候车（机、船）室、歌舞娱乐放映游艺等人员密集的公共场所，以及堆场、罐区、石油化工装置区、加油站、锅炉房、地下室等场所配置的灭火器每半月检查一次。

## 二、报修条件及维修年限

### （一）维修标识和维修记录

经维修合格的灭火器及其储气瓶上需要粘贴维修标识，并由维修单位进行维修记录。建筑使用管理单位根据维修合格证信息对灭火器进行日常检查、定期送修和报废更换。

1. 维修标识。每具灭火器维修后，经维修出厂检验合格，维修人员在灭火器筒体上粘贴维修合格证。

2. 维修合格证采用不加热的方法固定在灭火器的筒体上，不得覆盖生产厂铭牌。当将其从灭火器的筒体拆除时，标识能够自行破损。

3. 储气瓶维修后粘有独立的维修标识，且不得采用钢字打造的永久性标识。其标识标明储气瓶的总质量和驱动气体充装量，以及维修单位名称、充气时间。

### （二）灭火器维修

1. 维修机构

维修机构按照《社会消防技术服务管理规定》（公安部令第 129 号）的要求，获得相应的消防技术服务机构资质证书后，方可开展灭火器维修业务；从事二氧化碳灭火器气瓶、灭火器驱动气体储气瓶的再充装的维修机构，还须获得特种设备安全监督管理部门的许可。

维修机构对其维修后的灭火器质量负责。

2. 灭火器维修步骤及技术要求

（1）水压试验

灭火器维修和再充装前，维修单位必须逐个对灭火器组件（筒体、储气瓶、器头、推车式灭火器的喷射软管等）进行水压试验。二氧化碳灭火器钢瓶要逐个进行残余变形率测定。

① 试验压力。灭火器筒体和驱动气体储气瓶按照生产企业规定的试验压力进行水压试验。

② 试验要求。水压试验时不得有泄漏、破裂及反映结构强度缺陷的可见性变形；二氧化碳灭火器钢瓶的残余变形率不得大于 3%。

（2）零部件更换

经对灭火器零部件检查和水压试验后，维修机构按照原灭火器生产企业的灭火器装配图样和可更换零部件明细表，对具有缺陷需要更换的零部件进行更换，但不得更换灭火器筒体或者气瓶。

每次维修均须更换以下零部件：灭火器的密封片、密封圈、密封垫等密封零件，水基型灭火剂、二氧化碳灭火器的超压安全膜片等零部件。

（3）维修记录

维修机构需要对维修过的灭火器逐具编号，按照编号记录维修信息以确保维修后灭火器的可追溯性。

灭火器维修记录、报废记录与维修前的灭火器信息记录合并建档，保存期限不得少于5年。

**（三）灭火器报废**

灭火器报废分为四种情形，见表5-7-2。

**表5-7-2　灭火器报废的情形**

| | |
|---|---|
| 1 | 列入国家颁布的淘汰目录的灭火器 |
| 2 | 达到报废年限的灭火器 |
| 3 | 使用中出现严重损伤或者重大缺陷的灭火器 |
| 4 | 维修时发现存在严重损伤、缺陷的灭火器 |

1. 列入国家颁布的淘汰目录的灭火器

下列类型的灭火器，有的因灭火剂具有强腐蚀性、毒性，有的因操作需要倒置，使用时对操作人员具有一定的危险性，已列入国家颁布的淘汰目录，一经发现均予以报废处理。

（1）酸碱型灭火器。

（2）化学泡沫型灭火器。

（3）倒置使用型灭火器。

（4）氯溴甲烷、四氯化碳灭火器。

（5）1211灭火器、1301灭火器。

（6）国家政策明令淘汰的其他类型灭火器。

不符合消防产品市场准入制度的灭火器，经检查发现予以报废。

2. 灭火器报废年限

（1）水基型灭火器出厂期满6年。

（2）干粉灭火器、洁净气体灭火器出厂期满10年。

（3）二氧化碳灭火器出厂期满12年。

3. 存在严重损伤、缺陷的灭火器

（1）永久性标志模糊，无法识别。

（2）筒体或者气瓶被火烧过。

（3）筒体或者气瓶有严重变形。

（4）筒体或者气瓶外部涂层脱落面积大于筒体或者气瓶总面积的三分之一。

（5）筒体或者气瓶外表面、连接部位、底座有腐蚀的凹坑。

（6）筒体或者气瓶有锡焊、铜焊或补缀等修补痕迹。

（7）筒体或者气瓶内部有锈屑或内表面有腐蚀的凹坑。

（8）水基型灭火器筒体内部的防腐层失效。

（9）筒体或者气瓶的连接螺纹有损伤。

（10）筒体或者气瓶水压试验不符合水压试验的要求。

（11）灭火器产品不符合消防产品市场准入制度。

（12）灭火器由不合法的维修机构维修。

**（四）灭火器送修**

1. 报修条件及维修年限

日常检查中，发现存在机械损伤、明显锈蚀、灭火剂泄漏、被开启使用过，压力指示器指向红区，达到灭火器维修年限，或者符合其他报修条件的灭火器，建筑使用管理单位应及时按照规定程序报修。

（1）手提式、推车式水基型灭火器出厂期满 3 年，首次维修以后每满 1 年。

（2）手提式、推车式干粉灭火器、洁净气体灭火器、二氧化碳灭火器出厂期满 5 年，首次维修以后每满 2 年。

送修灭火器时，一次送修数量不得超过计算单元配置灭火器总数量的 1/4。超出时，需要选择相同类型、相同操作方法的灭火器替代，且其灭火级别不得低于原配置灭火器的灭火级别。

小结：灭火器维修和报废年限见表 5-7-3。

**表 5-7-3 灭火器维修和报废年限**

<table>
<tr><th>灭火器类型</th><th>维修年限</th><th>报废年限</th></tr>
<tr><td>水基型</td><td>出厂期满 3 年，首次维修以后每满 1 年</td><td>6 年</td></tr>
<tr><td>干粉</td><td rowspan="3">出厂期满 5 年；首次维修以后每满 2 年</td><td rowspan="2">10 年</td></tr>
<tr><td>洁净气体</td></tr>
<tr><td>二氧化碳</td><td>12 年</td></tr>
</table>

2. 回收处置

报废灭火器的回收处置按照规定要求由维修机构向社会提供回收服务，并做好报废处置记录。经灭火器用户同意，对报废的灭火器筒体或者气瓶、储气瓶进行消除使用功能处理。在确认报废的灭火器筒体或者气瓶、储气瓶内部无压力的情况下，采用压扁或者解体等不可修复的方式消除其使用功能，不得采用钻孔或者破坏瓶口螺纹的方式进行报废处置。灭火器报废后，建筑（场所）使用管理单位按照等效替代的原则对灭火器进行更换。

3. 报废记录

灭火器报废处置后，维修机构要将报废处置过程及其相关信息进行记录。报废记录整理后与维修记录一并归档。

# 第八章　城市消防远程监控系统

**学习要求**

通过本章的学习，了解城市消防远程监控系统的构成；掌握系统的调试、检测等相关内容。

## 第一节　系统构成

城市消防远程监控系统由用户信息传输装置、报警传输网络、监控中心及火警信息终端等几部分组成。

## 第二节　系统调试

用户信息传输装置调试：

（1）检查手动报警功能。用户信息传输装置应能在10s内将手动报警信息传送至监控中心。应发出手动报警状态光信号，并在信息传输成功后至少保持5min。

（2）模拟火灾报警，检查用户信息传输装置接收火灾报警信息的完整性。用户信息传输装置应能在10s内将信息传送至监控中心。应发出手动报警状态光信号，并至少保持5min。

（3）模拟建筑消防设施运行状态，检查用户信息传输装置接收信息的完整性。用户信息传输装置应能在10s内将手动报警信息传送至监控中心。应发出指示信息传输的光信号或信息提示，并至少保持5min。

同时模拟火灾报警和建筑消防设施运行状态，检查监控中心接收信息是否体现火警优先原则。

## 第三节　系统检测

系统主要性能指标测试：

1. 连接3个联网用户，监控中心同时接收火警。

2. 从用户信息传输装置获取火灾报警信息到监控中心接收显示的响应时间不大于20s。

3. 监控中心向城市消防通信指挥中心转发经确认的火灾报警信息的时间不大于3s。

4. 监控中心与用户信息传输装置之间能够动态设置巡检方式和时间，通信巡检周期不大于2h。

5. 统一时钟管理，时钟累计误差不超过5s。

# 第六篇　消防安全评估

## 第一章　区域和建筑的消防安全评估方法与技术

**学习要求**

通过本章的学习，了解建筑和区域评估的方法；熟悉火灾风险评估的流程。

### 第一节　评估方法的要求

#### 一、评估方法的要求

风险识别：火灾风险源分为人为因素和客观因素。

1. 客观因素

（1）气象火灾：高温（35℃）、降水、大风、雷击。

（2）易燃易爆物品火灾。

2. 人为因素

（1）用火不慎。

（2）电气。

（3）人为放火。

（4）吸烟不慎。

#### 二、评估内容

（1）分析建筑内可能存在的火灾危险源。

（2）划分评估单元，建立评估指标体系。

（3）对评估单元进行分析。

（4）对建筑物进行评估，得出评估结论。

（5）提出消防建议。

# 第二节 评估流程

## 一、评估流程

### （一）信息采集

搜集有关火灾风险的信息。

### （二）风险识别

火灾风险识别指的是查找火灾风险来源的过程。开展火灾风险评估工作所必需的基础环节是指火灾风险识别。风险是火灾后果与概率的综合度量。衡量火灾风险的高低不但要考虑起火概率，还要考虑火灾导致后果的严重程度。

1. 影响火灾发生的因素

（1）燃烧三要素：助燃剂（氧气）、可燃物、火源。

（2）火灾五要素：火源、可燃物、空间、时间、助燃剂。

（3）火源控制是火灾控制的第一重要的任务。

2. 影响火灾后果的因素

（1）未及时发现、警报失效、指示标志不明、疏散通道不畅等；

（2）消防队未及时到场，灭火设备质量无法满足，着火场所无灭火设施，消防队伍技能受限。

3. 措施有效性分析

（1）防火：防止火灾发生、防止火灾扩散。

（2）灭火：初期火灾扑救、专业队伍扑救。

（3）应急救援：人员自救、专业队伍救援。

### （三）建立指标体系

在火灾风险源识别的基础上，进一步分析影响因素及其相互关系，选择出主要因素，忽略次要因素，然后对各影响因素按照不同的层次进行分类，形成不同层次的评估指标体系。

### （四）风险分析与计算

根据不同层次评估指标的特性，选择合理的评估方法，按照不同的风险因素确定风险概率，结合各风险因素对评估目标的影响程度，进行定量或定性的分析和计算，确定各风险因素的风险等级。

### （五）风险等级判断

在经过火灾风险识别、评估指标体系建立、风险分析与计算等几个步骤之后，对于评估的建筑是否安全、其安全性处于哪个层次，需要得出一个评估结论。根据选用的评估方法的不同，评估结论有的是局部的，有的是整体的，这需要根据评估的具体要求选取适用的评估方法。

### （六）风险控制措施

（1）风险规避：电焊作业时清除可燃物，消除火源和可燃物，消除火灾要素，不在可燃物附近燃放烟花。

（2）风险降低：安排适当的人员看管、降低可燃物存放数量。

（3）风险转移：与他人共同分担风险，建筑保险。

## 二、注意事项

（1）注意和现行国家相关规范的衔接性。

（2）确认需要评估建筑的边界。

# 第二章　建筑性能化设计方法与技术

**学习要求**

通过本章的学习，了解建筑性能化设计的适用范围和程序；熟悉疏散和火灾场景的确定。

## 第一节　建筑性能化防火设计和评估方法的适用范围的要求

### 一、不应采用性能化防火设计的类型

不能任意突破现行国家标准规范，必须确保按照或者高于现行国家标准规范进行防火设计。

下列情况不应采用性能化防火设计和评估方法：

（1）国家法律法规和现行国家工程建设消防技术标准有强制性规定的。

（2）老年人照料设施、教学建筑、幼儿园、托儿所、医疗建筑、歌舞娱乐放映游艺场所。

（3）甲、乙类仓库，可燃液体，甲、乙类厂房，气体储存设施及其他易燃易爆工程或场所。

（4）现行国家工程建设消防技术标准已有明确规定，且无特殊使用功能的建筑。

（5）住宅。

### 二、适用范围

（1）国家规范没有规定的。

（2）防火分隔部分。

（3）安全疏散部分。

（4）建筑防排烟部分。

（5）建筑构件的耐火极限和耐火极限部分。

## 第二节　建筑消防性能化设计的基本程序

### 一、性能化设计的基本程序的规定

建筑性能化设计的基本程序如下：

（1）确定建筑物的使用功能、建筑设计的适用标准。

（2）确定需要采用性能化设计的问题。

（3）确定消防安全总目标。

（4）性能化试设计和评估验证。

（5）修改、完善设计，评估验证，确定是否满足目标。

（6）编制设计说明与分析报告，提交审批。

1. 消防安全总目标包括：

（1）减小火灾发生的可能性；

（2）保证人员安全；

（3）建筑结构不会因火灾而严重破坏或垮塌；或虽有局部垮塌，但不影响整体稳定性；确保建筑结构安全；

（4）减少生产、运营中断；

（5）保证财产安全；

（6）不引燃相邻建筑物；

（7）尽可能减少污染。

设计时，应根据实际情况确定一个或两个主要目标，并列出其他目标先后次序。例如：旅馆或人员聚集场所等公共建筑，主要目标是保护人员的生命安全；对仓库来说，应更注重于保护财产和建筑结构安全。

2. 性能判定标准

（1）生命安全标准，包括能见度、毒性和热效应。

（2）非生命安全标准，包括防火分隔物受损、火灾蔓延、烟气损害、结构完整性、热效应和财产危害。

### 二、性能化设计的步骤

1. 确定相关参数和建筑的类型是否需要性能化设计。

2. 确定消防安全总体目标。

3. 识别火灾危险源。

4. 试设计并进行评估。

5. 设定火灾场景和疏散场景。

6. 编写设计文件。

## 第三节　资料收集与安全目标设定

### 一、建筑防火设计分为三部分

建筑被动防火系统：建筑装修、管线和管道（井）、防火间距、防火分区、建筑结构。

建筑主动防火系统：火灾自动报警系统、排烟系统、自动灭火系统。

安全疏散系统：应急照明与标识、避难逃生设施、疏散出口、安全出口、疏散楼梯。

### 二、安全目标设定

（1）提高建筑的被动防火能力，预防火灾发生，将火灾的损失降到最低。
（2）建筑主动防火应保证消防设施的有效性，及时报警和防排烟，及时扑灭初期火灾。
（3）安全疏散系统能保证人员尽快安全疏散，降低人员的伤亡。

## 第四节　疏散模拟和软件选择

### 一、疏散模拟

人员疏散模型分为两种：
（1）人员行为模型。
（2）水力疏散模型。
当建筑结构简单、布局规则、疏散路径容易辨别、功能单一且人员密度较高时，采用水力疏散模型。其他情况采用人员行为疏散模型。

### 二、软件选择

一般情况下，选择火灾专用软件，如特殊情况满足不了要求，可以选择通用软件。

## 第五节　火灾场景和疏散场景设定

### 一、火灾场景确定的原则

火灾场景应根据最不利原则确定，选择火灾风险较大的火灾场景（有代表性、危害大可能性小、可能性大危害小）作为设定的火灾场景。
在设计火灾时，应分析确定建筑物以下情况：
（1）建筑物的自救能力与外部救援力量。
（2）建筑物内的可燃物。
（3）建筑的结构、布局。

### 二、火灾场景设计

火灾增长“$t$ 平方火”增长曲线为 $Q=at^2$，不同增长类型的具体参数见表 6-2-1。

**表 6-2-1　不同增长类型的具体参数**

| 增长类型 | 火灾增长系数（$kW/s^2$） | 达到 1MW 的时间（s） | 典型可燃材料 |
|---|---|---|---|
| 超快速 | 0.1876 | 75 | 油池火、易燃装饰家具、轻质窗帘 |
| 快速 | 0.0469 | 150 | 塑料泡沫、叠放的木架 |
| 中速 | 0.01172 | 300 | 床垫、木制办公桌 |
| 慢速 | 0.00293 | 600 | 厚重木制品 |

## 三、疏散场景确定

### （一）疏散过程

疏散过程分为三个阶段：察觉（外部刺激）、行为和反应（行为举止）、运动（行动）。

### （二）安全疏散标准

疏散时间包括疏散开始时间和疏散行动时间。

疏散开始时间是指从起火到开始疏散时间，分为探测时间、报警时间、人员预动时间。

预动时间包括识别时间、反应时间。

疏散行动时间是指从疏散开始至疏散安全地点的时间。

为了安全，也可将喷头动作的时间作为火灾探测时间。

发生火灾时，通知人们疏散的方式不同，建筑物的功能和室内环境不同，得到发生火灾的消息并准备疏散的时间也不同。

为保证人员生命财产在建筑火灾中的安全，应采取必要的消防安全措施，包括防止火灾发生、阻止火灾快速蔓延、提供消防救援通道与设施、设置探测与报警设施，以及提供足够的疏散设施等。消防安全工程的性能化设计中，人员疏散评估就是考察建筑结构及其各消防子系统保证人员疏散的安全性能，其一般流程如图 6-2-1 所示。

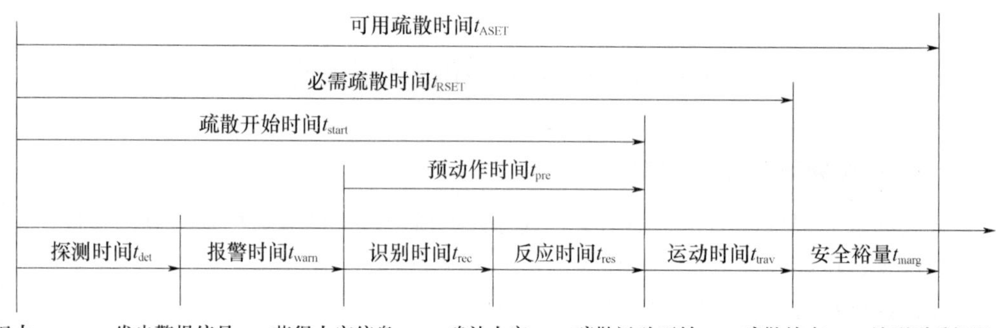


图 6-2-1　疏散评估流程示意图

# 第三章 人员密集场所消防安全评估方法与技术

**学习要求**

通过本章的学习，了解人员密集场所评估的直接判定项的划分；熟悉人员密集场所评估的结论分级标准。

## 第一节 人员密集场所评估程序和步骤

### 一、评估工作程序和步骤

评估工作步骤包括前期准备、现场检查、评估判定和报告编制等。

1. 前期准备工作包括：明确消防安全评估对象和评估范围；组建评估组；收集消防安全评估需要的相关资料，确定评估对象适用的消防法律法规、技术标准规范；编制评估计划。

2. 现场检查时可选用的检查方法还包括资料核对、问卷调查、外观检查、功能测试等，实际检查时可采用单一方法或几种方法的组合。

3. 检查项分为3类，分别是直接判定项（*A*项）、关键项（*B*项）与一般项（*C*项）。

4. 消防安全评估的最终结果应形成评估报告，报告的正文内容至少应包括：

（1）消防安全评估项目概况：给出项目目的，界定评估对象。

（2）消防安全基本情况：综述评估对象的消防安全情况。

（3）消防安全评估方法及现场检查方法：说明采用的评估方法和现场检查方法。

（4）消防安全评估内容：详细介绍评估单元、评估依据及各评估单元的现场检查情况，检查发现的消防安全问题清单等内容，并给出各单元的不合格项汇总表。

（5）消防安全评估结论：根据各单元的评估结果填写单元评估结果汇总表。

（6）消防安全对策、措施及建议：根据场所特点、现场检查和定性、定量评估的结果，针对各评估单元存在的问题提出对策、措施及建议，其内容包括但不限于管理制度、消防设施设备设置、安全疏散及隐患整改等方面。消防安全对策、措施及建议的内容应具有合理性、经济性和可操作性。

### 二、评估报告要求

1. 消防安全评估报告结构至少应包括：

（1）封面；

（2）著录项；

(3) 目录;

(4) 正文;

(5) 附件。

2. 评估报告附件为消防安全评估过程的支持性文件，至少应包括：

(1) 消防安全评估现场检查记录表;

(2) 消防行政许可文书;

(3) 单位确定/变更消防安全责任人和管理人备案书;

(4) 自动消防系统操作人员资格证书;

(5) 特有工种、特种设备操作人员等的执业资格证书;

(6) 建筑消防设施维护保养合同;

(7) 建筑消防设施功能检验报告;

(8) 重要建筑构件、配件或结构等的法定检测、检验报告;

(9) 重要消防产品的合格证明;

(10) 消防安全管理文件目录;

(11) 其他支持性文件。

## 第二节　人员密集场所评定的判断标准

### 一、评估判定标准

1. 检查项分为 3 类，分别是直接判定项（A 项）、关键项（B 项）与一般项（C 项）。

2. 消防安全评估中可直接判定评估结论等级为差的检查项为直接判定项（A 项），包括以下内容：

(1) 一年内发生一次（含）以上较大火灾或两次（含）以上一般火灾的;

(2) 未依法建立专（兼）职消防队的;

(3) 经消防机构责令改正后，同一违法行为反复出现的;

(4) 人员密集场所违反消防安全规定，使用、储存易燃易爆危险品的;

(5) 公众聚集场所违反消防技术标准采用易燃、可燃材料装修，可能导致重大人员伤亡的;

(6) 未按规定设置自动消防系统的;

(7) 建筑消防设施严重损坏，不再具备防火灭火功能的;

(8) 疏散通道安全出口数量不足，或者严重堵塞，已不具备安全疏散条件的;

(9) 未依法确定消防安全管理人、自动消防系统操作人员的;

(10) 建筑物和公众聚集场所未依法办理消防行政许可或备案手续的。

3. 消防安全评估中，以法律法规、部门规章和消防技术标准的强制条款为依据的检查项为关键项（B 项），其他检查项为一般项（C 项）。

## 二、评估结论分级标准

根据现场检查及评估判定的情况给出评估结论等级，具体分类见表 6-3-1。

**表 6-3-1　等级分类**

| 等级 | 分级标准 | 描述性说明 |
| --- | --- | --- |
| 好 | 不存在 $A$ 项，且每个评估单元的单元合格率 $R \geqslant 85\%$ | 火灾隐患较少，发生火灾的可能性较小或火灾事故的危险较小。消防安全管理制度完善并严格落实；建筑防火规范符合规范要求，消防设施基本完好有效，安全疏散设施基本能保证火灾人员疏散要求 |
| 一般 | 不存在 $A$ 项，且每个评估单元的单元合格率 $R \geqslant 60\%$，且至少一个评估单元的单元合格率 $R \geqslant 85\%$ | 存在一般性火灾隐患，有发生火灾的可能性或火灾发生后将造成一定的危害。消防安全管理制度不够完善或落实不完全到位；建筑防火存在部分不符合规范的情况，消防设施和安全疏散设施存在一些问题 |
| 差 | 存在 $A$ 项，或至少一个评估单元的单元合格率 $R < 60\%$ | 存在较大火灾隐患，发生火灾的可能性较大或火灾事故后果严重。消防安全管理制度很不完善或落实不到位；建筑防火存在重大违规情况；消防设施和安全疏散设施无法保证火情的及时有效控制或火灾时人员的安全疏散 |